"十二五"职业教育国家规划教材
经全国职业教育教材审定委员会审定
普通高等教育"十一五"国家级规划教材
高等职业技术教育机电类专业系列教材

电工基础
第3版

主　编　王兆奇
副主编　田名义
参　编　戴一平　张国勋
主　审　吴兴云

U0255516

机械工业出版社
CHINA MACHINE PRESS

本书是"十二五"职业教育国家规划教材，经全国职业教育教材审定委员会审定。

全书共九章，涉及电路的基本概念和基本定律、线性网络的基本定理和分析方法、正弦交流电路的基本概念和相量分析法、三相电路、非正弦周期电流电路、电路的暂态分析以及磁路和铁心线圈电路。

本书试图做到基本概念清楚、注意理论联系实际、语言简练流畅。书中精选了有助于建立概念、掌握方法的例题与习题，各节后附有较丰富的练习与思考题，各章末留有一定量的习题，书末还附有参考答案，以利于自学。

本书可作为高等职业院校、中等职业学校电气与电子类各专业的电路分析课程教材，亦可作为有关工程技术人员的参考书。

为方便教学，本书配有免费电子课件等，凡选用本书作为授课教材的学校，均可来电索取。咨询电话：010-88379375；Email：cmpgaozhi@ si-na. com。

图书在版编目（CIP）数据

电工基础/王兆奇主编. —3 版. —北京：机械工业出版社，2015.7
（2023.6 重印）

"十二五"职业教育国家规划教材　经全国职业教育教材审定委员会审定　普通高等教育"十一五"国家级规划教材　高等职业技术教育机电类专业系列教材

ISBN 978-7-111-50351-4

I.①电… II.①王… III.①电工学-高等职业教育-教材 IV.①TM1

中国版本图书馆 CIP 数据核字（2015）第 112207 号

机械工业出版社（北京市百万庄大街22号　邮政编码100037）
策划编辑：于　宁　责任编辑：于　宁
版式设计：赵颖喆　责任校对：陈　越
封面设计：鞠　杨　责任印制：常天培
北京机工印刷厂有限公司印刷
2023 年 6 月第 3 版第 21 次印刷
184mm×260mm · 15.5 印张 · 382 千字
标准书号：ISBN 978-7-111-50351-4
定价：38.00 元

电话服务　　　　　　　　　　网络服务
客服电话：010-88361066　　机 工 官 网：www.cmpbook.com
　　　　　010-88379833　　机 工 官 博：weibo.com/cmp1952
　　　　　010-68326294　　金 书 网：www.golden-book.com
封底无防伪标均为盗版　　机工教育服务网：www.cmpedu.com

第 3 版前言

本书第 2 版自 2011 年 6 月出版以来,以基本概念清楚、叙述简练流畅、文字通俗易懂、适合学生自学等特点,赢得了职业技术院校相关专业师生欢迎。为适应高等职业教育改革需要,根据机械工业出版社和广大读者要求,作者在保留原教材框架与风格前提下,从以下几方面对第 2 版教材进行了修订:

1. 增设了导读,尽可能通过应用实例提出问题进而导入课题,以诱发学生阅读兴趣。

2. 收集、加工了一些来自生产和生活中的常见电气事故,充实了思考题,增强了趣味性。

3. 参考了电子电路等后续课程的典型电路,充实了内容,以提高与专业课程的衔接度。

4. 头两章从实际应用中加工出一些思考题,以培养学生对开路、短路故障的判断能力。

5. 第四、五、七章强化交流电路移相、滤波、旁路和耦合等作用,增强内容的实用性。

6. 第六章收集了一些生产生活常见用电事故案例补充思考题,强化故障判断能力培养。

7. 第八章配置了较多的描述过渡过程定量波形图,以强化学生对过渡过程的直观理解。

8. 应用性很强的章节,练习与思考题设为两类:一类用于巩固概念,一类强调应用性。

9. 个别章节配置了少量的示波器波形图片、元器件实物图片,以强化学生的感性认知。

10. 部分例题配有注意事项,以澄清概念、强调重点、指出易错之处等,方便读者自学。

总之,通过这次修改,希望进一步提高教材的可读性、趣味性、实用性和启发性。

本书由陕西工业职业技术学院王兆奇、常州信息职业技术学院田名义、浙江机电职业技术学院戴一平、邢台职业技术学院张国勋完成修改。王兆奇任主编,田名义任副主编。

陕西工业职业技术学院张小洁、吴兵、杨延波分别完成了电路图、波形图的绘制工作,再次表示感谢。

由于编者水平所限,书中难免会有错误和不妥之处,恳请读者批评指正。

愿本书能对电工初学者有所启迪和帮助。

编　者

第 2 版 前 言

《电工基础》第 1 版自 2000 年 8 月出版以来，受到了广大师生的欢迎。根据机械工业出版社的要求，结合部分使用本教材的师生的意见，第 2 版教材在保留第 1 版教材框架与风格的前提下，我们从以下几方面作了一些修订：

1. 对第 1 版教材的内容和文字作了进一步的推敲和修改，力求在讲清概念、方法的基础上使语言更为准确、简洁明了。

2. 纠正了第 1 版教材在文字表述及部分电路图中存在的错误，一些图中添加了说明性符号，以方便读者自学。

3. 根据部分教师及读者的建议，结合编者的教学经验，在第二章到第七章部分小节之后适当添加了一些练习与思考题。

4. 根据最新国家标准规范书中所用物理量的符号。

5. 对第六章第一节、第六节有关内容进行了适当改写。

本书第一章由北京电子科技职业学院蒋湘若修订，第二、三章由常州信息职业技术学院田名义修订，第四、五、九章由陕西工业职业技术学院王兆奇修订，第六、七章由浙江机电职业技术学院戴一平修订，第八章由邢台职业技术学院张国勋修改。本书由上海电机学院吴兴云任主审。

陕西工业职业技术学院张小洁承担了这次修改中电路图的绘制工作，在此表示感谢。

由于编者水平有限，书中难免还存在错误与不妥之处，希望广大读者批评指正。

编 者

第 1 版 前 言

　　本教材是根据机械工业机电类高等职业技术教育教材建设协作组会议精神编写的，可供高等职业技术院校电气类各专业教学使用。

　　本书共分九章，内容包括电路的基本概念和基本定律、直流电路和交流电路的一般分析方法、非正弦周期电流电路、电路的过渡过程、磁路及铁心线圈电路等。

　　本书从高职教育的培养目标出发，力图做到基本概念清楚，注重理论联系实际，精选有助于建立概念、掌握方法、联系实际应用的例题和习题；各章目的要求明确，语言力求简练流畅；本书各章配有较多的思考题和练习题，书后附有答案，以便自学。

　　本书由陕西工业职业技术学院王兆奇主编，并编写第四、五章；常州信息职业技术学院田名义任副主编，并编写第二、三章；北京电子科技职业学院蒋湘若编写第一章；浙江机电职业技术学院戴一平编写第六、七章；邢台职业技术学院张国勋编写第八章；陕西工业职业技术学院马连奎编写第九章。本书由上海电机学院吴兴云任主审。

　　在编写过程中，陕西工业职业技术学院方维奇校阅了全书，李梅、贺天柱提出了许多宝贵建议，在此表示感谢。

　　编写本书时，查阅和参考了众多书籍，得到了许多教益和启示，在此向参考书籍的作者致以诚挚的谢意。

　　由于水平有限，书中难免会有不足甚至错误之处，恳请读者提出宝贵意见，以便修改。

编　者

目　录

第一章
电路的基本概念和基本定律

电工基础是一门专业基础课，它是为学习后续专业课打基础的。

本章主要讨论电压和电流的参考方向、欧姆定律以及基尔霍夫定律等，并介绍几个基本电路元件。这些内容都是分析与计算电路的基础，也是全书的基础。为便于读者学习，本章仅就直流电路进行讨论。

第一节 实际电路与电路模型

【导读】 欲点亮一小灯泡，需用哪些电器元件？图1-1所示电路中，各电器元件起什么作用？

一、实际电路

电路是电流的通路，它是由一些电气设备和元器件为完成特定功能按一定方式联接而成的。在电力系统、自动控制、计算机等技术领域中，人们广泛使用各种电路来完成多种多样的任务。例如，可以提供电能的供电电路、信号放大电路、测量所用的仪表电路以及存储信息的存储电路等。

电路中可以供给电能、电信号的设备或器件叫做电源，使用电能的设备或器件称为负载。图1-1所示电路就是一个简单的照明电路，由一个电源（电池）、一个负载（小灯泡）、一个开关和联接导线所组成。此外，电路中还可能包括控制与保护设备等。

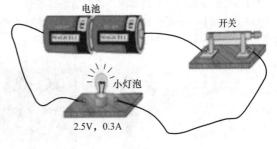

图 1-1

为了画电路图时方便，人们用一些图形符号来代表各种电气设备和元器件，联接起来后就成为原理电路图。图1-2a是图1-1的原理电路图，它清晰地表明了各器件之间的联接关系，与实际电路的形状、大小和相对位置无关。

二、电路模型

实际电路都是由一些像电池、电阻器、电容器等实际元器件组成的。人们使用某种元器件，就是想要利用它的某一主要电磁特性。例如，使用电池，就是要利用它正、负极之间能保持一定电压这一性质；使用电阻器，就是要利用它能将电能转化为热能或光能的性质。但是，实际元器件的电磁性能往往不是单一的。比如，一个电池总有一定的内阻，工作时它要消耗一些电能；当电流通过实际电阻器时还会产生磁场，因而有微小的电感。各种电磁现象交织起来，往往给电路的分析和计算造成一些困难。

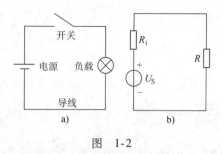

图　1-2

为了便于对实际电路进行分析和用数学描述，可以对实际元器件进行科学的抽象，即在一定的条件下突出其主要的电磁特性，忽略其次要性能，把它近似地看成一个理想元件。例如，忽略内阻后，电池就可以看成电压恒定的理想电压源；忽略微小电感时，电阻器就可看成一个理想电阻元件。实际的电路元器件经过理想化以后，便成为只有某种单一电磁性能的元件，它是实际元器件的近似，称为理想电路元件，今后常简称为电路元件。

电阻、电容等理想元件是通过两个端钮与外部相联接的，称为二端元件。可以用具有两个引出端钮的方框符号来表示抽象的二端元件。具有 N 个引出端钮的元件称为 N 端元件，如晶体管是三端元件，变压器是四端元件。

任何一个实际电路都可以用一些电路元件的组合来表示，这样得到的电路就称为实际电路的电路模型。图 1-2b 就是图 1-1 当开关闭合时的电路模型。在建立电路模型时，应使其特性尽可能与实际情况接近。同一实际电路在不同条件下可能会有不同的电路模型。电路模型是实际电路的一种近似，所要求的近似程度越高，电路模型就越复杂。

三、电路、网络和系统

本课程所分析的都是由理想元件组成的电路模型，简称电路。较复杂的电路呈现网状，因而常称为网络。由若干个电路单元组成以实现某种功能的有机整体称为系统，如电力系统、计算机系统等。

电路中反映信息特征的电流、电压称为电信号，简称信号。电路的输入信号称为激励，而输出信号称为响应。

练习与思考

1-1-1　什么是电路元件？什么是电路模型？本课程的研究对象是什么？

1-1-2　试举出一个电路实例，说明它由哪些电路元件组成，并画出其电路模型。

1-1-3　图 1-3 是部分常见元器件实物图，试辨认其中的电容器、电阻器、电感线圈、电力变压器、三极管和电源等器件。

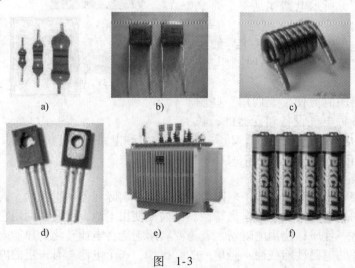

a)　　　　　　　b)　　　　　　　c)

d)　　　　　　　e)　　　　　　　f)

图　1-3

第二节 电路的基本物理量

【导读】 当人们合上电源开关时，电灯就会发光，电炉就会发热，电动机就会转动，这是因为在电路中有电流通过的缘故。电流虽然用肉眼看不见，但可以通过它产生的光效应、热效应、机械效应等为人们所觉察。那么，电流是怎么形成的呢？

一、电流

1. 电流的实际方向及计量单位

电流是电荷（带电粒子）有规则的定向运动所形成的。正如图 1-1 所示的那样，如闭合电源开关，灯泡开始发光，从灯泡闪光的那一瞬间开始，就发生了电荷沿一定方向的定向移动现象。

电流定义为单位时间内通过导体横截面的电荷量。电流的实际方向规定为正电荷运动的方向。电流是电路的基本物理量之一。

工程中常见的电流有两种：一种是大小和方向都不随时间变化的电流，称为直流电流，简称直流（DC），用 I 表示；另一种是大小和方向均随时间周期性变化的电流，称为周期电流。当周期电流在一个周期内的平均值为零时，这样的电流称为交变电流，简称交流（AC），用 i 表示。

图 1-4 给出了几种常见电流的波形，根据上述定义，图 1-4a 为直流，图 1-4b、c 均为交流。

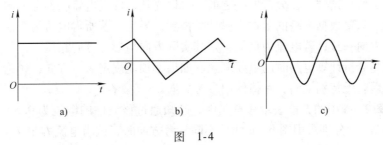

图   1-4

对于直流，若在时间 t 内通过导体横截面的电荷量为 Q，则电流为

$$I = \frac{Q}{t} \tag{1-1}$$

对于交流，若在时间 $\mathrm{d}t$ 内通过导体横截面的电荷量为 $\mathrm{d}q$，则电流瞬时值为

$$i = \frac{\mathrm{d}q}{\mathrm{d}t} \tag{1-2}$$

在国际单位制（SI）中，电流的单位是安培，简称安（A）。1 秒钟（s）内通过导体截面的电荷量为 1 库仑（C）时，电流就是 1A。大电流以千安（kA）来计量，微弱电流以毫安（mA）、微安（μA）、纳安（nA）为单位。按词头定义，有

$1kA = 10^3 A$ $\qquad$ $1mA = 10^{-3} A$ $\qquad$ $1\mu A = 10^{-6} A$ $\qquad$ $1nA = 10^{-9} A$

表 1-1 给出了常用的 SI 词头。

表 1-1 常用的 SI 词头

因 数	词 头 名 称		符 号	因 数	词 头 名 称		符 号
	英文	中文			英文	中文	
10^9	giga	吉	G	10^{-2}	centi	厘	c
10^6	mega	兆	M	10^{-3}	milli	毫	m
10^3	kilo	千	k	10^{-6}	micro	微	μ
10^2	hecto	百	h	10^{-9}	nano	纳	n
10^1	deca	十	da	10^{-12}	pico	皮	p

2. 电流的参考方向

在图 1-5a 所示的简单电路中，判断电流的实际流向并不困难。但是，当电路较为复杂时，有些电流的实际方向在计算前是很难立即判定的。图 1-5b 是一个电桥电路，当电桥处于不平衡状态时，检流计中电流的实际方向究竟是从 a 流向 b，还是从 b 流向 a，只有通过计算才能确定。为了分析与计算电路的需要，可任选其中一个方向作为电流的参考方向（也称为正方向），并用箭头标明。所选的电流参考方向不一定与电流的实际方向一致。当电流实际方向与参考方向一致时，则电流为正值；如果两者相反，则电流为负值。这样，在分析电路之前，可以先任意假设电流的参考方向，而不必考虑它的实际方向。只要根据电路的基本定律计算得到结果后，若所得电流为正值，则说明其实际方向与参考方向一致；若电流为负值，则其实际方向与参考方向相反。

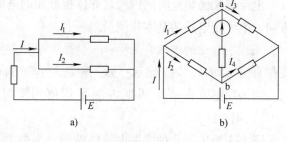

图 1-5

参考方向是分析计算电路时的重要概念。如果不预先规定参考方向，讨论电流的值就是不确定的。今后若无特别说明，一律使用参考方向。

例 1-1 图 1-6a 中的方框表示任意元件。已知通过该元件的电流为 0.5A，电流的实际流向是由 a 到 b。如分别采用图 b、c 两种不同参考方向时，试求电流 I_1 和 I_2。

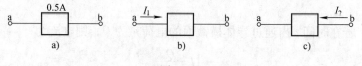

图 1-6

解 图 1-6b 中，I_1 的参考方向与电流的实际方向相同，所以为正，即

$$I_1 = 0.5A$$

图 1-6c 中，因 I_2 的参考方向与电流的实际方向相反，所以为负，即

$$I_2 = -0.5A$$

显然，这两种参考方向下的电流值相差一个 "–" 号，即

$$I_1 = -I_2$$

电流的参考方向除用箭头表示外，还可以用双下标表示。图 1-6b 中的电流还可写成 I_{ab}，图 1-6c 中的电流可写成 I_{ba}。显然

$$I_{ab} = -I_{ba}$$

二、电压与电动势

1. 电压的实际方向及计量单位

电路中用到的另一个基本物理量是电压，也就是电位差。电荷在电路中流动时，一定有能量交换发生。电荷在电路的某处（电源）获得电能，而在另一处（如电阻）失去电能。这种电能的获得或失去是和其他形式能量相互转化的结果。

电路中 a、b 两点之间的电压表明单位正电荷由 a 点转移到 b 点时所获得或失去的能量，即

$$u = \frac{dW}{dq} \tag{1-3}$$

式中的 dq 是由 a 点转移到 b 点的电荷量，dW 是转移电荷 dq 的过程中能量的变化量。如果正电荷由 a 转移到 b 时获得能量，则 a 点为低电位端，b 点为高电位端；反之，如果正电荷由 a 转移到 b 时失去能量，则 a 点为高电位端，b 点为低电位端。正电荷在电路中转移时，电能的得或失体现为电位的升高或降落。

按电压随时间变化的情况，可分为直流电压与交流电压。如果电压的大小和极性都不随时间变化，这样的电压就是直流电压，用 U 表示。如果电压的大小和极性均随时间周期性地变化，且在一周期内平均值为零，则这样的电压称为交流电压，用 u 表示。

在 SI 中，电压的单位是伏特，简称伏（V）。当电场力将 1C 的电量从一点转移到另一点所做的功为 1J 时，这两点间的电压就是 1V。计量高电压时则以千伏（kV）为单位；计量微小电压时以毫伏（mV）和微伏（μV）为单位。

2. 电压的参考方向（极性）

电压的实际方向是从正极指向负极，也就是说，电压的正方向就是电位降的方向。如同需要为电流规定参考方向一样，也需要为电压规定参考极性或参考方向，即在元件或电路两端用"＋"、"－"符号分别标定正、负极性，而由正极指向负极的方

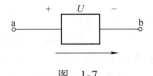

图 1-7

向就是电压的参考方向（用箭头表示），如图 1-7 所示。当电压 U 为正值时，该电压的真实极性与所标的极性相同，即实际方向与参考方向一致；当 U 为负值时则相反。显然，U 的正、负值只有在标明参考方向后才有意义。今后提到电压，一律使用参考方向。

电压的参考方向也可以用双下标表示：U_{ab} 表示由 a 到 b 是电位降的方向。参考方向是任意选定的，实际方向是客观存在的，因而一定有 $U_{ab} = -U_{ba}$。

例 1-2 图 1-8a 所示元件的端电压为 5V，已知正电荷由 b 移到 a 时获得能量，试指出电压的实际极性。在图 1-8b、c 所选参考方向下，U_1、U_2 的值各是多少？

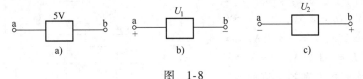

图 1-8

解 正电荷由 b 移到 a 获得能量，说明 b 点为低电位端，是负极；a 点为高电位端，是正极。

图 1-8b 中所标参考方向与实际方向一致，所以

$$U_1 = 5\text{V}$$

图 1-8c 中所标的参考方向与实际方向相反，故

$$U_2 = -5\text{V}$$

显然 $U_1 = -U_2$。

3. 关联参考方向

电流参考方向与电压参考方向的选择本是相互独立的。但为了方便起见，对于同一个元件（或同一段电路），一般常取两者一致，即电流参考方向由电压的"＋"极端指向"－"极端。电流和电压的这种参考方向称为关联参考方向。一般情况下，电压和电流都选为关联参考方向。

4. 电动势

在电源内部，电源力将单位正电荷由负极移到正极所做的功定义为电源的电动势，用符号 E 来表示，单位与电压一样。但是，电动势的方向规定由负极指向正极。显然，在电源两端，表示电压方向的箭头与表示电动势方向的箭头正好相反。如果电流流过电源内部没有能量损耗，这样的电源称为理想电源。理想电压源的端电压常用 U_S 来表示，其数值就等于电动势 E。

三、关于参考方向的说明

"参考方向"是电路分析中极其重要但初学者容易忽视的一个基本概念。事先标出各电压、电流的参考方向，这是正确应用电路定律分析和计算电路的基础。因此，建议初学者在计算电路电压、电流时，一定要遵循"**先标参考方向、然后进行计算、中途不要变更**"的原则，养成严谨的态度，避免出现错误。

练习与思考

1-2-1 在图 1-9 中，已知直流电流表的读数是 3A，电流的实际方向如何？若选电流的参考方向由 b 指向 a，试问 $I = ?$

1-2-2 图 1-10a 中，已知 $U_\text{ab} = -5\text{V}$，a、b 两点中哪一点的电位高？在图 1-10b 中，已知 $U_1 = -6\text{V}$，$U_2 = 4\text{V}$，问 U_ab 是多少伏？

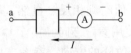

I

图 1-9

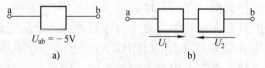

$U_\text{ab} = -5\text{V}$

a)

U_1 U_2

b)

图 1-10

1-2-3 各电压的参考极性和各电流的参考方向如图 1-11 所示。已知 $U_1 = 10\text{V}$，$U_2 = 7.5\text{V}$，$U_3 = -2.5\text{V}$，$U_4 = 2.5\text{V}$，$U_5 = -5\text{V}$，$U_6 = 7.5\text{V}$；$I_1 = -6.25\text{A}$，$I_2 = -3.75\text{A}$，$I_3 = 2.5\text{A}$，$I_4 = 2.5\text{A}$，$I_5 = -1.25\text{A}$，$I_6 = 3.75\text{A}$，试确定各电压的实际极性和各电流的实际方向。

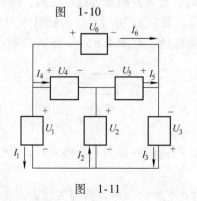

图 1-11

1-2-4 电压、电流取不同的参考方向对其实际方向有影响吗？

1-2-5　参照图 1-10a，若给方框通以交流电流 $i_{ab} = 2\sin100\pi t A$，试求 $t = 15ms$ 时的电流值，并判断此时电流的实际方向。

第三节　欧 姆 定 律

【导读】　电阻是最常见的电路元件，如碳膜电阻、金属膜电阻和线绕电阻等，如图 1-12a 所示。电阻在电路中可用来限流、分压、分流等。钨丝灯泡、电热器等也可以看作是电阻元件。

一、电阻元件

电阻元件具有阻碍电流通过的作用，电流通过电阻时，必然要消耗能量。

电阻元件的特性可以用其端钮处的电压、电流关系来表示，这种关系可通过实验获得，称为伏安特性，简写为 VAR。电路元件的伏安特性还可以画在 $U - I$ 坐标平面上。

由于电阻元件总要消耗能量，其电压、电流的实际方向总是一致的。在选取电压与电流为关联参考方向时，电阻元件的伏安特性就是通过坐标原点而位于一、三象限的曲线，电流与电压呈现某种代数关系。

图 1-12b 给出了两种电阻元件的伏安特性，其中一条是直线，说明电压 U 与电流 I 之间是线性关系，这种电阻称为线性电阻，其电路符号如图 1-12c 所示；另一条则是曲线，说明电压与电流不成正比，这种电阻称为非线性电阻，其电路符号如图 1-12d 所示。

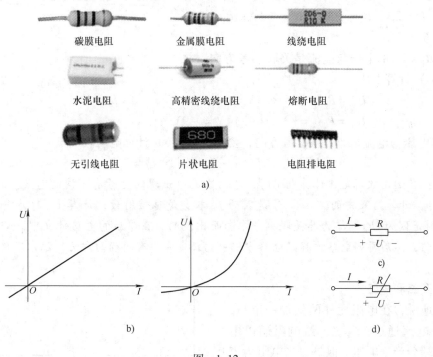

碳膜电阻　　金属膜电阻　　线绕电阻

水泥电阻　　高精密线绕电阻　　熔断电阻

无引线电阻　　片状电阻　　电阻排电阻

a)

b)　　　　c)　　　　d)

图　1-12

严格地说，线性电阻是不存在的。但是，在一定的电流范围内，只要电阻元件的伏安特性接近于过原点的直线，就可以把它看作线性电阻，由此而造成的误差并不明显。若无特别说明，今后谈到电阻元件时总是指线性电阻元件。至于非线性电阻元件，本书将在第三章的第七节予以讨论。

二、欧姆定律

电阻元件两端的电压与通过它的电流成正比，这一结论就是欧姆定律。它是分析电路的基本定律之一。在图1-12c的关联参考方向下，欧姆定律可用下式表示：

$$U = RI \tag{1-4}$$

式中，R是该元件的电阻。

在 SI 中，电阻的单位是欧姆（Ω）。当电阻元件两端的电压是1V，通过它的电流是1A时，该元件的电阻就是1Ω。计量大电阻则要用千欧（kΩ）或兆欧（MΩ）作单位。

为了方便分析，有时也用电导来表征电阻元件的特性。电导就是电阻的倒数，用 G 表示，即

$$G = \frac{1}{R}$$

它的单位是西门子（S）。引入电导后，欧姆定律还可写成

$$I = GU \tag{1-5}$$

式（1-4）、式（1-5）是在关联参考方向下欧姆定律的表达式。由于电阻电流的实际方向总是从高电位端流向低电位端，在非关联参考方向下，欧姆定律应写为

$$U = -RI \qquad 或 \qquad I = -GU \tag{1-6}$$

例1-3 计算图1-13所示电路的U_{ao}、U_{bo}和U_{co}，已知$I_1 = 2A$，$I_2 = -3A$，$I_3 = -1A$；$R_1 = 5\Omega$，$R_2 = 3\Omega$，$R_3 = 2\Omega$。

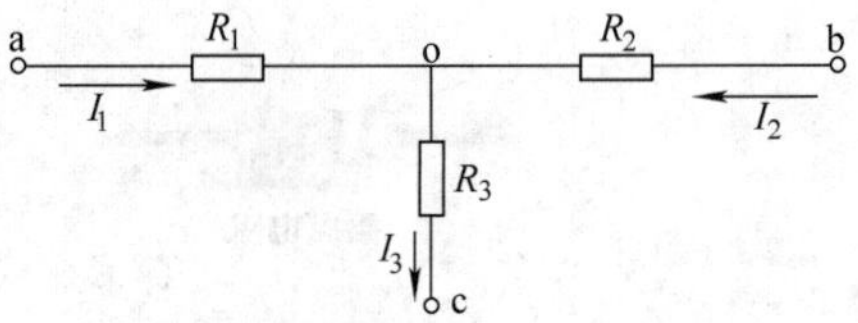

解 R_1、R_2的电压与电流是关联参考方向，故用式（1-4）计算电压。

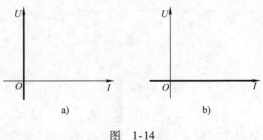

图 1-13

$$U_{ao} = R_1 I_1 = (5 \times 2)V = 10V$$

$$U_{bo} = R_2 I_2 = [3 \times (-3)]V = -9V$$

R_3的电压与电流是非关联参考方向，要用式（1-6）计算电压。

$$U_{co} = -R_3 I_3 = [-2 \times (-1)]V = 2V$$

注意：在运用欧姆定律计算电路时，不同情况下出现的负号有不同的意义。在本例中，计算U_{bo}时，计算结果中的"$-$"号是因为I_2本身是负值所致；计算U_{co}时，中括号前的"$-$"号则是因为U_{co}与I_3为非关联参考方向而出现的。在以后的电路计算中，必须首先选定参考方向，然后再列电路方程。电路方程中的正负号要有明确的意义，注意不要混淆上述两种情况。

三、开路和短路

一般地说，在电阻元件两端加一电压，其中便有电流通过；反之，给电阻通以电流，它两端会产生电压。但是，当电阻为零或无穷大时，情况就有所不同了。由式（1-4）可知，当电压有限时，无限大电阻中的电流恒等于零，其伏安特性如图1-14a所

图 1-14

示，它就是 U 轴。给电阻值是零的电阻中通以有限大小的电流，则电阻两端的电压恒为零，其伏安特性如图 1-14b 所示，它就是 I 轴。

一般而言，一个二端元件，当通过它的电流恒等于零时，就说它处于开路状态；相反地，当元件两端的电压恒等于零时，就说它处于短路状态。

开路和短路可能发生在任一元件或一段电路中。电路中两点间用一根电阻值可以忽略的导线联接时就形成短路。若无特别说明，电路图中的联接导线都看作是电阻为零的短路线。

四、等效概念

今后常常根据伏安特性来分析元件在电路中所起的作用。如有两个元件，即使不知道各自的内部结构，但只要它们的伏安特性完全相同，就称这两个元件是等效的。等效这一概念也可以推广应用于两段电路以至两个网络。

例1-4 图 1-15a 中，电阻 $R = 5\Omega$；图 1-15b 是一个二端元件，其伏安特性如图 1-15c 所示。图 a、b 中两个元件是否等效？

解 虽然不知道图 1-15b 中是何元件，但由图 1-15c 的伏安特性可得

$$\frac{U}{I} = \frac{25\text{V}}{5\text{A}} = 5\Omega$$

可见，其外部特性表现为 5Ω 的电阻，与图 1-15a 中的 R 等效。

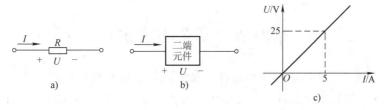

图 1-15

练习与思考

1-3-1 图 1-16 中的直线能否代表线性电阻元件的伏安特性？为什么？

1-3-2 同一电压作用于线性电阻 R_1 和非线性电阻 R_2，如图 1-17a 所示。已知这两个电阻元件的伏安特性如图 1-17b 所示，问在 U 大于、等于和小于 U_P 三种情况下，电流 I_1 与 I_2 的大小关系如何？

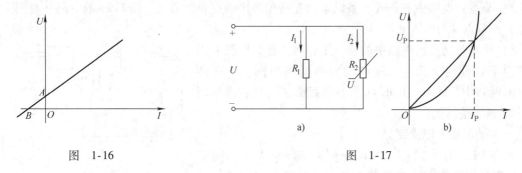

图 1-16   图 1-17

1-3-3 已知 R_1 和 R_2 的伏安特性如图 1-18 所示。试比较哪个电阻大一些？当电阻的阻值增大时，伏安特性的斜率是增大还是减小？

1-3-4　求图 1-19 中各电阻的端电压 U_{ab}。

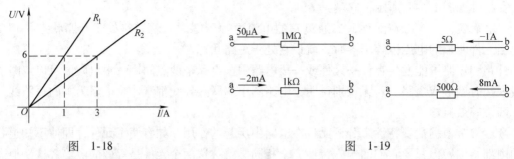

图　1-18　　　　　　　　　　　　　　图　1-19

1-3-5　求与下列阻值对应的电导：

（1）5Ω　　　（2）25Ω　　　（3）100Ω　　　（4）1000Ω

1-3-6　求与下列电导对应的电阻：

（1）0.1S　　　（2）0.5S　　　（3）0.02S　　　（4）0.001S

1-3-7　**限流保护**是电阻器基本用途之一。若用一个 5V 直流电源为一个红色 LED 发光二极管供电，如图 1-20 所示，已知 LED 的导通电压为 2V，问应串联多大限流电阻可使 LED 的电流为 1mA？

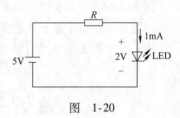

1-3-8　式（1-6）说明电阻器的阻值是负的，对吗？

图　1-20

第四节　基尔霍夫定律

【导读】　一般说，实际电路中的元件比较多，常连接成网状结构。1845 年，德国物理学家基尔霍夫提出了适用于这种网状电路计算的两个定律，为复杂电路的分析与计算奠定了基础。

分析和计算电路所需的基本定律，除了欧姆定律以外，还有基尔霍夫定律。基尔霍夫定律涉及两个方面，一个是电流定律，另一个是电压定律；前者应用于节点；后者应用于回路。

在图 1-21 的电路中，方框代表任意元件。首先介绍几个术语。

1）支路：电路中的每一分支叫做支路，一条支路只流过一个电流，称为支路电流。图 1-21 的电路共有二条支路，即 abcd、ad 和 afcd。

2）节点：电路中三条或三条以上的支路相联接的点叫做节点。图 1-21 的电路共有两个节点，即节点 a 与节点 d。

3）回路与网孔：电路中的任一闭合路径称为回路。当回路内不含任何支路时，这样的回路就叫做网孔。在图 1-21 的电路中，abcda 和 afeda 两个回路都是网孔，而回路 abcdefa 则不是网孔。

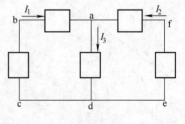

一、基尔霍夫电流定律

基尔霍夫电流定律（Kirchhoff's Current Law）简称 KCL，它是用来确定联接到同一节点上的各支路电流间关

图　1-21

系的。由于电流的连续性，电路中任何一点均不能堆积电荷，因而任一瞬时流入某一节点的电流之和应该等于从该节点流出的电流之和。

在图 1-21 所示电路中，对节点 a 可以写出

$$I_1 + I_2 = I_3$$

上式左端为流入节点 a 的电流之和，右端为流出节点 a 的电流。

若将上式改写成

$$-I_1 - I_2 + I_3 = 0$$

即

$$\sum I = 0 \qquad\qquad (1\text{-}7)$$

式（1-7）是基尔霍夫电流定律的数学表达式。它可以表述为：**在任一瞬时，任一节点上电流的代数和恒等于零**。求代数和时，如果规定参考方向流出节点的电流取"＋"号，则流入节点者就取"－"号。

例 1-5　图 1-22 画出了某电路中一个节点 M。已知 $I_1 = 2A$，$I_2 = -3A$，$I_3 = -2A$，求电流 I_4。

解　规定流出节点的电流为正，根据 KCL 得

$$-I_1 + I_2 - I_3 - I_4 = 0 \qquad (1)$$

代入各电流数值，得

$$[-2 + (-3) - (-2)]A - I_4 = 0 \qquad (2)$$

$$I_4 = -3A$$

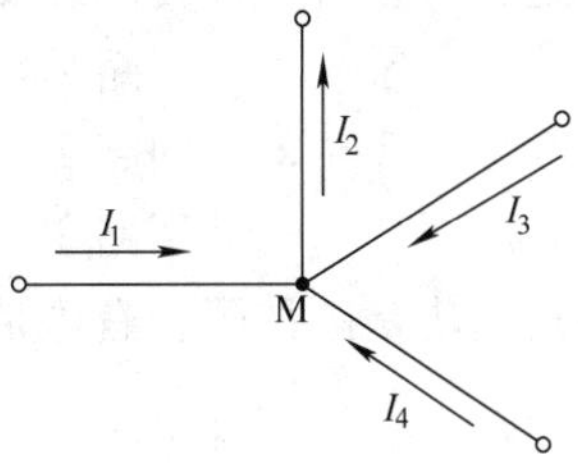

图　1-22

请注意本例各计算式中的正、负号：式（1）中各电流前的正、负号，是由电流按参考方向是流入还是流出节点 M 来确定；式（2）小括号内的"－"号则表示电流本身是负值。计算结果 I_4 是负值，这说明该支路电流的实际方向是从节点 M 流出的。

KCL 不仅适用于节点，也可以推广到电路中任一假设的闭合面。例如，图 1-23 所示的闭合面包围的是一个三角形电路，其中有三个节点。应用 KCL 可以列出

$$\text{节点 A} \qquad -I_A - I_{CA} + I_{AB} = 0$$

$$\text{节点 B} \qquad -I_B - I_{AB} + I_{BC} = 0$$

$$\text{节点 C} \qquad -I_C - I_{BC} + I_{CA} = 0$$

将以上三式相加，得

$$-I_A - I_B - I_C = 0$$

可见，在任一瞬时，通过任一闭合面的电流的代数和也恒等于零。这个假想的闭合面也叫做广义节点。

例 1-6　图 1-24 中两部分电路 A 与 B 之间只用一条导线相联接，试求流过该导线的电流。

解　作一个闭合面 S 包围电路 B，则根据 KCL 可知 $I = 0$。可见，电流只能在闭合的电路内流动。

二、基尔霍夫电压定律

基尔霍夫电压定律（Kirchhoff's Voltage Law）简称为 KVL，它是用来确定回路中各个电压之间关系的。如果从回路中任意一点出发，按规定方向（顺时针或逆时针）沿回路绕行一周，则在这个方向上的电位升之和等于电位降之和。它反映了一个回路中各个电压间互相约束的关系。

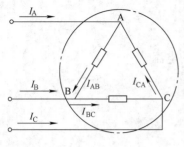

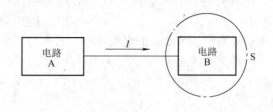

图　1-23　　　　　　　　　　　　图　1-24

在图 1-25 中，选定各回路的绕行方向为顺时针方向，根据电压的参考极性可以列出

回路 1　　　　$U_4 = U_1 + U_2$

回路 2　　　　$U_2 + U_6 = U_3$

回路 3　　　　$U_1 + U_3 = U_5$

各式左边是电位降，右边是电位升。以上三式可改写成

$$-U_1 - U_2 + U_4 = 0$$
$$U_2 - U_3 + U_6 = 0$$
$$U_1 + U_3 - U_5 = 0$$

即对每个回路均有

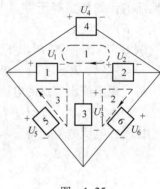

图　1-25

$$\sum U = 0 \tag{1-8}$$

式（1-8）就是基尔霍夫电压定律的数学表达式。**它可以表述为：在任一瞬时，沿电路的任一回路绕行方向，回路中各段电压的代数和恒等于零。**求代数和时，规定电压的参考方向与回路绕行方向一致时取正号，反之则取负号。

KVL 不仅适用于闭合回路，也可用于假想回路。例如，图 1-26 是某电路中的一部分。我们可以假想在 A 与 B 之间存在一条支路，从而构成一个假想回路 ABOA。按顺时针方向可以列出电压方程

$$U_{AB} + U_{BO} - U_{AO} = 0$$

所以　　　　　　　　　　　　$U_{AB} = U_{AO} - U_{BO}$

例 1-7　某电路中的一个闭合回路 ABCDA 如图 1-27 所示，方框代表任意元件。已知 $U_{AB} = 5V$，$U_{BC} = -4V$，$U_{AD} = -3V$，试求 U_{DC} 和 U_{AC}。

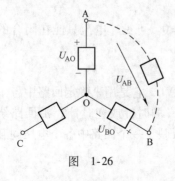

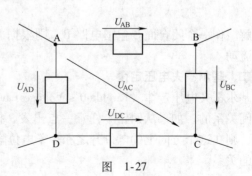

图　1-26　　　　　　　　　　　　图　1-27

解 根据 KVL 可以列出

$$U_{AB} + U_{BC} - U_{DC} - U_{AD} = 0$$
$$[5 + (-4)]V - U_{DC} - (-3)V = 0$$
$$U_{DC} = 4V$$
$$U_{AC} - U_{DC} - U_{AD} = 0$$
$$U_{AC} = U_{AD} + U_{DC} = [(-3) + 4]V = 1V$$

综上所述，根据 KCL 列写的节点电流方程仅与该节点所联接的支路电流及其参考方向有关，而与支路中元件的性质无关；根据 KVL 列写的回路电压方程仅与绕行方向、回路中各个电压及其参考极性有关，也与回路中元件的性质无关。

本节虽然是以直流电路为例引出基尔霍夫定律，但它具有普遍性。也就是说，**式(1-7)与式（1-8）不仅适用于由各种不同元件构成的直流电路，同样也适用于交流电路。**

三、两类约束

上一节讨论了电阻元件，它是电路中常用元件之一，其电压与电流之间的制约关系由欧姆定律来描述。除电阻元件外，以后介绍其他元件时，也都要给出各元件电压与电流间的约束关系。

这一节讨论了基尔霍夫定律，它描述了电路各部分之间的电流、电压应遵从的约束，这是一种基于电路结构的约束，与电路元件的性质无关。

由此可见，电路中的电压、电流受到两类约束：一类来自元件自身的特性，它与电路结构无关，是元件电压与电流之间应遵从的规律；另一类是来自电路联接结构的约束，用基尔霍夫定律来描述，它与元件的性质无关，是电路作为一个整体所必须遵从的规律。这两类约束是分析电路的基本依据。电路分析的任务，就是要求出电路中的电压、电流。为此，先运用两类约束列出电路方程，通过解方程即可得到待求电压、电流的数值。

例1-8 图 1-28 所示电路中，V 为晶体管，它是一个三端元件。已知 $U_1 = 12V$，$U_2 = 7.5V$，$U_{BA} = 4V$；$I_{DC} = 1.8mA$，$I_b = -0.2mA$；$R_2 = 20k\Omega$，$R_3 = 2.5k\Omega$，$R_4 = 1.8k\Omega$，求 U_{FA}、I_e、R_1、U_{eb} 和 I_1。

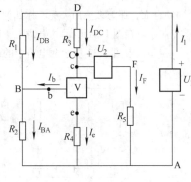

图 1-28

解 $U_{DC} = R_3 I_{DC} = (2.5 \times 1.8)V = 4.5V$

由 KVL $U_{FA} = U_1 - U_{DC} - U_2 = (12 - 4.5 - 7.5)V = 0$

由 VAR $I_F = \dfrac{U_{FA}}{R_5} = 0$

由 KCL $I_e = I_{DC} - I_F - I_b = [1.8 - 0 - (-0.2)]mA$
$$= 2mA$$

由 VAR $I_{BA} = \dfrac{U_{BA}}{R_2} = \dfrac{4}{20}mA = 0.2mA$

由 KVL $U_{DB} = U_1 - U_{BA} = (12 - 4)V = 8V$

由 KCL $I_{DB} = I_{BA} - I_b = [0.2 - (-0.2)]mA = 0.4mA$

由 VAR $R_1 = \dfrac{U_{DB}}{I_{DB}} = \dfrac{8}{0.4}k\Omega = 20k\Omega$

由 VAR $\quad U_{eA} = R_4 I_e = (1.8 \times 2)\,V = 3.6\,V$

由 KVL $\quad U_{eb} = U_{eB} = U_{eA} - U_{BA} = (3.6 - 4)\,V = -0.4\,V$

由 KCL $\quad I_1 = I_{DC} + I_{DB} = (1.8 + 0.4)\,mA = 2.2\,mA$

由此例可以看出：运用基尔霍夫定律列写电路方程时，需要根据电流按参考方向是流出还是流入节点来确定 KCL 方程中电流的正负号，根据电压参考方向与回路绕行方向是否一致来确定 KVL 方程中电压的正负号。另外，电压和电流本身也可能为正或负，正值表示实际方向与参考方向一致，负值则表示实际方向与参考方向相反。总之，计算时应注意这两套正负号的区别。

练习与思考

1-4-1 图 1-29 中，已知 $I_1 = 4A$，$I_2 = -2A$，$I_3 = 1A$，$I_4 = -3A$，试求 I_5。

1-4-2 求图 1-30 中的 I。

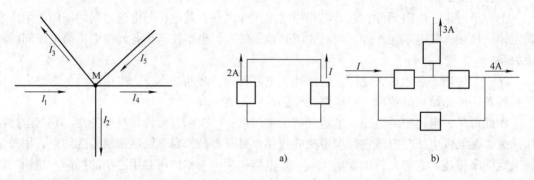

图 1-29

图 1-30

1-4-3 在图 1-23 所示的电路中，根据基尔霍夫电流定律可得：$I_A + I_B + I_C = 0$。有人问：三个电流都流向闭合面，那么怎么流回去呢？你如何解释这个问题？

1-4-4 在图 1-31 所示的电路中，若 $I_1 = 5A$，则 $I_2 = ?$ 若 AB 支路断开，则 $I_2 = ?$

1-4-5 求图 1-32 所示两电路中的电压 U_{ab} 及 U_{ba}。

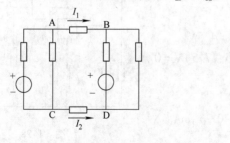

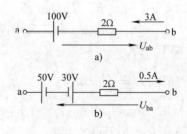

图 1-31

图 1-32

1-4-6 把四节 1.5V 电池装进手电筒，其中有一节装反了，那么灯泡上的电压是多少？

1-4-7 二极管稳压器常用电阻器作为**限流电阻**。图 1-33 所示稳压电路输入电压 $U_1 = 12V$，稳压二极管电压 $U_Z = 6V$，稳压管最小电流 $I_Z = 2mA$，负载电流 $I_L = 10mA$，试计算限流电阻 R。

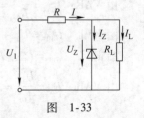

图 1-33

第五节 电 功 率

一、电功率和电能

【导读】 现在每家每户都安装有图 1-34 所示的智能电表，你知道这个仪表测量什么？

计算电路时常常将电功率简称为功率，它是指电流通过电路时传输或转换电能的速率。若以 p 表示功率，w 表示电能，则有

$$p = \frac{\mathrm{d}w}{\mathrm{d}t} \tag{1-9}$$

功率的单位是瓦特（W），常用单位还有千瓦（kW）和毫瓦（mW）。照明白炽灯的功率一般为几十瓦至几百瓦，动力设备如电动机

图 1-34

则多用千瓦作单位，而在电子电路中往往用毫瓦作功率单位更方便些。在 SI 中，电能的单位是焦耳（J）。

日常用电及工程中计算电能常用"度"作单位，它是千瓦小时（kWh）的俗称。功率为 1kW 的设备，如工作 1h，它所用的电能称为 1 度。图 1-34 常用电表显示的数据，就是一个家庭一段时间内消耗了多少度电能。

对于端电压是 u、电流是 i 的一段电路，按电流、电压的定义式（1-2）、式（1-3），由式（1-9）可得

$$p = \frac{\mathrm{d}w}{\mathrm{d}t} = \frac{\mathrm{d}w}{\mathrm{d}q}\frac{\mathrm{d}q}{\mathrm{d}t} = ui \tag{1-10}$$

上式说明，任一瞬时，电路的功率等于该瞬时的电压与电流的乘积。对直流电路，有

$$P = UI \tag{1-11}$$

二、功率的正负

众所周知，电流通过电炉时将电能转换成热能。如果电流通过一个电路元件时，它将电能转换为其他形式的能量，则表明这个元件是吸收电能的。在这种情况下，功率用正值表示，习惯上称该元件是吸收功率的。当电池向小白炽灯供电时，电池内部的化学变化形成了电动势，它将化学能转换成电能。显然，电流通过电池时，电池是产生电能的。在电路元件中，如果有其他形式的能量转换为电能，即电路元件可以向其外部提供电能，这种情况下的功率用负值来表示，并称该元件是发出功率的。

在电压和电流的关联参考方向下，按式（1-11）计算的结果是元件吸收的功率。由于电压与电流均为代数量，因而功率 P 可正可负。当 $P > 0$ 时，表示元件实际吸收或消耗电能；当 $P < 0$ 时，表示元件实际发出电能。

在 U、I 是非关联参考方向时，功率应按下式计算：

$$P = -UI \tag{1-12}$$

这样计算出的结果，当 $P > 0$ 时仍表示元件实际吸收电能；$P < 0$ 时仍表明元件实际发出电能。

式（1-11）、式（1-12）也适用于一段电路。

例 1-9 计算图 1-35 中各元件的功率，并指出实际上是吸收还是发出功率。

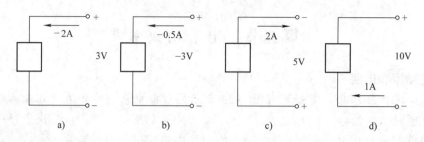

图 1-35

解 在图 1-35a、b、c 中，电压与电流为关联参考方向，由式（1-11）得

图 1-35a　　$P = [3 \times (-2)]\text{W} = -6\text{W}$　　　　　　$P < 0$　　　发出功率

图 1-35b　　$P = [(-3) \times (-0.5)]\text{W} = 1.5\text{W}$　　　$P > 0$　　　吸收功率

图 1-35c　　$P = (5 \times 2)\text{W} = 10\text{W}$　　　　　　　$P > 0$　　　吸收功率

图 1-35d 中电压与电流是非关联参考方向，由式（1-12）得

　　　　　　$P = [-(10 \times 1)]\text{W} = -10\text{W}$　　　　　　$P < 0$　　　发出功率

由此可见，当电压与电流的实际方向一致时，电路一定是吸收功率的，图 1-35b、c 就是这种情况；反之，则是发出功率的，图 1-35a、d 属于这种情况。

电阻元件的电压与电流的实际方向总是一致的，其功率总是正值；电源则不然，它的功率可以是负值，也可能是正值，这说明它可能发出功率，也可能吸收功率。

例 1-10　图 1-36 中的两个元件均为电动势 $E = 10\text{V}$ 的电源，在各自标定的参考方向下，电流 $I = 2\text{A}$，试分别计算它们的功率。

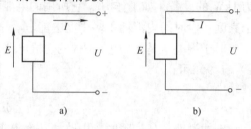

图 1-36

解　计算电源的功率时应该注意，在关联参考方向下，电动势与电压的方向相反。因此，当电动势与电流的参考方向一致时，用式（1-12）计算功率。

图 1-36a 中：　　　　$P = (-10 \times 2)\text{W} = -20\text{W}$　　　　发出功率

图 1-36b 中：　　　　$P = (10 \times 2)\text{W} = 20\text{W}$　　　　吸收功率

由此可见，当 E 与 I 的实际方向相同时，电源处于供电状态，图 1-36a 便是这种情形。在多数情况下，电源是发出功率的。当电源的 E 与 I 的实际方向相反时，电能被转换为其他形式的能量，电源处于充电状态。当电源被充电时，就说这个电动势为反电动势。例如，蓄电池在电路中处于充电状态时，其电动势就成为反电动势，图 1-36b 反映的就是这种状态。

三、电阻元件的功率、额定值

【导读】 表 1-2 列出了几种常见家用电器的额定电压、额定功率。为什么要规定这些额定值呢？我们先从电阻器的额定值讲起。

表 1-2　几种常见家用电器的额定功率

家用电器	29in 彩电	电熨斗	电冰箱	微波炉	台灯
额定电压	220V	220V	220V	220V	220V
额定功率	100 ~ 150W	300 ~ 1200W	100 ~ 200W	700 ~ 1200W	25 ~ 60W

注：1in = 25.4mm

直流电路中，在关联参考方向下，电阻元件的功率计算式为

$$P = UI = I^2 R = \frac{U^2}{R} \qquad (1\text{-}13)$$

电阻元件在 $\Delta t = t_2 - t_1$ 的时间内消耗的电能为

$$W = P\Delta t \qquad (1\text{-}14)$$

式（1-14）称为焦耳定律。

由式（1-13）可知，电阻元件所消耗的功率正比于电压（或电流）的平方，而不是与电压（或电流）成线性关系。对理想电阻元件来说，其电压、电流和功率的大小是不受限制的。但是，在使用一个实际电阻器时，如利用电阻发热现象制造的电炉、灯泡等，必须注意不能超过制造厂家所规定的电压、电流或功率值。这些数值称为额定电压、额定电流、额定功率，标在产品上，统称为额定值。规定额定值，是为了避免因过热而加速电气设备的老化甚至烧坏。由于电压、电流、功率之间存在一定的关系，通常只需给出两项额定值即可。白炽灯上一般只标出额定电压和额定功率，如"220V 40W"、"36V 10W"等；而电阻器则只标出电阻值和额定功率，如"10Ω 2W"、"1kΩ 2W"等。

利用电阻发热的各种电器，只有在额定值下才能正常工作，高于额定值易使设备损坏，低于额定值时则功率不足会使电灯变暗、电热器温度偏低等。在电动机、变压器等不需要其发热的设备中，能量损耗引起的发热会使绝缘材料升温，温度过高时会影响设备的安全和寿命。因此，这些设备必须采取散热措施以避免温度过高，使用这些设备时，一定要注意它们实际承受的电压。如果不慎将额定电压为110V的计算机或录像机接入220V电源上，必定会烧毁设备。

例 1-11 有一个 100Ω、$\frac{1}{4}$W 的碳膜电阻，使用时电流不能超过多大数值？能否接在 50V 的电源上使用？

解

$$I = \sqrt{\frac{P}{R}} = \sqrt{\frac{1}{4 \times 100}}\text{A} = 0.05\text{A} = 50\text{mA}$$

$$U = RI = （100 \times 0.05）\text{V} = 5\text{V}$$

即使用时电流不能超过50mA，电压不能超过5V。

若将此电阻接到50V电源上使用，则

$$P = \frac{U^2}{R} = \frac{50^2}{100}\text{W} = 25\text{W}$$

注意：由于电压升至10倍，功率达到额定值的100倍，电阻必被烧坏。所以，不能接在50V电源上使用。

练习与思考

1-5-1 电源在供电状态时，其电压和电流的实际方向如何？试与水泵的水压和水流相比较。

1-5-2 教室有8支40W的荧光灯，按每天开灯4h计算，每月用电多少度？如果每天少开灯半小时，一年能节约多少度电？

1-5-3 额定值为"220V 60W"的白炽灯，当其电压只有180V时，该白炽灯实际功率是多少瓦？

1-5-4 60W 和 200W 电灯在额定电压 220V 下工作时,哪一个的电阻大?

1-5-5 一只"110V 8W"的指示灯,若将其接在 380V 的电源上,问需要串联多大电阻?该电阻应该选用多大瓦数?

1-5-6 实际应用中,电阻的额定功率必须大于实际消耗的最大功率。试确定下列电阻中哪个电阻可能由于过热而烧坏从而导致电路开路。

(1) 9V 电压加在一个 100Ω、1/4W 电阻上。

(2) 24V 电压加在一个 1.5kΩ、1/2W 电阻上。

(3) 5V 电压加在一个 10Ω、1W 电阻上。

1-5-7 一个 22Ω、0.5W 与一个 220Ω、0.5W 的电阻各自加上 10V 电压,哪个将会过热烧坏?

A. 22Ω　　　　B. 220Ω　　　　C. 两者都损坏　　　　D. 两者都不损坏

1-5-8 一个 220V、40W 的灯泡,如果误接在 110V 电源上,则此时灯泡的功率是多少?如果误接在 380V 电源上,则灯泡功率是多少?是否安全?

第六节　电压源与电流源

【导读】 生活中人们经常使用电池,如图 1-37a 所示;做实验时经常用稳压电源,如图 1-37b 所示。在对电路进行计算时,如何描述它们的特性?用什么作为它们的电路模型?

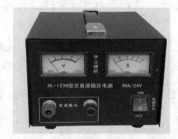

a) 各种电池　　　　　　　　　　　　　b) 稳压电源

图　1-37

一、电压源

电源是电路的重要组成部分,发电机、蓄电池、稳压电源等都是常用的电源。各种电源的特性,也是用其外部端钮上的 VAR 来描述,称为电源的外特性。

像蓄电池、稳压电源等,正常工作时,它们的端电压基本保持不变。也就是说,尽管这些电源的内部情况不同,但却具有相同的外特性。因此,我们可以用一个端电压为恒定值的二端元件作为它们的电路模型,称为直流电压源。

一般地说,凡能提供一个确定电压的二端电源,就称为电压源。当电压源的端电压是直流电压时,叫做直流电压源;当端电压是交流电压时,称为交流电压源。

电压源的特点是:①它的端电压恒定不变,或者随时间按某种规律变化,但与外电路无关;②通过它的电流是由它的电压和与它相联的外电路共同确定的。

直流电压源的符号如图 1-38a 所示。对于电压源的电压与电流,习惯上采用非关联参考方向,即电流是从正极流出电源的。直流电压源的端电压 $U = U_s$,U_s 是一常数;其外特性是一条直线,它与电流轴平行,如图 1-38b 所示,表明其端电压与电流的大小无关。至于电压源的电流，则与外电路有关。例如，在图 1-39 中，有一个 $U_S = 10V$ 的电压源，当它的两端开路时，如图 1-39a 所示，其输出电流 $I = 0$，电源处于开路状态；若外接一个 10Ω 电阻，如图 1-39b 所示，则 $I = 1A$，但端电压 U 依然是 $10V$；若外接一个 1Ω 电阻，如图 1-39c 所示，则电流 $I = 10A$，但 U 仍为 $10V$。

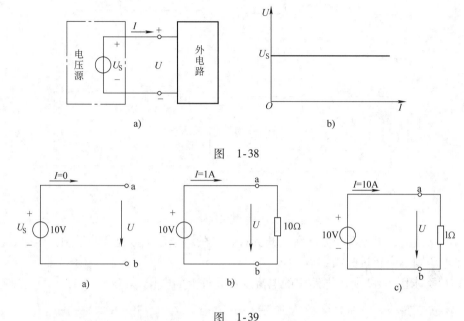

图　1-38

图　1-39

作为电路模型，电压源是一种理想元件，它的输出电流、输出功率可以是任意数值。但是，一个实际电源的输出电流和输出功率，则不应超过其额定值。

二、电流源

光电池在一定照度的光线照射下，将被激发而产生一定大小的电流，这个电流与照度有关，但与它的端电压无关。类似地，在一定的电压范围内，当基极电流一定时，晶体管的集电极输出电流也是一个确定值，且与晶体管 E、C 极之间的电压无关。虽然这两个电源的内部情况不同，但它们却表现出相同的外特性。因此，我们可以用一个输出电流为恒定值的二端元件作为它们的模型，称为直流电流源。

一般地说，凡能输出一个确定电流的二端电源，就称为电流源。当电流源所提供的是直流电流时，称为直流电流源；当输出的是交流电流时，称为交流电流源。

电流源的特点是：①电流源的输出电流是恒定不变的，或者是随时间按某种规律变化的，但与它的端电压无关；②电流源的端电压是由它的电流和与它联接的外电路所共同确定的。

电流源的电路符号如图 1-40a 所示。对于电流源的电流与电压，习惯上也采用非关联参考方向。直流电流源的输出电流 $I = I_S$，I_S 是一常数，它的外特性也是一条直线，它与电压轴平行，如图 1-40b 所示，表明输出电流与其端电压无关。至于电流源的端电压，则与外电路有关。例如，在图 1-41a 中，已知 $I_S = 5A$，当外电路的电阻 R 分别等于 1000Ω、100Ω 与 10Ω 时，它的输出电流均为 $5A$，但端电压却分别为 $5000V$、$500V$ 和 $50V$。当负载电阻 $R = 0$ 时，如图 1-41b 所示，其端电压为零，输出电流仍为 $5A$，电源处于短路状态。

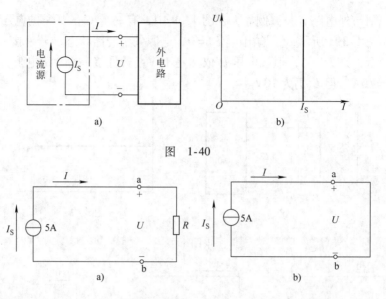

图 1-40

图 1-41

作为电路模型，电流源也是一种理想元件，它的端电压可以是任意数值。但是，实际电源的工作电压则不应超过其额定值。

例 1-12 求图 1-42 所示电路中的电流及各元件上的电压。

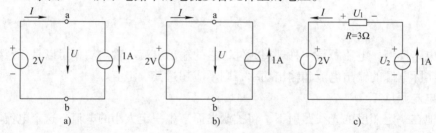

图 1-42

解 图 1-42a 电路中的电流由电流源确定，a、b 两端的电压则由电压源确定，故

$$U = 2V \qquad I = 1A$$

图 1-42b 中电流参考方向与电流源的方向相反，a、b 两端的电压仍由电压源确定，即

$$U = 2V \qquad I = -1A$$

图 1-42c 的电路中虽然多了一个电阻，但回路中的电流仍由电流源确定；电阻电压由欧姆定律求得，电流源的电压用 KVL 来确定。

$$I = 1A$$
$$U_1 = -RI = (-3 \times 1) \text{ V} = -3V$$
$$U_2 = 2V - U_1 = [2 - (-3)] \text{ V} = 5V$$

本例说明，电流源的端电压是由电流源与外电路共同确定的。

例 1-13 电路如图 1-43 所示，求 I_S。

解 由 $I = 2A$ 可求得 a、b 两点间的电压

$$U_{ab} = (1 + 2 + 4) \text{ } \Omega \times 2A = 14V$$

由欧姆定律得

$$I_1 = \frac{14}{3}\text{A} = 4.67\text{A}$$

由 KCL 得

$$I_S = I_1 + I = (4.67 + 2)\text{A} = 6.67\text{A}$$

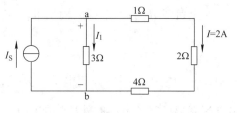

图 1-43

三、实际电源的两种模型

一个实际电源可以用两种不同的电路模型来表示，一种是以电压的形式来表示，称为电压源模型；一种是以电流的形式来表示，称为电流源模型。

1. 电压源模型

像发电机、蓄电池等电源，随着输出电流的增大，端电压实际上都会有所下降。这说明，除了电源电压 U_S 外，电源内含有分压电阻 R_i，称为内阻。在分析电路时，常常把二者分开，构成由 U_S 和 R_i 相串联的电路，称为电压源模型，如图 1-44a 所示。图中，U 是电源的端电压，I 是电源的输出电流。

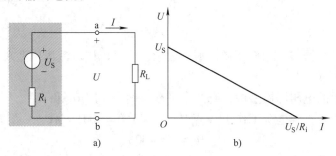

图 1-44

在图 1-44a 中，接通负载 R_L 后，电源的端电压

$$U = U_S - R_i I \tag{1-15}$$

式中，$R_i I$ 为电源内阻上的电压。显然，这一串联内阻越小，内部分压就越小，电源的端电压就越稳定。电源的外特性曲线如图 1-44b 所示。

2. 电流源模型

像光电池这样的电源，随着端电压的上升，它的输出电流实际上有所减小。这说明，除了受光激发而产生的电流 I_S 外，电源内含有分流电阻 R_i'，也称为内阻。在分析电路时，可把二者分开，组成由 I_S 与 R_i' 相并联的电路，这就是电流源模型，如图 1-45a 所示。

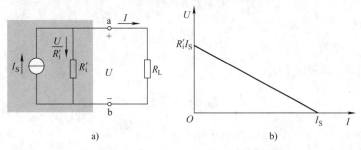

图 1-45

接上负载 R_L 后，电源的输出电流

$$I = I_S - \frac{U}{R'_i} \qquad (1\text{-}16)$$

式中，$\frac{U}{R'_i}$ 为电源内部的分流电流。显然，这一并联内阻越大，内部分流就越小，电源的输出电流就越稳定。电源的外特性如图 1-45b 所示。

例 1-14 已知一个电源的外特性如图 1-46a 所示，试作出它的电源模型。

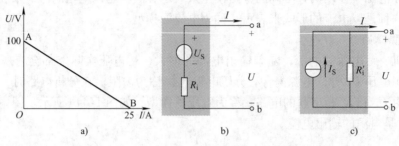

图 1-46

解 同一电源，既可以用电压源模型来表示，也可以用电流源模型来表示。

（1）电压源模型

图 1-44a 所示的电压源模型中，有两个量需要确定，即 U_S 和 R_i。

由图 1-46a 可知，当电源工作于 A 点时，$I = 0$，$U = 100V$。代入式（1-15），得

$$U_S = U = 100V$$

当电源工作在 B 点时，$I = 25A$，$U = 0$。代入式（1-15），得

$$R_i = \frac{U_S}{I} = \frac{100}{25}\Omega = 4\Omega$$

电压源模型如图 1-46b 所示。

（2）电流源模型

图 1-45a 的电流源模型中，有两个量需要确定，即 I_S 和 R'_i。

将外特性曲线上 B 点坐标 $I = 25A$、$U = 0$ 代入式（1-16），得

$$I_S = I = 25A$$

将 A 点坐标 $I = 0$、$U = 100V$ 代入式（1-16），得

$$0 = 25A - \frac{100V}{R'_i}$$

$$R'_i = \frac{100}{25}\Omega = 4\Omega$$

电流源模型如图 1-46c 所示。

练习与思考

1-6-1 比较图 1-47a、b 两个电路，回答下列问题：

（1）通过 R 的两个电流 I 与 I' 是否相等？

（2）R 的两个端电压 U 与 U' 是否相等？

（3）流过电压源的两个电流 I 与 I'' 是否相等？

（4）I_S 为何值时，$I''=0$ 或 $I''<0$？

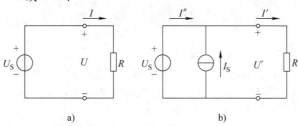

图　1-47

1-6-2　比较图 1-48 中 a、b 两个电路，回答下列问题：

（1）通过 R 的两个电流 I 与 I' 是否相等？

（2）电阻两端电压 U 与 U' 是否相等？

（3）电流源两端的电压 U 与 U'' 是否相等？

（4）U_S 为何值时，$U''=0$ 或 $U''<0$？

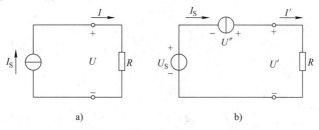

图　1-48

1-6-3　求图 1-49 中各电路的 I 与 U。

1-6-4　在图 1-50 中 $U_S=6\text{V}$，$I=1\text{A}$，$U_{ab}=5.8\text{V}$，求电压源模型中的内阻 R_i。

1-6-5　某电源的外特性如图 1-51 所示，求电压源模型。

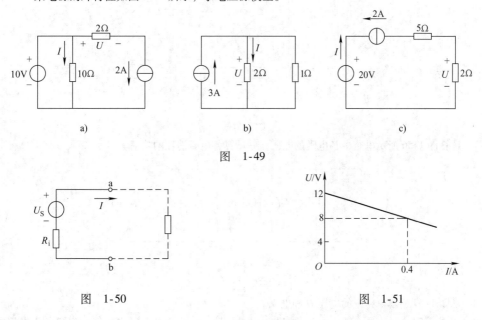

图　1-49

图　1-50

图　1-51

习 题

1-1 图 1-52 所示电路中，已知（1）$I = 1A$，$U_{ab} = -10V$；（2）$I = 1A$，$U_{ab} = 10V$；（3）$I = -1A$，$U_{ab} = -10V$。试确定电流、电压的真实方向，并判断元件 A 是电源还是负载？

1-2 在图 1-53 中，已知（1）$I = 1A$，$U_{ab} = -10V$；（2）$I = -1A$，$U_{ab} = -10V$。试确定 U_{ab} 是电压降还是电压升？

1-3 一个电流表的内阻是 0.44Ω、量程为 1A。如果有人将该表误作为电压表跨接于 220V 的电源上，电流表中将流过多大电流？产生什么后果？

1-4 一个蓄电池，测其开路电压为 6V；以电阻 $R_1 = 2.9\Omega$ 接在它的两端，测出电流为 2A。求该电池的电动势和内阻各为多少？若负载电阻改为 $R_2 = 5.9\Omega$，其他条件不变，电流是多少？

1-5 在图 1-54 中，若 $U = 20V$，$R_1 = 10k\Omega$，在（1）$R_2 = 30k\Omega$；（2）$R_2 = \infty$（R_2 处开路）；（3）$R_2 = 0$（R_2 处短路）三种情况下，分别求电流 I、电压 U_1 和 U_2。

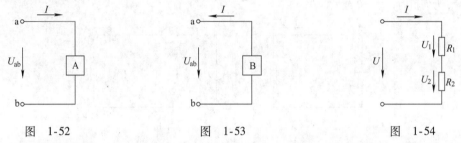

图 1-52 　　　　图 1-53 　　　　图 1-54

1-6 在图 1-55 电路中，已知电流 $I = 2mA$，$R_1 = 3k\Omega$，$R_2 = 5k\Omega$，$E_1 = 24V$，$E_2 = 20V$。试分别求三个电路的电压 U_{ac}。

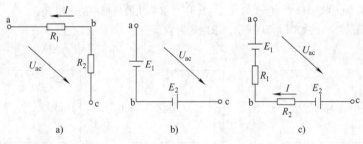

图 1-55

1-7 计算图 1-56 所示电路中各电阻的电压，并计算各电阻消耗的功率。

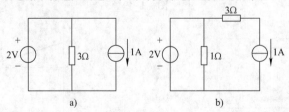

图 1-56

1-8 求图 1-57 所示电路中的电压 U 和电流 I。

1-9 在图 1-58 中，有几个节点？几条支路？几个回路？试应用基尔霍夫定律列出各节点电流方程和各回路电压方程。

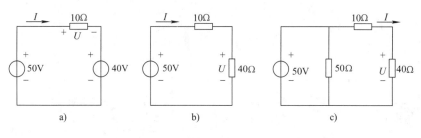

图　1-57

1-10　求图1-59各电路中的未知电流。

1-11　求图1-60中的各电流及两电源和电阻的功率。

1-12　在图1-61中，求电压U_{ab}及E。

1-13　在图1-62中，求U、I、R_2、R_1及E。

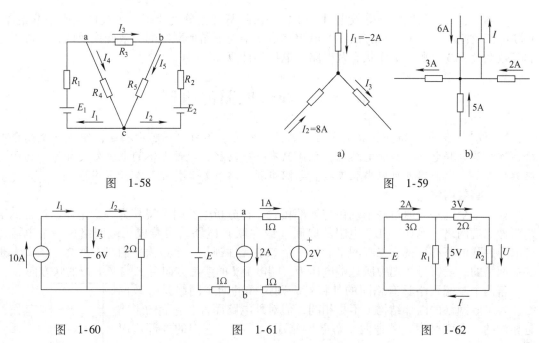

图　1-58

图　1-59

图　1-60

图　1-61

图　1-62

1-14　在图1-63中，已知$R=1k\Omega$，开关S倒向"1"时，电压表读数是10V，S倒向"2"时，电流表读数是10mA。求S倒向"3"时，电压表和电流表读数各为多少？

1-15　图1-64所示电路中，若10Ω电阻的端电压$U=10V$，试求R。

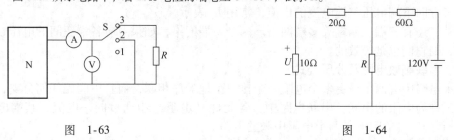

图　1-63

图　1-64

第二章

线性电阻电路

本章先引入等效网络与等效电阻的概念，在此基础上分别介绍：①线性电阻串联电路、并联电路及混联电路的分析方法；②电阻星形联结与三角形联结的等效变换及两种电源模型的等效变换；③电源的工作状态及电路中电位的计算。

第一节　线性电阻的串联

【导读】　在图 2-2a 中，把蓄电池、开关、电流表和白炽灯顺次相连，组成一个闭合回路，这就是串联电路。串联电路中，电流只有一条路径，通过电路的电流处处相等。为了适应各种需要，电阻器也可以串联连接。电阻串联电路有哪些特点？有什么用途？

一、等效网络

如果一个电路只通过两个端钮与外部相联，在分析电路时可视其为一个整体，这样的电路叫做二端网络。例如，几个电阻的串联（或并联）电路就可看成二端网络；一个电流源与电阻并联电路亦可视为二端网络。每一个二端元件都是一个最简单的二端网络。图 2-1 是二端网络的一般符号，图中所选端电压 U、端电流 I 的参考方向对二端网络为关联方向。

若两个二端网络具有相同的外特性，则这样的两个网络是等效网络。各等效网络的内部结构虽不尽相同，但对外电路而言，它们的影响是相同的。也就是说，若把两个等效网络予以互换，它们的外部情况不变。

对于一个内部不含独立电源的电阻性二端网络来说，总有一个电阻与之等效。今后把这个电阻就称为该网络的等效电阻，它等于该网络在关联参考方向下端电压与端电流的比值，常用 R_i 表示。

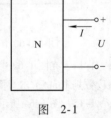

图　2-1

此外，还有三端、四端等多端网络。两个 n 端网络，如果对应各端钮间的电压、电流关系相同，则它们也是等效的。

二、串联等效电阻及分压公式

如果电路中有两个或更多个电阻一个接一个地顺序相联，而且中间无任何分支，这样的联接方式称为电阻的串联。串联电路中，各元件（电阻）中通过同一电流，其端电压是各元件电压之和。图 2-2b 是两个电阻串联的电路。

1. 等效电阻

对图 2-2b 所示的电阻串联电路应用 KVL 和欧姆定律，得

$$U = U_1 + U_2 = R_1 I + R_2 I = (R_1 + R_2) I$$

在图 2-2c 所示的电路中

$$U = RI$$

可见，当

$$R = R_1 + R_2$$

时，图 2-2c 中的 R 便是图 2-2b 的等效电阻。

一般地说

$$R = \sum_{i=1}^{n} R_i \tag{2-1}$$

式（2-1）说明：n 个线性电阻串联的等效电阻等于各元件的电阻之和。

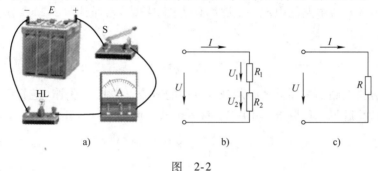

图 2-2

2. 分压公式

在图 2-2b 所示的电路中，由于

$$U_1 : U_2 = (R_1 I) : (R_2 I) = R_1 : R_2$$

这说明各电阻上的电压是按电阻的大小进行分配的。至于各电阻上所分配的电压，可由下式计算：

$$\left.\begin{aligned} U_1 = R_1 I = R_1 \frac{U}{R} = \frac{R_1}{R} U \\ U_2 = R_2 I = R_2 \frac{U}{R} = \frac{R_2}{R} U \end{aligned}\right\}$$

写成一般形式是

$$U_i = \frac{R_i}{R} U \tag{2-2}$$

式（2-2）是电阻串联电路的分压公式，它说明第 i 个电阻上分配到的电压取决于这个电阻与等效电阻的比值，这个比值称为分压比。尤其要说明的是，当其中某个电阻较其他电阻小很多时，对应的分压比将很小，这个小电阻两端的电压也较其他电阻上的电压低很多，因此在工程估算时，这个小电阻的分压作用可以忽略不计。

串联电路中各电阻上的功率分配关系，请读者自行分析。

三、应用举例

利用电阻串联电路的分压原理，可以制成多量程电压表。很多电子仪器和设备中，也常常采用简单的电阻串联电路从同一电源上获取不同的电压。

例 2-1　某集成电路需要 5V 电压供电，但现有电源电压是 9V。试设计一个简单的电阻分压电路为其供电（集成电路直流输入电阻为 1000MΩ）。

分析：根据题意画出图 2-3a 所示的分压电路。在实际设计时有两点需要注意：①集成电路输入电阻为 1000MΩ，流入其中的电流微乎其微（仅 5nA），工程估算时完全可以忽略；

②两个分压电阻消耗的功率应尽可能小。

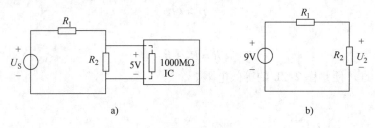

图 2-3

解 忽略流入集成电路的电流，电路简化为图 2-3b。参照式（2-2），分压器输出电压可按下式计算：

$$U_2 = \frac{R_2}{R_1 + R_2} \cdot U_s$$

为了降低分压电路功率损耗，必须减少其中的电流。为此，原则上选择阻值较大的分压电阻。为简化计算起见，现取 $R_2 = 10\text{k}\Omega$，代入上式，则有

$$U_2 = \left(\frac{10}{R_1 + 10} \times 9\right)\text{V} = 5\text{V}$$

从中可以解出

$$R_1 = 8\text{k}\Omega$$

检验：分压器电流及功耗分别为

$$I = \left(\frac{9}{8 + 10}\right)\text{mA} = 0.5\text{mA}$$

$$P = (9 \times 0.5)\text{mW} = 4.5\text{mW}$$

例 2-2 有一只量程为 10V 的电压表，其内阻 $R_g = 20\text{k}\Omega$。欲将其电压量程扩大到 250V，求所需串联的附加电阻值。

解 电压表的量程是指它的最大可测量电压。因此，当电压表的指针满偏时，加于电压表两端的电压便是 250V，其中内阻上只能承受 $U_1 = 10\text{V}$，其余 240V 的电压将降落在分压电阻 R 上，如图 2-4 所示。由式（2-2）得

$$\frac{20\text{k}\Omega}{20\text{k}\Omega + R} \times 250\text{V} = 10\text{V}$$

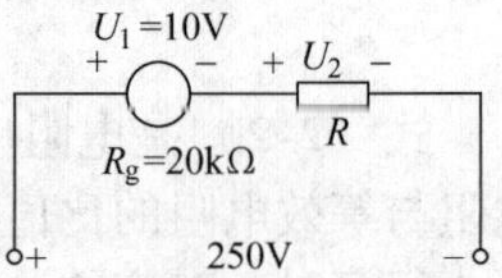

解得

$$R = 480\text{k}\Omega$$

图 2-4

注意：通常把这里的串联电阻叫做扩程电阻，它一方面分担了原电压表所不能承受的那部分电压，另一方面还使扩程后的电压表具有较高的内阻，从而减小了对被测电路的影响。由式（2-1），扩程后电压表的内阻 $R_g + R = 20\text{k}\Omega + 480\text{k}\Omega = 500\text{k}\Omega$。

练习与思考

概念与计算

2-1-1 现有一只电表，已知表头电流为 50μA，内阻是 3kΩ。问应串联多大电阻才能改装成量程为 10V 的电压表？

2-1-2 计算图 2-5 各电路中的未知电压 U 或电阻 R。

2-1-3 一段电阻电路由 $1M\Omega$、$30k\Omega$、$3.3k\Omega$ 电阻器串联而成，问等效电阻的值更接近于哪个电阻？哪个电阻两端的电压最小？

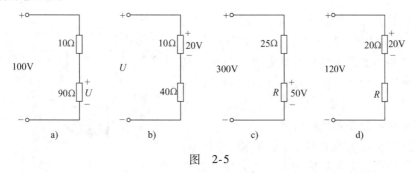

图 2-5

2-1-4 由 5 个等值电阻串联组成的电路所消耗的总功率为 10W，则每个电阻消耗功率是多少？

A. 10W   B. 50W   C. 5W   D. 2W

故障分析

2-1-5 已知 4 个 $\frac{1}{4}$W 的电阻串联，阻值为 $1.2k\Omega$、$2.2k\Omega$、$3.9k\Omega$ 和 $5.6k\Omega$。不超过额定功率时，这段电路两端的最大电压是多少？如果超过最大电压，哪一个电阻将最先烧坏？

2-1-6 一个 5mA 的熔丝与电阻 $1.0k\Omega$、$3.3k\Omega$、$4.7k\Omega$ 串联后接于直流电源上。问：在熔丝烧断之前，电源电压能达到的最大值是多少？

2-1-7 在电阻串联电路中串入一个安培表，接通电源时，发现安培表读数为 0。这时应当检查是否存在_____。

A. 断线   B. 电阻器短路   C. 电阻器开路   D. 选项 A 和选项 C

2-1-8 在检查电阻串联电路时，发现电流比正常值高。这时应当检查是否存在_____。

A. 电路开路   B. 电路短路   C. 低电阻器阻值   D. 选项 B 和选项 C

2-1-9 **电阻器开路故障的特征**：某电阻串联电路的电源电压为 24V，若有一个电阻出现开路故障，则该电阻两端的电压是多少？其他未损坏电阻上的电压是多少？

2-1-10 **电阻器短路故障的特征**：电阻串联电路中，假设其中某个电阻器发生短路故障，那么电路的等效电阻将如何变化？电路电流将如何变化？其他电阻器的电压呢？

2-1-11 **当电源电流过大时，电源就有被烧坏的危险！**今有两个电阻器 $R_1 = 20R_2$ 串联后连接到某直流电源上。问哪个电阻短路对电源因过电流而造成的危险最大？为什么？

2-1-12 电阻串联电路如图 2-6 所示。试估算图 a 中电流；当电路出现图 2-6b 所示**局部短路**时，求电路电流；当电路出现图 2-6c 所示**完全短路**时，计算短路电流。设熔丝额定电流是 1A，电源内阻为 3Ω。

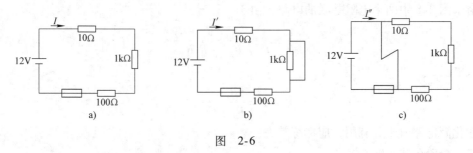

图 2-6

第二节 线性电阻的并联

【问题引导】 每个家庭都会使用很多电器，如电灯、电视、冰箱、洗衣机、微波炉和计算机等。你知道这些电器是怎样接入到电源上的吗？观察一下这些电器，你会发现一般都是通过插座并联接入主电路中的，如图2-7所示。这是什么原因呢？这一节先从电阻并联电路讲起。

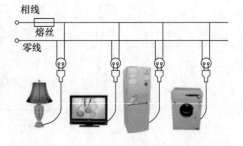

图 2-7

如果电路中有两个或更多个电阻联接于同一对节点之间，这种联接方式就称为电阻的并联。并联电路中，各并联支路（电阻）上受同一电压作用；总电流是各支路电流之和。图2-8a是两个电阻并联的电路。

一、等效电阻

图2-8a中两个并联电阻可用图2-8b中的一个等效电阻 R 来代替。

对图2-8a中的电路应用 KCL 和欧姆定律可得

$$I = I_1 + I_2 = \frac{U}{R_1} + \frac{U}{R_2} = \left[\frac{1}{R_1} + \frac{1}{R_2}\right]U$$

在图2-8b中

$$I = \frac{U}{R}$$

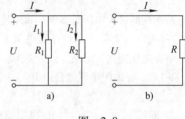

图 2-8

可见，当

$$\frac{1}{R} = \frac{1}{R_1} + \frac{1}{R_2} \quad 或 \quad G = G_1 + G_2$$

时，图2-8b中的 R 便是图2-8a的等效电阻。

一般地说

$$G = \sum_{i=1}^{n} G_i \quad 或 \frac{1}{R} = \sum_{i=1}^{n} \frac{1}{R_i} \tag{2-3}$$

可见，n 个电阻并联时，其等效电导等于各电导之和。由上式知，如果 n 个阻值相同的电阻并联，其等效电阻是各支路电阻的 $\frac{1}{n}$ 倍。并联电阻的个数越多，等效电阻反而越小。

对于图2-8中两个电阻并联的电路，由于

$$\frac{1}{R} = \frac{1}{R_1} + \frac{1}{R_2} = \frac{R_1 + R_2}{R_1 R_2}$$

故等效电阻

$$R = \frac{R_1 R_2}{R_1 + R_2} \tag{2-4}$$

上式在化简电路时十分有用，应熟练掌握。

二、分流公式

图2-8a中，各并联支路的电流之比为

$$I_1 : I_2 = \left(\frac{U}{R_1}\right) : \left(\frac{U}{R_2}\right) = \frac{1}{R_1} : \frac{1}{R_2} = R_2 : R_1$$

可见并联电路中各支路电流的大小与电阻成反比。电阻小的支路，其中的电流反而大。

图 2-8a 中，各支路电流分别为

$$\left.\begin{aligned} I_1 &= \frac{U}{R_1} = \frac{R}{R_1}I = \frac{R_2}{R_1 + R_2}I \\ I_2 &= \frac{U}{R_2} = \frac{R}{R_2}I = \frac{R_1}{R_1 + R_2}I \end{aligned}\right\} \tag{2-5}$$

式（2-5）是两个电阻并联电路的分流公式。当总电流 I 求得后，利用此式可方便地求得各并联支路的电流。

三、应用举例

例 2-3 三个电阻分别为 $R_1 = 30\text{k}\Omega$、$R_2 = 15\text{k}\Omega$、$R_3 = 0.8\text{k}\Omega$ 相并联，试计算它们的等效电阻。

解 由式（2-3）得

$$\frac{1}{R} = \frac{1}{R_1} + \frac{1}{R_2} + \frac{1}{R_3} = \left(\frac{1}{30 \times 10^3} + \frac{1}{15 \times 10^3} + \frac{1}{0.8 \times 10^3}\right)\text{S} = 1.35 \times 10^{-3}\text{S}$$

$$R = \frac{1}{1.35 \times 10^{-3}}\Omega = 740\Omega = 0.74\text{k}\Omega$$

注意：工程中有时并不需要精确计算，估算即可。阻值相差很大的几个电阻并联时，大电阻的分流作用常可忽略不计。在例 2-3 中，$R_1 \gg R_3$，$R_2 \gg R_3$，所以 R_1、R_2 的分流作用可忽略不计。这样，等效电阻主要取决于小电阻 R_3，工程上可按 $0.8\text{k}\Omega$ 来估算。

例 2-4 某微安表头的满偏电流 $I_g = 50\mu\text{A}$，内阻 $R_g = 1\text{k}\Omega$，若要改装成能测量 10mA 的电流表，应并联多大的分流电阻。

解 按题意，当表头指针满偏时，通过电流表的总电流是 10mA。由于表头所在支路只容许通过 $I_g = 50\mu\text{A}$，其余 $I_R = 9950\mu\text{A}$ 则通过分流电阻 R，如图 2-9 所示。应用分流公式（2-5），得

$$I_g = \frac{R}{R + R_g}I$$

$$50 \times 10^{-6}\text{A} = \frac{R}{R + 1000\Omega} \times (10 \times 10^{-3}\text{A})$$

解得

$$R \approx 5\Omega$$

即在表头两端并联一个 5Ω 的分流电阻，可将电流量程扩大到 10mA。

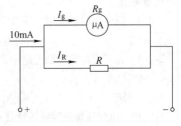

图 2-9

注意：并联电阻不仅分担了表头所不能承受的那部分电流，扩大了电流表的量程，而且还使扩程后的电流表具有很小的内阻，从而可以减小对被测电路的影响。扩程后，电流表的内阻可由式（2-4）算出，其大小为 $\frac{1000 \times 5}{1000 + 5}\Omega \approx 5\Omega$。

现在回答开始提出的问题。一般情况下，负载都具有一定的额定电压，因此具有相同额定电压的电器设备总是采用并联运行的。负载并联时，它们处于同一电压之下，各负载基本

上不互相影响。并联的负载电阻越多，则总电阻越小，电路的总电流和总功率也就越大，但是每个负载的电流和功率却没有变化。

练习与思考

概念与计算

2-2-1 两个不同阻值的电阻相并联，哪一个电阻消耗的功率大？为什么？

2-2-2 图 2-10 所示电路中，已知 $I = 10A$，$R_1 = 12\Omega$，$R_2 = 8\Omega$，$R_3 = 9.6\Omega$，求 I_1、I_2、I_3 与 I_4。

2-2-3 图 2-11 所示电路中，已知 $U = 20V$，$R_1 = 6.8k\Omega$ 是可变电阻，$R_2 = 6k\Omega$，电流表的最大许可电流为 10mA。问 R_1 最小允许调到多少千欧？（电流表内阻忽略不计。）

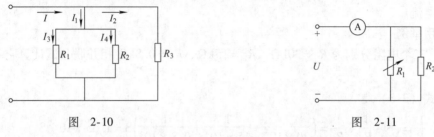

图 2-10 　　　　　　　　　　　　　　图 2-11

2-2-4 当 n 个电阻元件并联时，其中电阻 R_i 的电流 I_i 与总电流 I 之间的关系为

$$I_i = \frac{G_i}{G} I$$

式中，G 为并联等效电导，$G_i = \dfrac{1}{R_i}$，各电流与电压系关联参考方向。试推导上述分流公式。

2-2-5 三个 33kΩ 的电阻器并联后接在一个 110V 电源上，从电源流出的电流是多少？

2-2-6 一个 330Ω 的电阻器、一个 270Ω 的电阻器和一个 68Ω 的电阻器并联，则总电阻近似等于_____。

A. 668Ω 　　　　　　B. 47Ω 　　　　　　C. 68Ω 　　　　　　D. 22Ω

2-2-7 八个电阻器并联，并且两个最小电阻都是 1.0kΩ。则总电阻_____。

A. 不能确定 　　　　B. 大于 1.0kΩ 　　　C. 小于 1.0kΩ 　　　D. 小于 500Ω

故障分析

2-2-8 流入电阻器并联电路的总电流突然减小，其原因可能是_____。

A. 短路 　　　　　　B. 电阻器开路 　　　C. 电源电压下降 　　D. 选项 B 或选项 C

2-2-9 在三个电阻并联电路中，R_1、R_2、R_3 中的电流依次为 10mA、15mA、20mA。若测得总电流为 35mA，则可以断言_____。

A. R_1 开路 　　　　B. R_2 开路 　　　　C. R_3 开路 　　　　D. 电路运行正常

2-2-10 **电阻器短路故障的特征**：电阻并联电路中，假设其中某个电阻器发生短路故障，那么电路的等效电阻将如何变化？电路电流将如何变化？其他电阻器的电流呢？

2-2-11 电阻并联电路如图 2-12 所示。图 2-12a 为正常工作电路，图 2-12b 为**局部开路**电路，图 2-12c 为**短路电路**，分别计算三个电路中的总电流。设电池额定电流小于 3A，短路时的内阻为 2Ω。

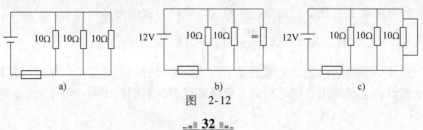

a) 　　　　　　　　b) 　　　　　　　　c)

图 2-12

第三节　线性电阻的混联

【问题引导】 某车间有 220V/100W 电灯 20 盏，接在线路电阻为 1Ω、电压为 220V 的供电线路上，突然接入一个 12.1Ω 的 4kW 电热炉后，发现电灯明显变暗。这是为什么？在晚上用电高峰时，家里的灯可能比较暗，而到了深夜，同样一盏灯却会变得更亮一些，这又是怎么回事？

既有电阻串联又有电阻并联的电路称为电阻混联电路。分析这类电路的步骤是：①反复运用串联、并联等效电阻计算公式（2-1）、式（2-3）或式（2-4）将混联电路逐步化简为单一回路的电路；②运用欧姆定律求得端电流或端电压；③反复运用串联分压、并联分流公式或欧姆定律逐步求得各支路电压与电流。

例 2-5 图 2-13 所示电路中，$R_1 = 6\Omega$，$R_2 = 4\Omega$，$R_3 = 12\Omega$，$U = 9V$。试求电流 I、I_2、I_3 及电压 U_1、U_3。

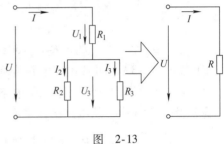

图　2-13

解 （1）电路的等效电阻为

$$R = R_1 + \frac{R_2 R_3}{R_2 + R_3} = \left(6 + \frac{4 \times 12}{4 + 12}\right)\Omega = 9\Omega$$

（2）端电流 $I = \dfrac{U}{R} = \dfrac{9}{9}A = 1A$

（3）各支路电流分别为

$$I_2 = \frac{R_3}{R_2 + R_3}I = \left(\frac{12}{4 + 12} \times 1\right)A = 0.75A$$

$$I_3 = \frac{R_2}{R_2 + R_3}I = \left(\frac{4}{4 + 12} \times 1\right)A = 0.25A$$

（4）U_1 和 U_3 请自行计算。

例 2-6 图 2-14 所示是用变阻器调节负载端电压的分压电路。已知电源电压 $U = 220V$，负载电阻 $R_L = 50\Omega$。变阻器的规格是 100Ω、3A。现将它等分为四段，在图中已用 a、b、c、d、e 等点标出。试求滑动触头分别在 a、c、d 三点时，负载和变阻器各段所通过的电流与负载电压。

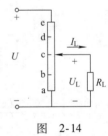

图　2-14

解 （1）在 a 点：

$$U_L = 0$$
$$I_L = 0$$
$$I_{ea} = \frac{U}{R_{ea}} = \frac{220V}{100\Omega} = 2.2A$$

（2）在 c 点：

$$R = R_{ec} + \frac{R_{ca} R_L}{R_{ca} + R_L} = \left(50 + \frac{50 \times 50}{50 + 50}\right)\Omega = 75\Omega$$

$$I_{ec} = \frac{U}{R} = \frac{220}{75}A = 2.93A$$

$$I_{\mathrm{L}} = I_{ca} = \frac{2.93}{2}\mathrm{A} = 1.47\mathrm{A}$$

$$U_{\mathrm{L}} = R_{\mathrm{L}}I_{\mathrm{L}} = 50\Omega \times 1.47\mathrm{A} = 73.5\mathrm{V}$$

注意：滑动触头虽然在变阻器的中点，然而输出电压并不等于电源电压的一半，而是 73.5V。

（3）在 d 点：

$$R = \frac{R_{da}R_{\mathrm{L}}}{R_{da}+R_{\mathrm{L}}} + R_{ed} = \left(\frac{75 \times 50}{75+50} + 25\right)\Omega = 55\Omega$$

$$I_{ed} = \frac{U}{R} = \frac{220}{55}\mathrm{A} = 4\mathrm{A}$$

$$I_{\mathrm{L}} = \frac{R_{da}}{R_{da}+R_{\mathrm{L}}}I_{ed} = \left(\frac{75}{75+50} \times 4\right)\mathrm{A} = 2.4\mathrm{A}$$

$$I_{da} = I_{ed} - I_{\mathrm{L}} = 4\mathrm{A} - 2.4\mathrm{A} = 1.6\mathrm{A}$$

$$U_{\mathrm{L}} = R_{\mathrm{L}}I_{\mathrm{L}} = 50\Omega \times 2.4\mathrm{A} = 120\mathrm{V}$$

因 $I_{ed} = 4\mathrm{A} > 3\mathrm{A}$，ed 段电阻有被烧坏的危险。

例 2-7 计算图 2-15a 所示电阻电路的等效电阻 R。

解 图 2-15a 中，从电路结构来看

R_1 与 R_2 并联，得 $\qquad R_{12} = \frac{2 \times 2}{2+2}\Omega = 1\Omega$

R_3 与 R_4 并联，得 $\qquad R_{34} = \frac{4 \times 4}{4+4}\Omega = 2\Omega$

因而简化为图 2-15b 所示电路。此图中，R_{34} 与 R_6 串联，然后与 R_5 并联，故

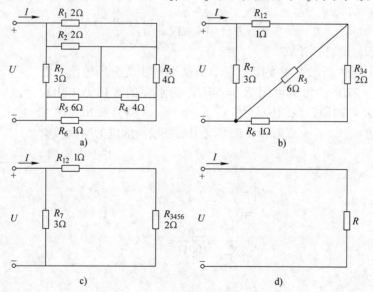

图 2-15

$$R_{3456} = \frac{(1+2) \times 6}{(1+2)+6}\Omega = 2\Omega$$

于是简化为图 2-15c 所示电路。由此最后化简为图 2-15d 所示电路，等效电阻

$$R = \frac{(1+2) \times 3}{(1+2) + 3}\Omega = 1.5\Omega$$

练习与思考

概念与计算

2-3-1 试估算图 2-16 所示两个电路中的电流 I。

2-3-2 今有 10Ω、20Ω、30Ω 电阻各一个，经串、并联后可组成几种不同的电阻值？试计算各自的等效电阻。

2-3-3 计算图 2-17 所示两电路中的等效电阻 R_{ab}。

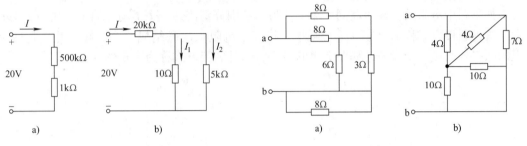

图 2-16   图 2-17

2-3-4 两个 $1.0k\Omega$ 的电阻器串联，然后与一个 $2.2k\Omega$ 电阻器并联。若其中一个 $1.0k\Omega$ 电阻器两端电压为 6V，则 $2.2k\Omega$ 两端电压是_____。

A. 6V   B. 3V   C. 12V   D. 13.2V

2-3-5 某分压器由两个 $10k\Omega$ 电阻器串联组成。则下列_____负载电阻器对输出电压的影响最大？

A. $1.0M\Omega$ B. $20k\Omega$ C. $100k\Omega$ D. $10k\Omega$

实际应用

2-3-6 某一个分压器的无负载输出是 9V。若连接一个负载电阻，那么输出电压将_____。

A. 增加   B. 减小   C. 保持不变   D. 变为零

2-3-7 分压电路的输出端端上一个负载电阻，那么电源电流将_____。

A. 增加   B. 减小   C. 保持不变   D. 断开

2-3-8 已知一个分压器由一个 15V 的电压源和两个 $56k\Omega$ 的电阻器串联组成，计算无负载时的输出电压是多少？若有一个 $56k\Omega$ 的负载并在输出两端，则输出电压是多少？

故障分析

2-3-9 图 2-13 所示电路发生故障，用安培计测得电流 I 为 1.5A，用伏特计测得电压 U_3 为 0V，则故障原因可能是_____。

A. R_1 短路   B. R_2 短路   C. R_3 开路

2-3-10 图 2-13 所示电路发生故障，用安培计测得电流 I 为 3.0A，用伏特计测得电压 U_3 为 9V，则故障原因可能是_____。

A. R_1 短路   B. R_2 短路   C. R_2 与 R_3 都开路

2-3-11 计算机机房中开启的机器越多，电源的负载电阻越_____（大或小），电源的负载_____（加重了或减轻了），电源输出的电流_____（增大了或减小了）。

2-3-12 电阻电路如图 2-18 所示。当所有开关闭合时，负载 B、C、D 都没有电流，只有负载 A 有电流。换了熔丝后，闭合开关 S_2，断开开关 S_3 和 S_4，熔丝没有熔断。闭合开关 S_3，负载 B、C 有电流，若再闭合 S_4，负载 B、C 的电流为零，负载 D 也没有电流，熔丝再一次熔断。试根据以上现象

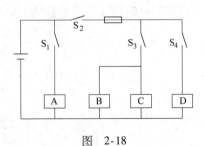

图 2-18

分析电路可能存在什么故障。

第四节　电阻星形联结与三角形联结的等效变换

【导读】　由前面三节可知，在计算电路时，可将串联与并联的电阻化简为等效电阻，这是一个最简捷的方法。但有一些电路，例如图 2-20a 所示电路，六个电阻既非串联，又非并联，因而不能运用电阻串、并联来直接化简。图 2-20a 中既有电阻的星形联结，又有电阻的三角形联结，现分别介绍如下。

一、电阻的星形与三角形联结

如果三个电阻的一端接在同一点上，另一端则分别接到三个不同的端钮，如图 2-19a 所示，这种联接方式称为星形（Y）联结。将三个电阻依次联结成一个回路，并从每两个电阻的联接处引出一个端钮，如图 2-19b 所示，这种联接方式称为三角形（△）联结。

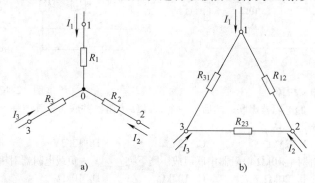

a)　　　　　　　　　　b)

图　2-19

二、星形与三角形联结的等效变换

星形与三角形电阻网络都是通过三个端钮与外部相联接的，都是最简单的三端电阻网络。所谓等效仍然是指外部等效，即当它们对应端钮间的电压相同时，流入对应端钮的电流也必然分别相等。

利用外部电流相等、电压相等的条件，可以证明：将三角形电阻网络等效变换为星形网络时

$$\left.\begin{aligned}
R_1 &= \frac{R_{12}R_{31}}{R_{12}+R_{23}+R_{31}} \\[2mm]
R_2 &= \frac{R_{12}R_{23}}{R_{12}+R_{23}+R_{31}} \\[2mm]
R_3 &= \frac{R_{31}R_{32}}{R_{12}+R_{23}+R_{31}}
\end{aligned}\right\} \tag{2-6}$$

将星形电阻网络等效变换为三角形网络时

$$\left.\begin{aligned}
R_{12} &= \frac{R_1R_2+R_2R_3+R_3R_1}{R_3} \\[2mm]
R_{23} &= \frac{R_1R_2+R_2R_3+R_3R_1}{R_1} \\[2mm]
R_{31} &= \frac{R_1R_2+R_2R_3+R_3R_1}{R_2}
\end{aligned}\right\} \tag{2-7}$$

当三端电阻网络对称时，即 $R_1 = R_2 = R_3 = R_Y$，$R_{12} = R_{23} = R_{31} = R_\triangle$，则有

$$\left.\begin{aligned} R_Y &= \frac{1}{3}R_\triangle \\ R_\triangle &= 3R_Y \end{aligned}\right\} \tag{2-8}$$

Y联结亦称为 T 形联结，$\triangle$联结也叫 $\prod$ 形联结。式（2-8）在三相交流电路分析中非常有用。

三、举例

例2-8　求图 2-20a 所示电路中 A、B 两端的输入电阻 R_{AB}，已知 $R_1 = R_2 = R_3 = 6\Omega$，$R_4 = R_5 = R_6 = 2\Omega$。

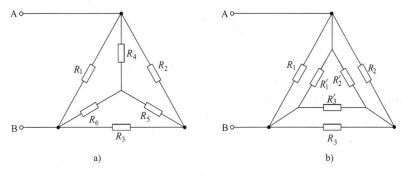

图　2-20

解　将联成星形的电阻 R_4、R_5、R_6 变换为三角形联结的等效电阻，其电路如图 2-20b 所示。应用式（2-7），得

$$R'_1 = R'_2 = R'_3 = 3R_4 = 3 \times 2\Omega = 6\Omega$$

故

$$R_{AB} = \frac{(3+3) \times 3}{(3+3) + 3}\Omega = \frac{6 \times 3}{6+3}\Omega = 2\Omega$$

例2-9　图 2-21a 为某电桥电路，已知 $U_S = 2.2V$，$R_1 = 10\Omega$，$R_2 = 30\Omega$，$R_3 = 60\Omega$，$R_4 = 4\Omega$，$R_5 = 22\Omega$。试求电源 U_S 提供的电流。

解　将联成三角形的电阻 R_1、R_2、R_3 变换成星形联结的等效电阻后，原电路便成为一个电阻混联电路，如图 2-21b 所示。根据式（2-6），得

$$R_A = \frac{R_1 R_2}{R_1 + R_2 + R_3} = \frac{10 \times 30}{10 + 30 + 60}\Omega = 3\Omega$$

$$R_B = \frac{R_1 R_3}{R_1 + R_2 + R_3} = \frac{10 \times 60}{10 + 30 + 60}\Omega = 6\Omega$$

$$R_D = \frac{R_2 R_3}{R_1 + R_2 + R_3} = \frac{30 \times 60}{10 + 30 + 60}\Omega = 18\Omega$$

又

$$R_{OC} = \frac{(R_B + R_4)(R_D + R_5)}{(R_B + R_4) + (R_D + R_5)} = \frac{(6+4)(18+22)}{(6+4) + (18+22)}\Omega = 8\Omega$$

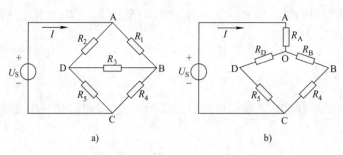

图　2-21

电路电流

$$I = \frac{U_S}{R_A + R_{OC}} = \frac{2.2V}{3\Omega + 8\Omega} = 0.2A$$

练习与思考

2-4-1　你能否对例 2-8 找出另外一种解法？

2-4-2　将图 2-22 中图 a、图 c 等效变换为三角形网络，图 b、图 d 等效变换为星形网络。

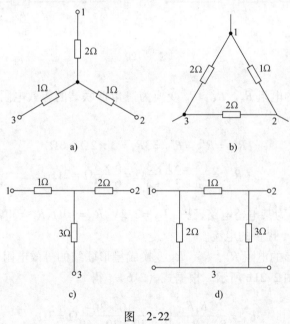

图　2-22

第五节　两种电源模型的等效变换

【导读】　如第一章所述，同一实际电源，既可以用电压源与电阻串联组合作为它的电路模型（如图 2-23a 所示），也可以用电流源与电阻并联组合作为其电路模型（如图 2-23b 所示）。比较这两个电源模型的外特性（如图 1-44b、图 1-45b 所示），不难发现，它们是相同的。因此，同一电源的这两种电路模型之间可以等效变换。那么，等效变换的条件是什么?

图 2-23a 模型的输出电流

$$I = \frac{U_S - U}{R_i} = \frac{U_S}{R_i} - \frac{U}{R_i}$$

图 2-23b 模型的输出电流

$$I = I_S - \frac{U}{R'_i}$$

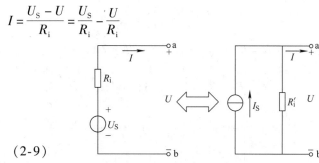

可见,当

$$\left.\begin{array}{c} I_S = \dfrac{U_S}{R_i} \\[2mm] R'_i = R_i \end{array}\right\} \qquad (2\text{-}9)$$

图 2-23

时,这两个电源模型便是等效的。

注意:I_S 的参考方向应与 U_S 电位升高的方向一致,如图 2-23 所示。

电压源与电流源是无法进行等效变换的,因为电压源是理想元件,其电压是固定值,电流源也是理想电源,其电流是固定值,两者不能等效。

例 2-10 试对图 2-24a、c 所示电路进行等效变换。

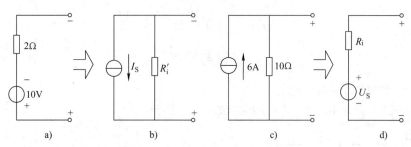

图 2-24

解 (1)图 2-24a:由式(2-9)得

$$I_S = \frac{U_S}{R_i} = \frac{10V}{2\Omega} = 5A$$

$$R'_i = R_i = 2\Omega$$

根据原来 U_S 的极性,可知电流源 I_S 的箭头方向向下,图 2-24a 的等效电路如图 2-24b 所示。

(2)图 2-24c: $\qquad U_S = R'_i I_S = 10\Omega \times 6A = 60V$

$$R_i = R'_i = 10\Omega$$

由于 I_S 箭头向上,故 U_S 的参考极性是上 " + " 下 " − ",图 2-24b 的等效电路如图 2-20d 所示。

例 2-11 图 2-25 所示电路中,已知 $U_{S1} = 60V$,$R_1 = 30\Omega$,$U_{S2} = 60V$,$R_2 = 60\Omega$,$U_{S3} = 10V$,$R_3 = 5\Omega$,$R = 8\Omega$,试求电阻 R 中的电流 I。

解 根据式(2-9)对图 2-25 的电路作等效变换如下(如图 2-26 所示):
变换中

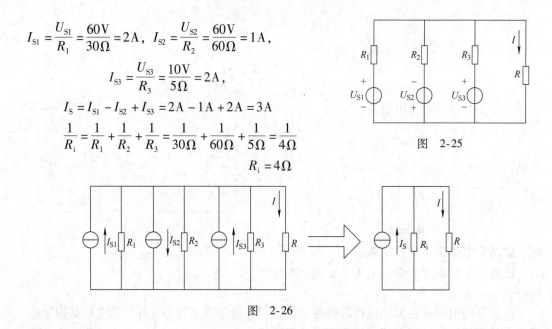

$$I_{S1} = \frac{U_{S1}}{R_1} = \frac{60V}{30\Omega} = 2A, \quad I_{S2} = \frac{U_{S2}}{R_2} = \frac{60V}{60\Omega} = 1A,$$

$$I_{S3} = \frac{U_{S3}}{R_3} = \frac{10V}{5\Omega} = 2A,$$

$$I_S = I_{S1} - I_{S2} + I_{S3} = 2A - 1A + 2A = 3A$$

$$\frac{1}{R_i} = \frac{1}{R_1} + \frac{1}{R_2} + \frac{1}{R_3} = \frac{1}{30\Omega} + \frac{1}{60\Omega} + \frac{1}{5\Omega} = \frac{1}{4\Omega}$$

$$R_i = 4\Omega$$

图 2-25

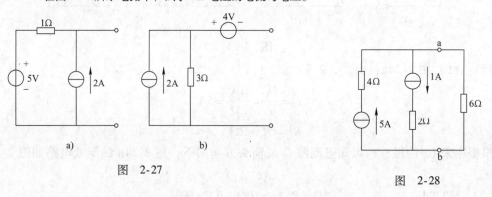

图 2-26

流过 R 的电流为

$$I = \frac{R_i}{R_i + R} I_S = \frac{4\Omega}{4\Omega + 8\Omega} \times 3A = 1A$$

练习与思考

2-5-1 试化简图 2-27 所示各电路。

2-5-2 在图 2-28 所示电路中,试求 6Ω 电阻的电流与电压。

图 2-27

图 2-28

第六节　电源的工作状态

短路案例:一住户家供电线绝缘老化、脱落,裸露导线直接接触造成短路,引发火灾;另一住户厨房电缆头受潮,导致短路致使频繁跳闸;一施工工地,因插座里掉入金属碎片,每次将其接入电源时都会引起总开关跳闸。**短路是引发电气火灾的重要原因之一。**

过载案例:在实际生活中,由于接入大功率电器,尤其是多个大功率电器同时使用或长期使用,导致电线过热、绝缘受损以至于脱落而造成火灾的事故时有发生。**电源长期过载是**

引发电气火灾的又一个重要原因。

提出问题：电源短路有何特征与危害？如何才能避免电源短路？如何才能保证安全有效地使用各种电器？

在讨论电源模型时曾经指出，实际电源总有内阻存在，因而当负载改变时，它两端的电压也将随之变化。例如，随着负载电流的增加（负载电阻减小），它的端电压将有所下降。然而，负载上获得的功率将如何变化？我们先来看下面的例题。

例 2-12　一电源的外特性为 $U = 100\text{V} - 4\Omega \cdot I$，试求负载电阻 R_L 依次为 ∞、16Ω、4Ω、1Ω 及 0Ω 时 I、U、P 的值，并将所得结果表示在坐标纸上。

解　由所给外特性可知，电压源模型的两个参数分别是 $U_\text{S} = 100\text{V}$、$R_\text{i} = 4\Omega$。

（A）$R_\text{L} = \infty$ 时

$$I = \frac{U_\text{S}}{R_\text{i} + R_\text{L}} = \frac{100\text{V}}{(4 + \infty)\,\Omega} = 0$$

$$U = U_\text{S} - R_\text{i}I = 100\text{V} - 4\Omega \times 0 = 100\text{V}$$

$$P = UI = 100 \times 0 = 0$$

（B）$R_\text{L} = 16\Omega$ 时

$$I = \frac{100\text{V}}{(4 + 16)\,\Omega} = 5\text{A}$$

$$U = 100\text{V} - 4\Omega \times 5\text{A} = 80\text{V}$$

$$P = 80\text{V} \times 5\text{A} = 400\text{W}$$

（C）$R_\text{L} = 4\Omega$ 时

$$I = \frac{100\text{V}}{(4 + 4)\,\Omega} = 12.5\text{A}$$

$$U = 100\text{V} - 4\Omega \times 12.5\text{A} = 50\text{V}$$

$$P = 50\text{V} \times 12.5\text{A} = 625\text{W}$$

（D）$R_\text{L} = 1\Omega$ 时

$$I = \frac{100\text{V}}{(4 + 1)\,\Omega} = 20\text{A}$$

$$U = 100\text{V} - 4\Omega \times 20\text{A} = 20\text{V}$$

$$P = 20\text{V} \times 20\text{A} = 400\text{W}$$

（E）$R_\text{L} = 0$ 时

$$I = \frac{100\text{V}}{(4 + 0)\,\Omega} = 25\text{A}$$

$$U = 100\text{V} - 4\Omega \times 25\text{A} = 0$$

$$P = UI = 0$$

上述结果如表 2-1 所示。电源的端电压 U、输出功率 P 随电流变化的曲线如图 2-29a、b 所示，其中 A、B、C、D、E 为相应的工作点。

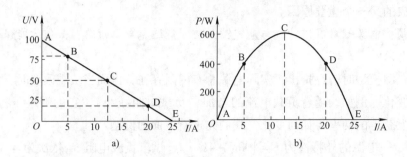

图 2-29

表 2-1

工作点\n参量	A	B	C	D	E
I/A	0	5	12.5	20	25
U/V	100	80	50	20	0
P/W	0	400	625	400	0

由图 2-29 可知，随着电源输出电流的增大，虽然端电压呈单调减的趋势，但电源输出功率却是按抛物线变化的。据此，可将电源的工作状态分为以下四种：

（1）开路　这时，负载电阻是无限大，电源的输出电流和功率均为零，电源的端电压称为开路电压，用 U_{OC} 表示，且 $U_{\text{OC}} = U_{\text{S}}$，即电压源的电压。这相当于图 2-29 中的 A 点。见表 2-1 的第二列。

（2）短路　此时，负载电阻为零，电源的端电压和输出功率均为零，电流是短路电流，用 I_{SC} 表示，且 $I_{\text{SC}} = U_{\text{S}}/R_{\text{i}}$，这相当于图 2-29 中的 E 点（见表 2-1 中最后一列）。电源短路会带来什么后果呢？一般来说，电源内阻都很小，像铅蓄电池、镍氢电池、锂电池等的内阻只有 $0.0015 \sim 0.1\Omega$，即使是普通的新干电池，内阻也不到 1.0Ω。因此短路时电流很大，不但会损坏电源，还可能引起爆炸、发生火灾。类似地，大功率发电机供电电路中，短路电流很大，可能烧毁发电机、损毁输电线路。为防止这类事故发生，一般应在电路中接入熔丝、低压断路器等，使电路发生短路时能迅速切断电源，避免烧坏电源或其他设备。

（3）额定状态　这是电源最为合理的运行状态。在使用电源时，一般不允许超过额定电流和额定功率，否则，可能使电源损坏或寿命降低。

随着人民生活质量的不断提高，许多家庭都在不断添置一些大功率家用电器，而老旧小区原有线路导线太细、容量较小，难以承受日益增加的负荷，应及时增容。

（4）最大输出功率状态　由例 2-12 可知，当 $R_{\text{L}} = 4\Omega$ 时，P 为最大，其大小为 625W。这相当于图 2-29 中的 C 点。当 R_{L} 大于或小于 4Ω 时，P 都比 625W 小。值得注意的是，电源内阻也刚好是 4Ω，因此，当负载电阻等于电源内阻时，负载可获得最大功率。这一结论，不难用数学方法加以证明。

因为　　　　　　　　　　$$P = I^2 R_{\text{L}}$$

$$= \left(\frac{U_S}{R_i + R_L} \right)^2 R_L$$

$$= \frac{U_S^2 R_L}{(R_i + R_L)^2}$$

$$= \frac{U_S^2 R_L}{(R_i + R_L)^2 + 4R_i R_L - 4R_i R_L}$$

$$= \frac{U_S^2}{\dfrac{(R_i - R_L)^2}{R_L} + 4R_i}$$

可见，当 $R_i - R_L = 0$ 时，P 可取得最大值。因此，负载获得最大功率的条件是

$$R_L = R_i \tag{2-10}$$

负载上获得的最大功率是

$$P_{LM} = \frac{U_S^2}{4R_i} \tag{2-11}$$

式（2-10）又称为电源与负载的匹配条件。电信工程中常要求电源能向负载提供最大功率。例如，要求扩音机（电源）给扬声器（负载）提供最大不失真功率，这就要求扬声器的电阻等于扩音机的输出电阻，使负载与电源"匹配"。匹配的概念在电信工程中是十分重要的。

但是，事物都是一分为二的。匹配时，外接负载与电源内阻上消耗一样多的功率，电能传输效率只有 50%，这在电力工程中是不允许的。

例 2-13　某电源的开路电压为 10V，内阻为 2Ω，问负载电阻为多大时可从该电源中获得最大功率? 其值为多少瓦特?

解　应用式（2-10）、式（2-11），当负载电阻 $R_L = 2\Omega$ 时，可从该电源获得最大功率，且

$$P_{LM} = \frac{U_S^2}{4R_i} = \frac{10^2}{4 \times 2} W = 12.5 W$$

练习与思考

2-6-1　铁路客车照明电源参数为 $U_S = 110V$、$R_i = 0.5\Omega$，与照明负载 $R_L = 10.5\Omega$ 相连接，试计算正常工作时的电流。若某一盏照明灯发生短路，短路电流是多大?

2-6-2　试用高等数学中求极值的方法证明：负载获得最大功率的条件是负载电阻等于电源内阻。

第七节　电位的计算

【导读】　放大电路图中，有时并不画出直流电源符号，而是在相应节点上标出直流电位的大小。在二极管电路中，人们通过比较二极管阳极电位和阴极电位，就可以判断二极管是否导通。测量晶体管三个电极的电位，可以判断管子处于什么工作状态。在检修电子设备时，技术人员常用万用表电压档测量一些节点的直流电位值，并能进一步算出某两点间的电

压。什么是电位呢? 它与电压之间又有什么联系?

第一章曾经指出,电路中任意两点之间的电压就是这两点的电位差。如用 φ_A、φ_B 分别表示电路中 A、B 两点的电位,那么 $U_{AB} = \varphi_A - \varphi_B$。因此,算出两点的电压值后,它只说明了一点的电位高,另一点的电位低,至于电路中各点的电位究竟是多少,则与参考电位的选取有关。因此,计算电位时,必须先选定电路中某一点作为参考点,它的电位称为参考电位,通常取参考电位为零。如取 B 点为参考点,即规定 $\varphi_B = 0$,那么 $\varphi_A = U_{AB}$,也就是说,电路中某点的电位就是该点到参考点的电压。如在图 2-30 中,若以 O 为参考点,则 A、B、C 三点的电位分别为 $\varphi_A = U_{AO}$,$\varphi_B = U_{BO}$,$\varphi_C = U_{CO}$。

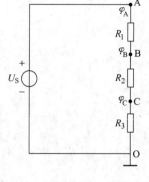

图 2-30

电位具有相对性,因而只有在选定了参考点之后,电路中各点的电位才有确定的数值。没有参考点,孤立地讲某点的电位是没有意义的。

应当指出,电位参考点虽然可以任意选择,但应该使问题处理起来较为方便。电力系统中通常取大地作为参考点,即认为大地的电位是零;在电子线路中,常以许多元件的汇集点作为参考点。参考点常用符号"⊥"表示。

例 2-14 电路如图 2-31a 所示,今用电压表测得电压 $U_{AD} = 140V$,$U_{BD} = 60V$,$U_{CD} = 90V$。(1)计算电路中各点电位;(2)试求电压 U_{AB}、U_{BC} 和 U_{AC}。

解 以 D 为参考点,则 $\varphi_D = 0$。

(1)电路中某点的电位就是该点到参考点的电压。

$$\varphi_A = U_{AD} = 140V$$

$$\varphi_B = U_{BD} = 60V$$

$$\varphi_C = U_{CD} = 90V$$

(2)电路中两点之间的电压就是这两点的电位差。

$$U_{AB} = \varphi_A - \varphi_B = 140V - 60V = 80V$$

$$U_{BC} = \varphi_B - \varphi_C = 60V - 90V = -30V$$

$$U_{AC} = \varphi_A - \varphi_C = 140V - 90V = 50V$$

图 2-31a 也可以简化为图 2-31b,不画电源,各端标以电位值。

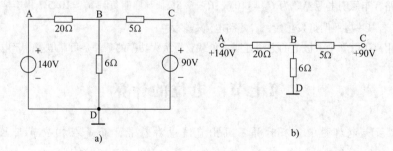

a)   b)

图 2-31

例 **2-15**   在图 2-32a 所示电路中，已知 $U_{S1} = 20V$，$U_{S2} = 10V$，$R_1 = R_2 = 1\Omega$，$R_3 = 4\Omega$，$R_4 = R_5 = 2\Omega$。（1）若以 d 点为参考点，如图 2-28b 所示，试求电路中其他各点的电位及 U_{ab}、U_{cb}；（2）若以 e 点为参考点，再求（1）中各项。

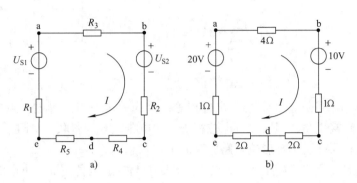

图 2-32

解   （1）以 d 为参考点，则 $\varphi_d = 0$。

$$I = \frac{U_{S1} - U_{S2}}{R_1 + R_2 + R_3 + R_4 + R_5} = \frac{20-10}{10}A = 1A$$

$$\varphi_a = U_{ad} = R_3 I + U_{S2} + R_2 I + R_4 I = (7 \times 1 + 10)V = 17V$$

$$\varphi_b = U_{bd} = U_{S2} + R_2 I + R_4 I = (10 + 3 \times 1)V = 13V$$

$$\varphi_c = U_{cd} = R_4 I = (2 \times 1)V = 2V$$

$$\varphi_e = U_{ed} = -R_5 I = -(2 \times 1)V = -2V$$

$$U_{ab} = \varphi_a - \varphi_b = (17 - 13)V = 4V$$

$$U_{cb} = \varphi_c - \varphi_b = (2 - 13)V = -11V$$

可见，一旦参考点确定了，电路中各点电位值便唯一地被确定了。

（2）若选 e 为参考点，则

$$\varphi_e = 0$$

$$\varphi_a = U_{S1} - R_1 I = (20 - 1 \times 1)V = 19V$$

$$\varphi_b = -R_3 I + U_{S1} - R_1 I = U_{S1} - (R_1 + R_3)I = (20 - 5 \times 1)V = 15V$$

$$\varphi_c = R_4 I + R_5 I = (4 \times 1)V = 4V$$

$$\varphi_d = R_5 I = (2 \times 1)V = 2V$$

$$U_{ab} = \varphi_a - \varphi_b = (19 - 15)V = 4V$$

$$U_{cb} = \varphi_c - \varphi_b = (4 - 15)V = -11V$$

从上面的计算结果可以看出，**参考点选得不同，电路中各点的电位随之改变，但是任意两点之间的电压不变。**

总之，电路中各点的电位高低是相对的，而两点之间的电压则是绝对的。

例 **2-16**   试比较图 2-33 电路中 a、b、c 三点电位。如在 a、b 之间接一个 100Ω 的电阻，求其中的电流。

解 （1）以 d 为参考点，各点电位为

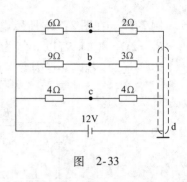

$$\varphi_d = 0$$

$$\varphi_a = \left(\frac{12}{6+2} \times 2\right)V = 3V$$

$$\varphi_b = \left(\frac{12}{9+3} \times 3\right)V = 3V$$

$$\varphi_c = \left(\frac{12}{4+4} \times 4\right)V = 6V$$

图 2-33

（2）从计算结果可见，a、b 两点电位相等，称为等电位点。等电位点的特点是：这两点之间虽然没有直接相联，但因二者电位相等，故电压是零。若联一电阻，则其中没有电流通过；若用导线相联，也不会影响电路原有的工作状态。

例 2-17 电路如图 2-34 所示。试在开关 S 断开与接通两种情况下求电流 I。

解 （1）S 断开

像图 2-34 所示结构较为特殊的电路，如用电位来辅助分析是很方便的。根据电路联接的特点，取三个电压源"－"极端联接点 N 为电位参考点，则三个电压源"＋"极端 A、B、C 的电位就是各电源电压，即

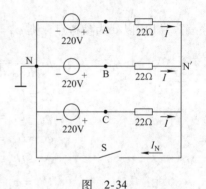

$$\varphi_A = \varphi_B = \varphi_C = 220V$$

可见 A、B、C 为等电位点。

此外，由于三个电阻各有一端联于 N′点，且三个阻值一样大，因而它们具有相等的电压和电流。于是，由 KCL 得

图 2-34

$$3I = 0$$

故

$$I = 0$$

$$\varphi_{N'} = \varphi_A = \varphi_B = \varphi_C = 220V$$

（2）S 闭合

这时 $\varphi_A = \varphi_B = \varphi_C = 220V$ 未变，但 $\varphi_{N'} = \varphi_N = 0$，即 N′与 N 为等电位点。这意味着每个电阻上的电压就等于和它相联的电压源的电压，故

$$I = \frac{220}{22}A = 10A$$

练习与思考

2-7-1　计算图 2-35 所示两电路中 A、B、C 各点的电位。

2-7-2　在图 2-32 中，若以 c 为参考点，试求各点电位及 U_{ab}、U_{cb}。

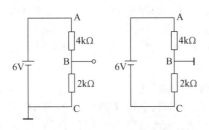

图 2-35

习 题

2-1 图 2-36 所示的是由电位器组成的分压电路,试求输出电压 U_2 的变化范围。

2-2 图 2-37 所示电路中,RP_1 和 RP_2 是同轴电位器,试问当活动触头 a、b 移到最左端、最右端和中间位置时,输出电压 U_{ab} 各是多少伏?

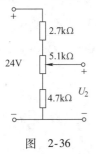

图 2-36

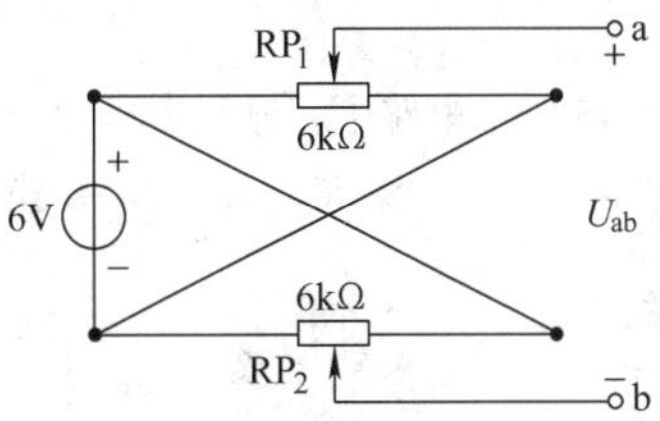

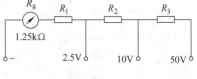

图 2-37

2-3 图 2-38 所示电压表电路中,表头满偏电流为 $100\mu A$,表头内阻 $R_g = 1.25k\Omega$,试求附加电阻 R_1、R_2 及 R_3。

2-4 两个电阻串联时的等效电阻为 180Ω,并联时的等效电阻为 40Ω,问这两个电阻各是多少欧姆?

2-5 两个电阻相并联,其中一个电阻为 200Ω,测得端电压为 $40V$,两电阻消耗的功率为 $40W$。问另一个电阻是多少欧姆?试求各电阻的电流。

2-6 有一只万用表的表头满偏电流为 $40\mu A$,表头内阻 $R_g = 3k\Omega$,如果把它改装成一个量程分别为 $0.05mA$、$1mA$、$10mA$ 的多量程电流表,如图 2-39 所示,试计算 R_1、R_2、R_3 的阻值。

2-7 求:(1) 图 2-40a 中的开路电压 U_{ab};(2) 图 2-40b 中的短路电流 I_{ab}。

图 2-38

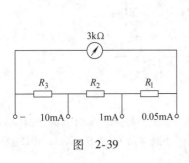

图 2-39

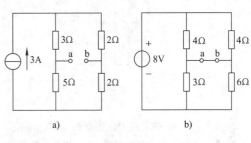

图 2-40

2-8 电路如图 2-41 所示。求:(1) $R=0$ 时的电流 I;(2) $I=0$ 时的电阻 R;(3) $R=\infty$ 时的电流 I。

2-9 在图 2-42 所示电路中,求开关 S 断开与合上两种情况下的 U_{cd} 及 50Ω 电阻消耗的功率。

2-10 求图 2-43 中两个电路的等效电阻 R_{ab}。

2-11 图 2-44 所示电路中,$R_1=60\Omega$,$R_2=180\Omega$,$R_3=240\Omega$,$R_4=135\Omega$,$R_5=270\Omega$,求开关 S 断开与闭合两种情况下的 R_{ab}。

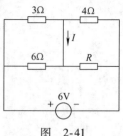

图 2-41

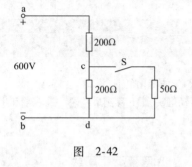

图 2-42

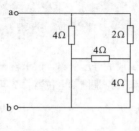

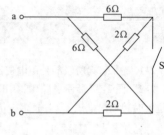

图 2-43

2-12 图 2-45 所示电路中,已知 $R_1=R_2=R_3=100\Omega$,$R_4=R_5=R_6=300\Omega$。(1) 将 R_2、R_3、R_4 变换为星形网络,求 R_{ab};(2) 将 R_4、R_5、R_6 变换为星形网络,求 R_{ab}。

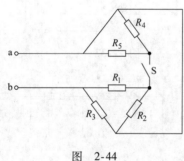

图 2-44

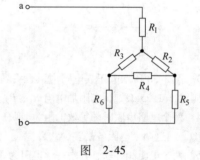

图 2-45

2-13 求图 2-46 所示各电路的等效电压源模型。

2-14 求图 2-47 所示各电路的等效电流源模型。

2-15 图 2-48 所示电路中,已知 $R_1=4\Omega$,$I_{S1}=3A$,$R_2=6\Omega$,$U_{S2}=6V$,$R_3=2\Omega$,$I_{S3}=10A$,求开路电压 U_{ab}。

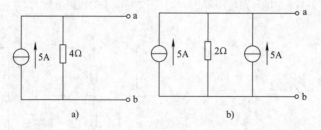

图 2-46

2-16 图 2-49 的电路中,当 S 断开时,要使 $U_{AB}=0$,R 应为多大?若此时将 S 闭合,试求 I、I_1、I_2。

2-17 已知电源的外特性为 $U=200V-40\Omega\cdot I$,试求:(1) 负载电阻 R_L 为 0、20Ω、40Ω、80Ω 及无限大时的 I、U 和负载功率 P_L;(2) 负载能获得的最大功率。

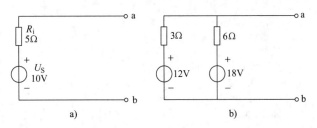

图 2-47

2-18 图 2-50 所示电路中，已知 $U_S = 12V$，$R_1 = 6\Omega$，$R_3 = 1\Omega$，$R_L = 5\Omega$，求当 R_L 上获得最大功率时，R_2 为何值，a 点的电位 φ_a 为多少伏？

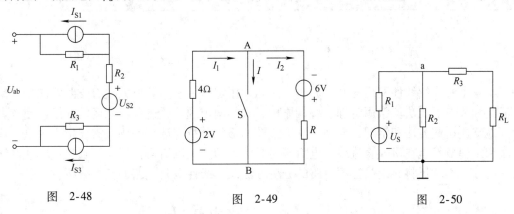

图 2-48   图 2-49   图 2-50

第三章

线性网络的基本分析方法和定理

本章主要介绍线性网络的基本分析方法和常用定理。基本分析方法有支路电流法、网孔电流法和节点电压法。常用定理有叠加原理、戴维南定理。通过典型例题的介绍，使读者能较好地掌握这些方法和定理，能独立解决线性网络的分析与计算问题。需要指出的是，这些方法和定理虽然是在研究直流线性电阻网络时引出的，但以后可扩展应用到交流线性网络中去。此外，本章还将介绍受控源电路的分析方法及非线性电阻电路的基本分析方法。

第一节 支路电流法

【导读】 电路中每个支路都有一个电流，因此电路中有多少个支路，就有多少个支路电流。如何计算出这些支路电流？这一节先讨论最基本的方法——支路电流法。

以支路电流为未知量，根据基尔霍夫定律和欧姆定律，列出数量足够且彼此独立的方程组，然后解出各未知电流，这就是支路电流法，简称支路法。

一、支路电流法

现以图 3-1 所示电路为例来说明支路电流法。在这个电路中，支路数 $b=5$，五个支路电流的参考方向如图中箭头所示。根据数学知识，需要列出五个彼此独立的方程，才能解出这五个未知电流。如何得到所需要的方程组呢？

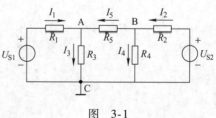

图 3-1

1) 首先，列出电路的 KCL 方程。

图 3-1 中，节点数 $n=3$，电路中的三个节点分别标有字母 A、B、C。应用 KCL，可以写出三个电流方程：

节点 A　　　　$-I_1 + I_3 - I_5 = 0$

节点 B　　　　$-I_2 + I_4 + I_5 = 0$

节点 C　　　　$I_1 + I_2 - I_3 - I_4 = 0$

将上面三个方程相加，得恒等式 $0=0$，说明这三个方程中的任一个均可从其余两个推出。因此，对具有三个节点的电路，应用电流定律只能列出两个独立方程。至于列方程时选哪两个节点作为独立节点，则是任意的。

2）其次，列出电路的 KVL 方程。

得到两个独立的电流方程后，另外三个独立方程可由基尔霍夫电压定律得到，通常可取网孔列出。如按顺时针方向环绕图 3-1 中的三个网孔，就可写出所需的三个电压方程：

左边网孔 $\quad\quad\quad R_1 I_1 + R_3 I_3 - U_{S1} = 0$

中间网孔 $\quad\quad\quad -I_3 R_3 + I_4 R_4 - I_5 R_5 = 0$

右边网孔 $\quad\quad\quad -I_2 R_2 - I_4 R_4 + U_{S2} = 0$

可以证明：一个电路的网孔数目恰好等于 $b - (n-1)$。

总之，运用基尔霍夫定律和欧姆定律一共可以列出 $(n-1) + [b-(n-1)] = b$ 个独立方程，所以能解出 b 个支路电流。

二、举例

初学时，可按下列程序灵活运用支路电流法计算电路问题。

1）确定支路数目，并标注各支路电流及其参考方向。

2）任取 $n-1$ 个独立节点，列出 $n-1$ 个 KCL 方程。

3）选取各网孔的绕行方向，列出所有网孔的 KVL 方程。

4）将以上方程联立求解，可得所需的支路电流。

现举例说明解题过程。

例 3-1 在图 3-2 所示电路中，设 $U_{S1} = 5V$，$R_1 = 10\Omega$，$U_{S2} = 1V$，$R_2 = 20\Omega$，$R_3 = 30\Omega$，试求各支路电流。

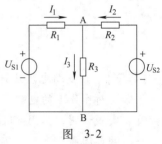

图 3-2

解 （1）电路共有三条支路，即 $b = 3$。设三个支路电流分别为 I_1、I_2 和 I_3，它们的参考方向如图 3-2 所示。

（2）本例中，节点数目 $n = 2$，所以独立节点只有（$2-1=$）1 个。这里取节点 A 为独立节点，其 KCL 方程为

节点 A $\quad\quad\quad -I_1 - I_2 + I_3 = 0$

（3）沿顺时针方向环绕两个网孔，可得 KVL 方程为

左边网孔 $\quad\quad\quad R_1 I_1 + R_3 I_3 - U_{S1} = 0$

右边网孔 $\quad\quad\quad -R_2 I_2 - R_3 I_3 + U_{S2} = 0$

（4）代入数据，整理后得

$$\begin{cases} -I_1 - I_2 + I_3 = 0 \\ 10I_1 + 30I_3 = 5^{\ominus} \\ 20I_2 + 30I_3 = 1 \end{cases}$$

解方程组，得

$$I_1 = 0.2A$$

$$I_2 = -0.1A$$

$$I_3 = 0.1A$$

注意：I_2 为负值，说明该支路电流的实际方向与图中的参考方向相反，电压源 U_{S2} 实际上起"负载"作用。

为了检验结果正确与否，可将各电流代入原方程组进行校验。

⊖ 为方便读者，本书后面述及的量方程中的量值均略了单位，如无特殊说明，电压、电流、电阻的单位分别是 V、A、Ω。

练习与思考

3-1-1 图3-3所示电路有多少支路？在图上标明支路电流，并选定参考方向，然后列出求解各支路电流所需的全部方程。

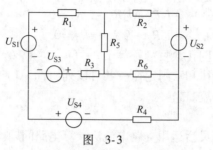

图 3-3

3-1-2 在图3-2所示电路中，若 $U_{S1} = 12V$，$R_1 = 1\Omega$，$U_{S2} = 6V$，$R_2 = 4\Omega$，$R_3 = 10\Omega$，试用支路电流法求各支路电流。

第二节　网孔电流法

【导读】 用支路电流法计算时，若支路数目较多，所需联立方程数目就较多，不便求解。例如，对图3-1的电路，需列出五个方程联立求解。因此，需要研究如何减少联立方程的数目。实践证明，如用网孔电流法来计算电路，可省去（$n-1$）个节点电流方程。

一、网孔电流

下面先以例3-1来说明什么是网孔电流。例3-1已求得三个支路电流 $I_1 = 0.2A$，$I_2 = -0.1A$，$I_3 = 0.1A$，现重画于图3-4a。由于电流间的制约关系与支路性质无关，图中用线段来表示各支路，以使图形简洁明了。今将电路中的电流分布看成图3-4b那样，即中间支路的电流视为0.2A与（-0.1A）的代数和。于是，可以设想电路中有图3-4c所示的环行电流沿着网孔的边界流动。这种绕电路各网孔环行的假想电流就叫做网孔电流。

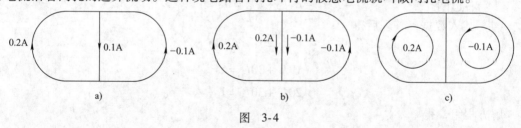

图 3-4

电路的所有网孔包含了电路的全部支路，因此，只要求得各网孔电流，所有的支路电流也就随之确定了。

网孔电流是一组独立的电流变量，它们的数目等于电路中网孔的个数，比支路电流的数目要少一些。

二、网孔电流法

以网孔电流作为未知量，运用基尔霍夫电压定律和欧姆定律列出网孔的电压方程，联立解出各网孔电流，进而求得各支路电流，这一分析方法就称为网孔电流法，简称网孔法。

图3-5中，网孔数 $m = 2$，即电路共有2个网孔。两个网孔电流分别用 I_a、I_b 表示，它

们的参考方向如图所示，并将网孔电流的参考方向作为列写电压方程时的绕行方向。也就是说，网孔中的环形箭头有两重意义，一是代表网孔电流的参考方向，另外也代表网孔的绕行方向。应用 KVL 和欧姆定律可写出各网孔的电压方程

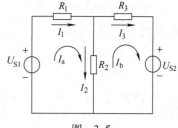

网孔1　　　　　　$(R_1 + R_2)\, I_a - R_2 I_b = U_{S1}$

网孔2　　　　　　$-R_2 I_a + (R_2 + R_3)\, I_b = -U_{S2}$

图　3-5

令网孔1中所有电阻之和为 $R_1 + R_2 = R_{11}$，网孔2中所有电阻之和为 $R_2 + R_3 = R_{22}$，则 R_{11}、R_{22} 分别为网孔1、2的自电阻。用 R_{12}、R_{21} 代表网孔2与1之间的公共电阻，称为互电阻。

由于一般选择绕行方向与网孔电流参考方向一致，所以自电阻总是正的。当流过网孔1、2公共电阻支路的两个网孔电流参考方向一致时，互电阻取正；相反时取负。本例中，互电阻 $R_{12} = R_{21} = -R_2$。

令 U_{S11} 表示网孔1中所有电压源电压的代数和，U_{S22} 是网孔2中所有电压源电压的代数和。本例中，$U_{S11} = U_{S1}$，$U_{S22} = -U_{S2}$。也就是说，当电压源电压的参考方向与网孔电流的参考方向相反时，前面取" + "，否则就取" - "。

这样，网孔方程可写成一般形式

$$R_{11} I_a + R_{12} I_b = U_{S11}$$
$$R_{21} I_a + R_{22} I_b = U_{S22}$$

解上述方程组得网孔电流后，可进而求得各支路电流。

三、举例

先将网孔电流法的步骤归纳如下：

1）选定 m 个网孔电流。网孔电流的参考方向可任意选取。一般取网孔的绕行方向与网孔电流参考方向一致。

2）应用基尔霍夫电压定律列出 m 个网孔的 KVL 方程，并解出各网孔电流。

注意：自电阻总为正，互电阻的正负取决于通过公共支路的有关网孔电流的参考方向，二者一致时取正，否则就取负。

3）选定支路电流的参考方向，找出支路电流与相关网孔电流的关系，从而求出各支路电流。

例 3-2　图 3-6 电路中，$U_{S1} = 5V$，$R_1 = 10\Omega$，$U_{S3} = 1V$，$R_3 = 20\Omega$，$R_2 = 30\Omega$。试用网孔电流法求 R_2 支路的电流。

解　（1）此电路中有两个网孔，网孔电流分别是 I_a 和 I_b。注意，与图 3-5 不同的是，这儿取 I_a 为顺时针方向，I_b 为逆时针方向。

（2）由于

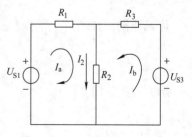

图　3-6

$$R_{11} = 10\Omega + 30\Omega = 40\Omega$$

$$R_{22} = 30\Omega + 20\Omega = 50\Omega$$

$$R_{12} = R_{21} = 30\Omega$$

$$U_{S11} = 5V$$

$$U_{S22} = 1V$$

这里的互电阻之所以为正，是由于两个网孔电流以相同的方向通过中间支路的缘故。两个网孔的 KVL 方程为

网孔 1 $\quad\begin{cases}40I_a + 30I_b = 5\end{cases}$

网孔 2 $\quad\begin{cases}30I_a + 50I_b = 1\end{cases}$

解方程组，得

$$I_a = 0.2A$$
$$I_b = -0.1A$$

（3）取 I_2 的参考方向如图 3-6 所示，它与网孔电流 I_a、I_b 的方向均一致，故

$$I_2 = I_a + I_b = 0.2A - 0.1A = 0.1A$$

例 3-3 电路如图 3-7 所示，已知 $U_{S1} = 15V$，$R_1 = 10\Omega$，$U_{S2} = 5V$，$R_2 = 15\Omega$，$R_3 = 20\Omega$，$I_{S3} = 1A$。试求各支路的电流。

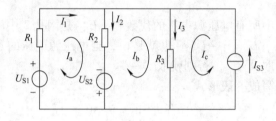

图 3-7

解 （1）图中电路共有三个网孔，网孔电流分别为 I_a、I_b、I_c，它们的参考方向如图 3-7 中箭头所示。值得注意的是，电路右边的支路是一个电流源，其电流是 1A。由于 I_c 是唯一流过电流源支路的网孔电流，且其参考方向与电流源电流的方向一致，故 $I_c = 1A$。因此，本例实际上只需求解两个网孔电流，即 I_a 和 I_b。为此，只要对左边和中间两个网孔列方程即可。

（2）左边网孔的方程是

$$(R_1 + R_2)I_a - R_2I_b = U_{S1} + U_{S2}$$

中间网孔的方程是

$$-R_2I_a + (R_2 + R_3)I_b + R_3I_c = -U_{S2}$$

代入数据，整理得

$$\begin{cases}25I_a - 15I_b = 20 \\ -15I_a + 35I_b = -25\end{cases}$$

解方程组，得

$$I_a = 0.5A$$
$$I_b = -0.5A$$

（3）选定各支路电流的参考方向如图 3-7 所示，则

$$I_1 = I_a = 0.5A$$
$$I_2 = I_a - I_b = 0.5A - (-0.5A) = 1A$$
$$I_3 = I_b + I_c = -0.5A + 1A = 0.5A$$

练习与思考

3-2-1 以网孔电流为未知量列写方程时，为什么自电阻总是正值？互电阻的正、负是如何确定的？

3-2-2 电路如图3-3所示，（1）用网孔电流法列出各网孔的电压方程；（2）选定各支路电流的参考方向，并将各支路电流用相关网孔电流的代数和表示。

3-2-3 在图3-8所示电路中，$U_{S1} = 12V$，$R_1 = 2\Omega$，$U_{S2} = 6V$，$R_2 = 8\Omega$，$U_{S3} = 2V$，$R_3 = 24\Omega$。试用网孔电流法求该电路中的三个电压源发出或吸收的功率各是多少？

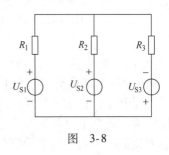

图 3-8

第三节 节点电压法

【导读】 节点电压法是计算电路的基本方法之一，要熟练掌握。它是支路法的一种改进，对分析支路数较多、但节点数较少的电路尤为方便。它也是计算机辅助电路分析所用的方法之一。

一、节点电压法

在电路的 n 个节点中，任选一个作为参考节点，其余（$n-1$）个节点与参考节点之间的电压称为节点电压。本书规定，节点电压的参考极性均以参考点处为" $-$ "。

以（$n-1$）个节点电压为未知量，运用KCL列出（$n-1$）个电流方程，联立解出节点电压，进而求得其他未知电压和电流，这种分析方法叫节点电压法，简称节点法。

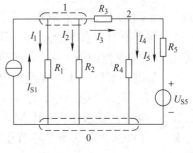

图 3-9

图 3-9 的电路中有三个节点，分别标以号码 0、1、2。以节点 0 为参考节点，则节点 1、节点 2 的节点电压分别为 U_{10}、U_{20}。

各支路电流的参考方向已标于图中，应用 KCL，写出电流方程为

节点 1 $I_1 + I_2 + I_3 - I_{S1} = 0$

节点 2 $-I_3 + I_4 + I_5 = 0$

各支路的电流可用欧姆定律和基尔霍夫电压定律得出

$$U_{10} = I_1 R_1 \rightarrow I_1 = \frac{U_{10}}{R_1} = G_1 U_{10}$$

$$U_{10} = I_2 R_2 \rightarrow I_2 = \frac{U_{10}}{R_2} = G_2 U_{10}$$

$$U_{12} = U_{10} - U_{20} = I_3 R_3 \rightarrow I_3 = \frac{U_{10} - U_{20}}{R_3} = G_3 \left(U_{10} - U_{20} \right)$$

$$U_{20} = I_4 R_4 \rightarrow I_4 = \frac{U_{20}}{R_4} = G_4 U_{20}$$

$$U_{20} = R_5 I_5 + U_{S5} \rightarrow I_5 = \frac{U_{20} - U_{S5}}{R_5} = G_5 \left(U_{20} - U_{S5} \right)$$

由上式可见，在已知电压源电压和电阻的情况下，只要先求得两个节点电压，就可计算各支路电流了。将支路电流代入节点方程并整理得

$$(G_1 + G_2 + G_3)U_{10} - G_3 U_{20} = I_{S1}$$
$$- G_3 U_{10} + (G_3 + G_4 + G_5)U_{20} = G_5 U_{S5} \tag{3-1}$$

令 $G_{11} = G_1 + G_2 + G_3$ 代表节点 1 的自电导，$G_{22} = G_3 + G_4 + G_5$ 代表节点 2 的自电导，那么，G_{11}、G_{22} 分别为直接汇集于节点 1、2 的全部电导之和；用 G_{12}、G_{21} 代表节点 1 与节点 2 之间的互电导，它等于两节点间的公共电导（之和）。这里，$G_{12} = G_{21} = -G_3$。在选取节点电压参考方向总是由非参考节点指向参考节点的情况下，各节点的自电导总是正的，而互电导总为负值。用 I_{S11}、I_{S22} 分别代表电流源流进节点 1、2 的电流代数和。求代数和时，当电流源的电流流入节点时前面取"＋"，否则就取"－"。如遇电压源和电阻串联组合，变换为电流源与电阻并联组合后同前考虑。本例中，$I_{S11} = I_{S1}$，$I_{S22} = G_5 U_{S5}$。这样，式（3-1）可写成一般形式

$$G_{11}U_{10} + G_{12}U_{20} = I_{S11}$$
$$G_{21}U_{10} + G_{22}U_{20} = I_{S22} \tag{3-2}$$

二、举例

先将节点电压法的步骤归纳如下：

1）指定参考节点和节点电压。一般选汇集支路较多的节点为参考节点，其余节点与参考点之间的电压便是节点电压，节点电压均以参考节点为"－"极。

2）列出所有非参考节点的 KCL 方程。注意自电导总为正，互电导总为负；流入非参考节点的电流源电流前取"＋"，否则取"－"。

3）解出各节点电压，继而求出其他未知电压与电流。

例 3-4　图 3-9 电路中，已知 $I_{S1} = 9A$，$R_1 = 5\Omega$，$R_2 = 20\Omega$，$R_3 = 2\Omega$，$R_4 = 42\Omega$，$R_5 = 3\Omega$，$U_{S5} = 48V$，试求各支路电流。

解　（1）选节点 0 为参考节点，两个节点电压分别是 U_{10}、U_{20}。

（2）

$$G_{11} = \left(\frac{1}{5} + \frac{1}{20} + \frac{1}{2}\right)S = \frac{3}{4}S$$

$$G_{22} = \left(\frac{1}{2} + \frac{1}{42} + \frac{1}{3}\right)S = \frac{6}{7}S$$

$$G_{12} = G_{21} = -\frac{1}{2}S$$

$$I_{S11} = I_{S1} = 9A$$

$$I_{S22} = \frac{48}{3}A = 16A$$

节点 1、节点 2 的 KCL 方程分别为

$$\begin{cases} \dfrac{3}{4}U_{10} - \dfrac{1}{2}U_{20} = 9 \\ -\dfrac{1}{2}U_{10} + \dfrac{6}{7}U_{20} = 16 \end{cases}$$

（3）解方程组，得

$$U_{10} = 40V$$

$$U_{20} = 42\text{V}$$

各支路电流为

$$I_1 = \frac{U_{10}}{R_1} = \frac{40}{5}\text{A} = 8\text{A}$$

$$I_2 = \frac{U_{10}}{R_2} = \frac{40}{20}\text{A} = 2\text{A}$$

$$I_3 = \frac{U_{10} - U_{20}}{R_3} = \frac{40 - 42}{2}\text{A} = -1\text{A}$$

$$I_4 = \frac{U_{20}}{R_4} = \frac{42}{42}\text{A} = 1\text{A}$$

$$I_5 = \frac{U_{20} - U_{S5}}{R_5} = \frac{42 - 48}{3}\text{A} = -2\text{A}$$

例3-5　如图3-10所示电路，试列出电路的节点电压方程。

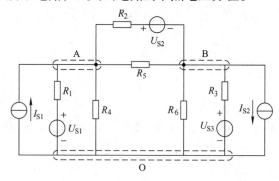

图　3-10

解　电路共有三个节点，分别以 A、B、O 表示。选 O 点为参考节点，待求的两个节点电压分别为 U_{AO}、U_{BO}。列节点方程如下：

节点 A　$\left(\dfrac{1}{R_1} + \dfrac{1}{R_2} + \dfrac{1}{R_4} + \dfrac{1}{R_5}\right)U_{AO} - \left(\dfrac{1}{R_2} + \dfrac{1}{R_5}\right)U_{BO} = I_{S1} + \dfrac{U_{S2}}{R_2} + \dfrac{U_{S1}}{R_1}$

节点 B　$-\left(\dfrac{1}{R_2} + \dfrac{1}{R_5}\right)U_{AO} + \left(\dfrac{1}{R_2} + \dfrac{1}{R_3} + \dfrac{1}{R_5} + \dfrac{1}{R_6}\right)U_{BO} = \dfrac{U_{S3}}{R_3} - \dfrac{U_{S2}}{R_2} - I_{S2}$

三、弥尔曼定理

节点电压法和网孔电流法都是分析电路的基本方法。当电路的独立节点数少于网孔数时，用节点电压法方便一些。当电路的支路较多，而节点只有两个时，节点法将显示出它的优越性。

图3-11所示电路有四条支路、三个网孔、两个节点。为了求得各电压、电流，可以用支路法、网孔法及节点法。如用支路法求解，需要列四个方程；若用网孔法则需要三个方程；而用节点法只需一个方程。今以节点 O 为参考节点，则节点 A 的 KCL 方程为

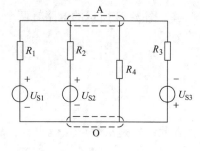

图　3-11

$$\left(\frac{1}{R_1} + \frac{1}{R_2} + \frac{1}{R_3} + \frac{1}{R_4}\right)U_{AO} = \frac{U_{S1}}{R_1} + \frac{U_{S2}}{R_2} - \frac{U_{S3}}{R_3}$$

即
$$U_{AO} = \frac{U_{S1}/R_1 + U_{S2}/R_2 - U_{S3}/R_3}{1/R_1 + 1/R_2 + 1/R_3 + 1/R_4}$$

或
$$U_{AO} = \frac{G_1 U_{S1} + G_2 U_{S2} - G_3 U_{S3}}{G_1 + G_2 + G_3 + G_4}$$

显然，若再增加支路数，上述两式形式仍然如此，只是分子、分母和式中的项数相应增加而已。写成一般形式为

$$U_{AO} = \frac{\sum GU}{\sum G} \tag{3-3}$$

还应注意：分子中的各项实际上是代数和，当电压源的"+"极端联到非参考节点时，该项前面取"+"，否则就取"−"。式（3-3）常称为弥尔曼定理。弥尔曼定理是节点电压法的一个特例。

例3-6 图3-12是一加法电路，U_{S1}、U_{S2}、U_{S3}是三个输入电压，试证明输出电压 U_o 与输入电压之和成正比。

解 以点0为参考节点，则节点1的节点电压 U_{10} 就是输出电压 U_o。根据弥尔曼定理

$$U_o = U_{10} = \frac{\dfrac{U_{S1}}{R} + \dfrac{U_{S2}}{R} + \dfrac{U_{S3}}{R}}{\dfrac{1}{R} + \dfrac{1}{R} + \dfrac{1}{R} + \dfrac{1}{R}} = \frac{1}{4}\left(U_{S1} + U_{S2} + U_{S3}\right)$$

所以，输出电压与输入电压之和成正比。

例3-7 电路如图3-13所示，已知 $U_{S1} = 20\text{V}$，$R_1 = 4\Omega$，$R_2 = 10\Omega$，$R_3 = 20\Omega$，$I_S = 1\text{A}$。求各支路电流。

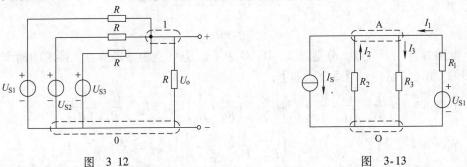

图 3-12   图 3-13

解 图3-13所示的电路有两个节点、四条支路，其中一条支路是电流源 I_S，故式（3-3）应改为

$$U_{AO} = \frac{\dfrac{U_{S1}}{R_1} - I_S}{\dfrac{1}{R_1} + \dfrac{1}{R_2} + \dfrac{1}{R_3}}$$

在此，I_S 是从节点A流出的，故取负号。将已知数据代入上式，则得

$$U_{AO} = \frac{\dfrac{20}{4} - 1}{\dfrac{1}{4} + \dfrac{1}{10} + \dfrac{1}{20}}\text{V} = 10\text{V}$$

各支路电流为

$$I_1 = \frac{U_{S1} - U_{AO}}{R_1} = \frac{20 - 10}{4}A = 2.5A$$

$$I_2 = -\frac{U_{AO}}{R_2} = -\frac{10}{10}A = -1A$$

$$I_3 = \frac{U_{AO}}{R_3} = \frac{10}{20}A = 0.5A$$

其中，$I_2 = -1A$，说明 I_2 的实际方向与参考方向相反。

练习与思考

3-3-1 试用弥尔曼定理解例3-2。

3-3-2 计算图3-14电路中的 U_{10}。

3-3-3 为了提高电源的电流容量，常常将多节电池并联起来使用，如图3-15所示。已知电池内阻都是 0.2Ω，试用弥耳曼定理计算电池组空载时的端电压。

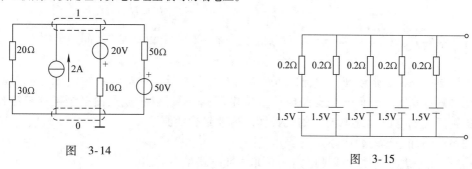

图 3-14　　　　　　　　　　　　图 3-15

第四节　叠加原理

【导读】 有些电路之所以复杂，是因为有多个电源同时作用。用支路法、网孔法、节点法求解需要列方程组，而叠加原理往往可以把多电源复杂电路分解为一些简单电路，从而简化计算过程。

图3-16a的电路有两个电源，应用弥尔曼定理，得两节点间电压

$$U = \frac{\frac{U_S}{R_1} - I_S}{\frac{1}{R_1} + \frac{1}{R_2}} = \frac{R_2 U_S - R_1 R_2 I_S}{R_1 + R_2}$$

图3-16b是 U_S 单独作用时的电路。这里，电流源不作用，即 $I_S = 0$，故以开路替代。由分压公式可得

$$U' = \frac{R_2}{R_1 + R_2} U_S$$

图3-16c是 I_S 单独作用时的电路。此时，电压源不作用，即 $U_S = 0$，故以短路替代。显然

$$U'' = \frac{R_1 R_2}{R_1 + R_2} I_S$$

将图3-16b、c中的节点电压求代数和，得

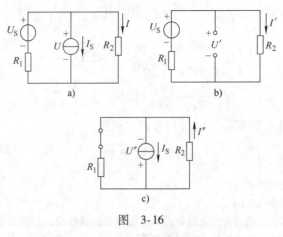

图 3-16

$$U' - U'' = \frac{R_2}{R_1 + R_2}U_S - \frac{R_1 R_2}{R_1 + R_2}I_S = U$$

应注意的是：U'' 与 U 二者参考方向相反，所以 U'' 前冠以 "–"。同理可得

$$I' - I'' = I$$

上述虽是一例，但电压、电流的可加性却是任何线性电路都具备的。**当线性电路中有多个电源共同作用时，任何一个支路电压（或电流），都可以看成是由各个电源单独作用时，在该支路产生的电压（或电流）的代数和。这就是叠加原理。**

在运用叠加原理时，应注意以下几点：

1）叠加原理只适用于线性电路，对非线性电路是不适用的。

2）计算时，电路的联接以及所有电阻不变。所谓电压源不作用，就是将电压源用短路代替；电流源不作用，就是把电流源用开路代替。

3）叠加时要注意电压、电流的参考方向，至于各电压、电流取正号还是负号，应由参考方向的选择而定。

叠加原理不仅可以用来计算电路问题，而且也是分析与计算线性问题的普遍原理，在今后还常用到。

例3-8 图 3-17 的电路中，已知 $U_S = 42V$，$R_1 = 3\Omega$，$R_2 = 6\Omega$，$R_3 = 5\Omega$，$R_4 = 7\Omega$，$I_S = 2A$。（1）试用叠加原理求流过 R_3 的电流；（2）计算 R_3 的功率。

解 （1）按叠加原理作出图 3-18。图 3-18a 中电流源 I_S 不作用，故以开路代之；图 3-18b 中电压源 U_S 不作用，以短路代之。

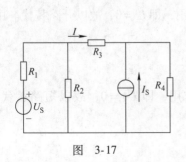

图 3-17

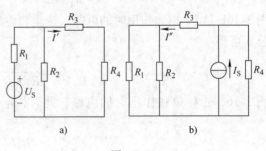

图 3-18

图 3-18a 中
$$I' = \frac{U_S}{R_1 + [R_2 // (R_3 + R_4)]} \times \frac{R_2}{R_2 + R_3 + R_4}$$

$$= \frac{42}{3 + (6//12)}A \times \frac{6}{6 + 5 + 7} = \frac{42}{7}A \times \frac{6}{18} = 2A$$

图 3-18b 中
$$I'' = I_S \cdot \frac{R_4}{(R_1 // R_2) + R_3 + R_4} = 2A \times \frac{7}{2 + 5 + 7} = 1A$$

图 3-17 中的电流 I 应是图 3-18a、b 中 I' 与 I'' 的代数和，即
$$I = I' - I'' = 2A - 1A = 1A$$

由于 I'' 的参考方向与图 3-17 中 I 的参考方向相反，故取负号。

（2）R_3 的功率
$$P = I^2 R_3 = 1^2 \times 5W = 5W \neq I'^2 R_3 - I''^2 R_3 = (2^2 \times 5 - 1^2 \times 5)W = 15W$$

可见，**即便是线性电路，叠加原理也不能用来计算功率，而只能用以计算电压或电流。**

例 3-9 在例 3-8 中，若电流源 I_S 从 2A 增至 3A，则 R_3 中的电流将是多少？

解 由题知 I_S 的变化量为 $\Delta I_S = 3A - 2A = 1A$。只要将 ΔI_S 单独作用时流过 R_3 的电流求出即可，电路同图 3-18b，只要以 ΔI_S 替代图中的 I_S 即可。在 ΔI_S 的作用下

$$\Delta I'' = \Delta I_S \frac{R_4}{(R_1 // R_2) + R_3 + R_4} = 1A \times \frac{7}{2 + 5 + 7} = 0.5A$$

所以，此时流过 R_3 的电流为：
$$I = I' - I'' - \Delta I'' = 2A - 1A - 0.5A = 0.5A$$

练习与思考

3-4-1 电路如图 3-19 所示，试用叠加原理计算 I_1、I_2、I_3。

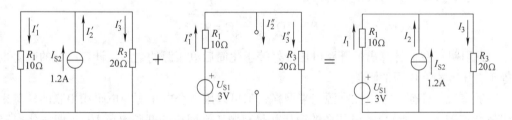

图 3-19

3-4-2 试用叠加原理求图 3-2 中的支路电流 I_1。

3-4-3 在例 3-8 中，只改变电流源大小，不改变其方向。当 I_S 取为多大时，可使 $I = 0$？

3-4-4 在例 3-8 中，若电流源方向向下，但大小不变，试求电流 I。

第五节 戴维南定理

【导读】 对于一个复杂电路，有时并不要求了解所有支路的情况，只需要计算某一支路的电流或电压，这时用戴维南定理往往比其他方法更方便一些。

一、戴维南定理

戴维南定理是分析电路时常用的一个重要定理，现举例导出。

　　图 3-20a 中，R_L 左边电路有两个出线端，即 a 和 b，其内部含有独立电源，这样的网络叫做有源二端网络。运用两种电源模型的等效变换，可以把这个有源二端网络化简为图 3-20b、c、d，直至得到一个电压源与电阻串联的电源模型，如图 3-20e 所示。

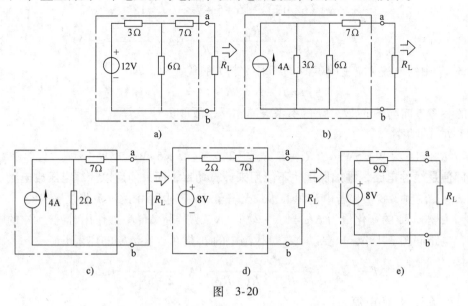

图　3-20

如果从 a、b 两端断开后计算开路电压 U_{oc}，如图 3-21a 所示，那么

$$I = \frac{12}{3+6}A = \frac{4}{3}A$$

$$U_{oc} = U_{ab} = 6\Omega \cdot I = 8V$$

在图 3-21b 中，还可求出入端电阻

$$R_i = 7\Omega + \frac{3 \times 6}{3+6}\Omega = 9\Omega$$

　　由此可见，我们计算出的开路电压恰好等于化简后电压源的电压，计算所得的电阻也刚好等于电压源串联电阻的阻值。

　　一般来说，任何一个线性有源二端网络，都可以用一个电压源与电阻相串联的模型来等效代替（如图 3-22 所示）。**电压源的电压就是有源二端网络的开路电压 U_{oc}，即将外电路断开后 a、b 两端之间的电压。电源模型中的电阻 R_i 等于该网络中所有电源均除去（即电压源用短路代替、电流源用开路代替）后所得到的无源网络 a、b 两端之间的等效电阻。这就是戴维南定理。**

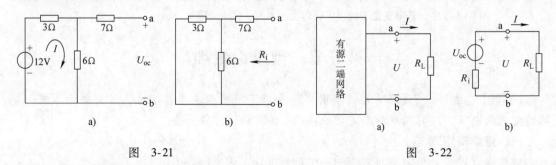

图　3-21　　　　　　　　　　　　　　　图　3-22

二、举例

在有些情况下，应用戴维南定理来计算电路尤为方便：

1）只计算某一个支路的电流或电压。

2）分析某一参数变化时对电流、电压所产生的影响。

3）计算某些含有非线性元件的电路。

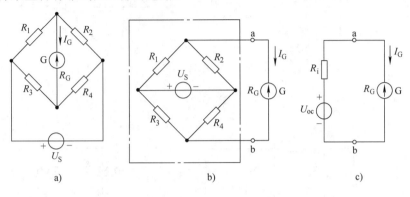

图 3-23

例 3-10 图 3-23a 所示的桥式电路中，设

$$U_S = 12V, \quad R_1 = R_2 = R_4 = 5\Omega, \quad R_3 = 10\Omega$$

中间支路是一检流计，其电阻 $R_G = 10\Omega$。试求检流计中的电流 I_G。

解 本例只求一个支路电流，为使计算简便一些，这里应用戴维南定理来解。其思路是：将检流计支路划分出来，其余部分构成一个有源二端网络，如图 3-23b 所示；在求得该有源二端网络的戴维南等效电路后，与检流计支路相联，如图 3-23c 所示，并从中计算出检流计的电流。

（1）计算 U_{oc}：在图 3-24a 中

$$I' = \frac{U_S}{R_1 + R_2} = \frac{12}{5+5}A = 1.2A$$

$$I'' = \frac{U_S}{R_3 + R_4} = \frac{12}{10+5}A = 0.8A$$

于是

$$U_{oc} = R_2 I' - R_4 I'' = (5 \times 1.2 - 5 \times 0.8)\ V = 2V$$

（2）计算 R_i：在图 3-24b 中

$$R_i = \frac{R_1 R_2}{R_1 + R_2} + \frac{R_3 R_4}{R_3 + R_4} = \frac{5 \times 5}{5+5}\Omega + \frac{10 \times 5}{10+5}\Omega = (2.5 + 3.3)\Omega = 5.8\Omega$$

（3）求 I_G：在图 3-23c 中

$$I_G = \frac{U_{oc}}{R_i + R_G} = \frac{2}{5.8 + 10}A = 0.126A$$

例 3-11 求图 3-25a 电路中各继电器中的电流，已知其中 $U_{S1} = 230V$，$U_{S2} = 215V$，$R_1 = 3\Omega$，$R_2 = 6\Omega$，$R_3 = 1\Omega$，$R_4 = 747\Omega$，$R_5 = 800\Omega$。

解 仿照上例步骤，将 A、B 两端左边的有源二端网络利用戴维南定理化成等效电路，如图 3-25b 所示。用弥尔曼定理求得 A、B 之间的开路电压为

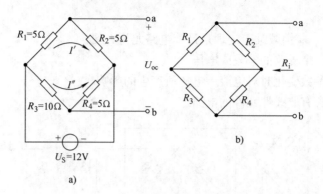

图 3-24

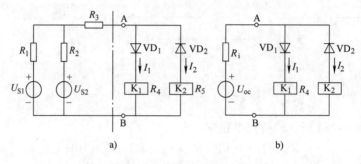

图 3-25

$$U_{oc} = \frac{\dfrac{U_{S1}}{R_1} + \dfrac{U_{S2}}{R_2}}{\dfrac{1}{R_1} + \dfrac{1}{R_2}} = \frac{\dfrac{230}{3} + \dfrac{215}{6}}{\dfrac{1}{3} + \dfrac{1}{6}} \text{V} = 225\text{V}$$

等效电阻

$$R_i = R_3 + \frac{R_1 R_2}{R_1 + R_2} = \left(1 + \frac{3 \times 6}{3 + 6}\right)\Omega = 3\Omega$$

由图 3-25b 看出，A 点电位比 B 点电位高，整流二极管 VD_2 不能导通，$I_2 = 0$；VD_1 导通，因此

$$I_1 = \frac{U_{oc}}{R_i + R_4} = \frac{225}{3 + 747}\text{A} = 0.3\text{A}$$

三、诺顿定理

任何一个有源二端线性网络，都可以用一个电流源和电阻并联的模型来等效代替，如图 3-26所示。等效电源的电流 I_S 就是有源二端网络的短路电流，即当 a、b 两端短路后其中的电流。等效电源的内阻 R_i 等于有源二端网络所有电源均除去后所得到的无源网络 a、b 两端之间的等效电阻。这就是诺顿定理。

由图 3-26b 的等效电路，可用下式计

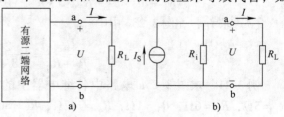

图 3-26

算外电路电流：

$$I = \frac{R_i}{R_i + R_L} I_S$$

练习与思考

3-5-1 试求图3-27中各电路的戴维南等效电路。

3-5-2 测得一有源二端网络的开路电压为10V，短路电流是0.1A，试画出其戴维南等效电路。

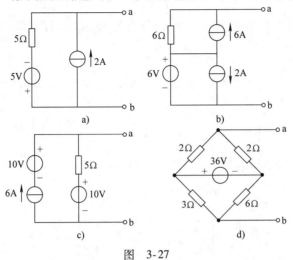

图 3-27

3-5-3 某分压器由三个1.0MΩ的电阻器与一个120V电源串联而成。若用一个内阻为10MΩ的伏特计测量其中一个电阻器两端的电压，则测得的电压是多少？测量电压与实际电压之差是多少？

3-5-4 一个有10MΩ内阻的伏特计接在下列哪个电阻器两端时，对电路的负载效应最小？

A. 100kΩ   B. 1.2MΩ   C. 22kΩ   D. 8.2MΩ

3-5-5 一段有源电路，当A、B两端开路时的电压为15V，当一个10kΩ负载电阻连接在AB两端时，负载电压为12V。电路的戴维南等效电路参数应为_____。

A. 15V 串联 10kΩ   B. 12V 串联 10kΩ   C. 12V 串联 2.5kΩ   D. 15V 串联 2.5kΩ

第六节 含受控源电路的分析

【导读】 晶体管集电极电流受基极电流的控制，场效应晶体管漏极电流受栅极与源极之间电压的控制，运算放大器的输出电压受输入电压控制，直流发电机的输出电压受励磁线圈电流控制。为描述这一类现象，有必要引入新的理想电路元件——受控源。

前面介绍过的电源，都是独立电源。所谓独立电源，是指电压源的电压、电流源的电流不受外电路的控制而独立存在。此外，工程上还常常遇见这样的电源，即电压源的电压或电流源的电流，受电路中其他支路电压或电流的控制。这类电源统称为受控电源，简称受控源，它是非独立电源。

一、受控源的类型

受控源可以是电压源，也可以是电流源；受控电源的控制量可以是电压，也可以是电流。因此，受控源可以分为下面四类：

1. 电压控制电压源（VCVS)

图 3-28a 中，输出电压 U_2 是受输入电压 U_1 控制的，其外特性为

$$U_2 = \mu U_1$$

式中，μ 称为转移电压比，或电压放大系数，没有量纲。

2. 电压控制电流源（VCCS)

图 3-28b 中，输出电流是受输入电压控制的，其外特性为

$$I_2 = g U_1$$

式中的 g 是输出电流与输入电压的比值，具有电导的量纲，称为转移电导，其基本单位是 S。

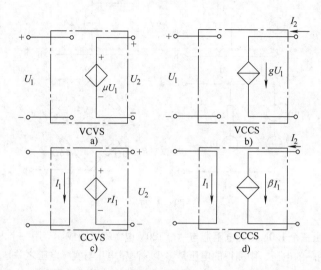

图 3-28

3. 电流控制电压源（CCVS)

图 3-28c 中，输出电压是受输入电流控制的，其外特性是

$$U_2 = r I_1$$

式中的 r 是输出电压与输入电流的比值，具有电阻的量纲，称为转移电阻，其单位是 Ω。

4. 电流控制电流源（CCCS)

图 3-28d 中，输出电流是受输入电流控制的，其外特性是

$$I_2 = \beta I_1$$

这里的 β 称为转移电流比，或电流放大倍数，无量纲。

图 3-28 所示的是四种理想受控源。在电路图中，受控电源用菱形符号表示，以便与独立电源的圆形符号相区别。受控电压源或受控电流源的参考方向的表示方法与独立源一样。

当图 3-28 中的转移系数 μ、g、r、β 为常数时，表明受控量与控制量成正比，这种受控源称为线性受控源。本节只讨论线性受控源。

二、含受控源电路的分析方法

对含有受控源的线性电路，原则上也可以运用前几节所讲的方法对其进行分析和计算，但考虑到受控电源自身的特殊性，其分析、计算过程中也有一些特殊问题，需要引起注意，现用几个例题予以说明。

例 3-12　试求图 3-29 电路中的电流 I。

解　可以用网孔法求出电流 I。

（1）写出该网孔的 KVL 方程：取绕行方向为顺时针方向。

$$-U_1 + U_2 + U_3 - 6 = 0 \tag{1}$$

（2）图 3-29 电路中含有一个电压控制电压源，其控制量为 U_1，受控量为 U_2，转移电压比 $\mu = 3$。在运用网孔法时注意，应将控制量 U_1 用网孔电流 I 来表示。本例中，控制量为电阻电压，故

$$U_1 = -2I$$

此外

$$U_3 = 6I$$

（3）解出待求电流。将以上两式代入方程（1），得

$$-(-2I) + 3 \times (-2I) + 6I - 6 = 0$$

$$I = 3A$$

例 3-13　电路如图 3-30 所示，试求电压 U_2。

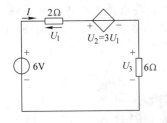
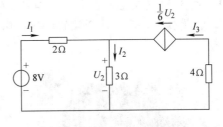

图　3-29　　　　　　　　　　　图　3-30

解　可用弥尔曼定理求出 U_2

$$U_2 = \frac{\dfrac{8}{2} + I_3}{\dfrac{1}{2} + \dfrac{1}{3}} = 4.8 + 1.2 I_3 \tag{1}$$

图 3-30 的电路中含有一个电压控制电流源，其控制量是 U_2，受控量是 I_3，转移电导为 $g = \dfrac{1}{6}$ S。在运用节点法时注意，应将控制量以节点电压来表示，即

$$I_3 = \frac{1}{6} U_2 \tag{2}$$

将式（2）代入式（1）中，得

$$U_2 = 4.8 + 1.2 \times \frac{1}{6} U_2$$

$$U_2 = 6V$$

例 3-14　在图 3-31a 所示的电路中，用两种电源模型的等效变换法求电流 I。

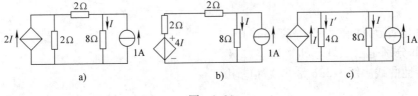

图　3-31

解　本例中含有一个电流控制电流源，控制量是8Ω电阻中的电流 I，受控量是左侧的电流源，其转移电流比为 $\beta=2$。这个受控电流源与其相邻的2Ω电阻是并联的，可视二者为一个受控电流源模型。与独立电源类似，受控电流源模型与受控电压源模型也可进行等效变换，但在变换过程中不能将受控源的控制支路变掉。在本例中，即不能把8Ω电阻支路中的电流 I 变换掉。

变换后得出图3-31c的电路，由 KCL 得

$$-I+I'+I-1=0$$

$$-I+\frac{8I}{4}+I-1=0$$

$$I=0.5\mathrm{A}$$

第七节　非线性电阻电路的分析

【导读】　图3-32是某电阻器和一个二极管的伏安特性曲线，其中示波器纵轴表示通过元器件的电流，横轴表示元器件两端的电压。你能区分出哪个是二极管的伏安特性曲线？为什么？

　　　　　a)　　　　　　　　　　　　　　　b)

图　3-32

如果电阻两端的电压与通过的电流成正比，这说明电阻是一个常数，不随电压或电流变动，这种电阻称为线性电阻。如果电阻不是一个常数，而是随着电压或电流变动，那么这种电阻就称为非线性电阻。

非线性电阻的电压与其中电流的关系不遵循欧姆定律，一般不能用数学式表示，而是用电压与电流的关系曲线来表示。各种非线性电阻元件的伏安特性曲线可由实验测定。

非线性电阻元件在生产中应用很广。图3-33a、b分别是白炽灯丝和半导体二极管的伏安特性曲线。图3-33c是非线性电阻的符号。

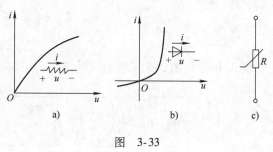

图　3-33

由于非线性电阻不能用一个常数来描述其元件参数，所以不能用欧姆定律来反映其特性。为了便于计算，对于非线性电阻元件有时引用静态电阻 R_{St} 和动态电阻 R_d 的概念。在元件的电压 u 与电流 i 为关联参考方向下，它们的定义分别是

$$R_{St} = \frac{u}{i}$$

$$R_d = \frac{\mathrm{d}u}{\mathrm{d}i}$$

显然它们都是电压或电流的函数。由图 3-34 可以看出，对于特性曲线上的某工作点 Q，其静态电阻 R_{St} 正比于 $\mathrm{tg}\alpha$，而动态电阻 R_d 则正比于 $\mathrm{tg}\beta$。一般情况下，静态电阻与动态电阻是不相等的。另外，特性曲线的不同工作点有不同的静态电阻和动态电阻。

由于非线性电阻的电阻值不是常数，在分析与计算非线性电阻电路时一般都采用图解法。对于图 3-35a 所示的电路，可看作由两部分组成，一部分是非线性电阻 R，其伏安特性曲线如图 3-35b 中的 $i(u)$ 所示。另一部分是点画线框内的线性支路，其伏安关系为

$$u = U_S - R_i i$$

其伏安特性曲线是一条直线，如图 3-35b 中的 $\overline{MN}$ 所示。以上两条伏安特性曲线的交点 Q 就是该电路的工作点，工作点 Q 对应的电压和电流就是电路的解，即

$$i = I_0$$

$$u = U_0$$

这种图解称为曲线相交法。

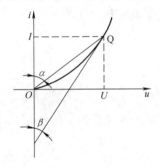
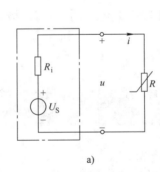
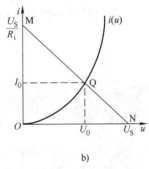

图 3-34   图 3-35

例 3-15 图 3-36a 所示电路中，已知 $R_1 = 3\text{k}\Omega$，$R_2 = 1\text{k}\Omega$，$R_3 = 0.25\text{k}\Omega$，$U_{S1} = 5\text{V}$，$U_{S2} = 1\text{V}$。VD 是半导体二极管，其伏安特性曲线如图 3-36b 中的 $i(u)$ 所示。试用图解法求出二极管中的电流 I 及其两端的电压 U。

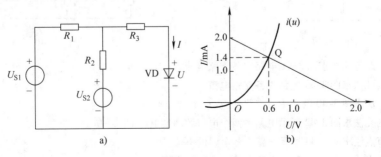

图 3-36

解 将二极管 VD 划出，其余部分是一个有源二端网络，可以用戴维南定理化为一个等效电源，如图 3-37 所示。图 3-37 中的 U_S 和 R_i 可通过图 3-38 的电路计算出来。

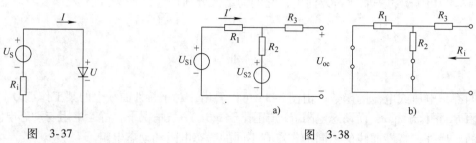

图 3-37　　　　　　　　　　　　　　　　图 3-38

由图 3-38a 计算 $U_{oc} = U_S$：

$$I' = \frac{U_{S1} - U_{S2}}{R_1 + R_2} = \frac{5-1}{3+1}\text{mA} = 1\text{mA}$$

$$U_{oc} = U_S = U_{S2} + R_2 I' = (1 + 1 \times 1)\ \text{V} = 2\text{V}$$

由图 3-38b 计算 R_i

$$R_i = R_3 + \frac{R_1 R_2}{R_1 + R_2} = \left(0.25 + \frac{3 \times 1}{3+1}\right)\text{k}\Omega = 1\text{k}\Omega$$

于是，由图 3-37 可列出　　　　　　　$U = U_S - RI$

这条直线在横轴上的截距是 $U_S = 2\text{V}$，在纵轴上的截距为 $\dfrac{U_S}{R_i} = \dfrac{2}{1}\text{mA} = 2\text{mA}$。

它和二极管伏安特性曲线相交于 Q 点，由此可得二极管的工作电流与电压为

$$I = 1.4\text{mA}$$

$$U = 0.6\text{V}$$

习　　题

3-1　求图 3-39 所示电路中各支路电流。

3-2　用支路电流法求图 3-40 电路中各支路电流。

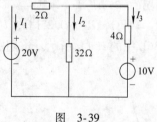

图 3-39

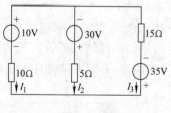

图 3-40

3-3　试用支路电流法求图 3-41 电路中各支路电流。

3-4　试用网孔法求图 3-39 电路中各支路电流。

3-5　用网孔法求图 3-40 电路中各支路电流。

3-6　试用网孔法求图 3-42 所示电路中两个电流源的端电压 U_1 和 U_2。

3-7　试用节点法求图 3-43 所示电路中各电阻的电流。

3-8　试用节点法求图 3-44 所示电路中 5Ω 和 3Ω 电阻的电流。

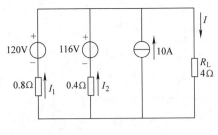

图 3-41

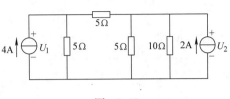

图 3-42

3-9 试用弥尔曼定理求图 3-45 所示电路中各支路电流。

3-10 试用弥尔曼定理求图 3-41 所示电路中各支路电流。

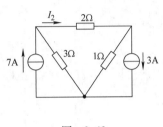

图 3-43

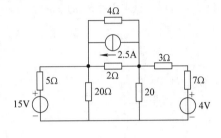

图 3-44

3-11 试用叠加原理求图 3-46 所示电路中 6Ω 电阻的电流。

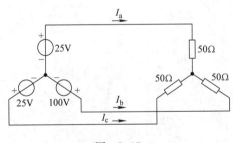

图 3-45

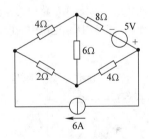

图 3-46

3-12 试用叠加原理求图 3-47 电路中 R_6 的电流。

3-13 试用戴维南定理求图 3-48 分压器电路中负载电阻的电压和电流。

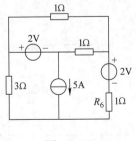

图 3-47

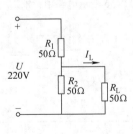

图 3-48

3-14 电路如图 3-49 所示，求电阻 R 在 1Ω 与 5Ω 范围内变化时，其中电流的变化范围。

3-15 试用戴维南定理求图 3-46 中 8Ω、$5V$ 支路的电流。

3-16 图 3-50 所示是自动控制中两个电位器供电给 $R_L = 17.7k\Omega$ 的电路，求 R_L 中的电流和电压。

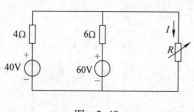

图 3-49

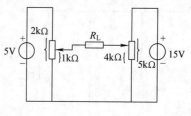

图 3-50

3-17 电路如图 3-51 所示。已知，$U_{S1} = 30V$，$R_1 = 20\Omega$，$R_2 = 10\Omega$，$U_{S2} = 18V$，$R_3 = 5\Omega$，$R_4 = 10\Omega$，$R = 10\Omega$。试用戴维南定理求 R 两端的电压。

3-18 电路如图 3-52 所示。已知 $U_{S1} = 18V$，$R_1 = 6\Omega$，$U_{S2} = 9V$，$R_2 = 3\Omega$，$R_3 = 3\Omega$，$R_4 = 10\Omega$，$R_5 = 3\Omega$，$R_6 = 2\Omega$，$I_S = 1A$。试求流过 R_4 的电流 I。

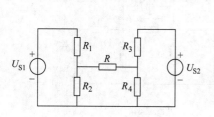

图 3-51

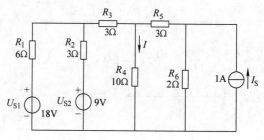

图 3-52

3-19 计算图 3-53 所示电路中的电流 I。

3-20 计算图 3-54 所示电路中的电流 I_L。

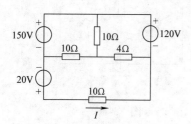

图 3-53

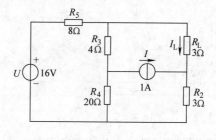

图 3-54

3-21 图 3-55 所示电路中，求通过 $R = 15\Omega$ 的电流。

3-22 图 3-56 所示电路中，求 I。

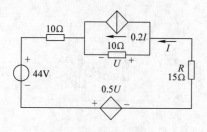

图 3-55

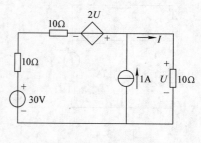

图 3-56

3-23 求图 3-57 电路中各支路电流。

3-24 试用曲线相交法计算图 3-58a 所示电路中非线性电阻元件中的电流及其两端电压。图 3-58b 是非线性电阻元件的伏安特性曲线。

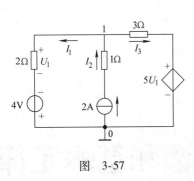

图 3-57

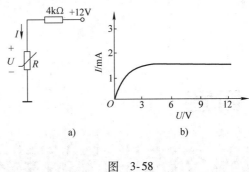

a) b)

图 3-58

第四章

正弦交流电路的基本概念和基本定律

所谓正弦交流电路，是指电压和电流均按正弦规律变化的电路。世界各国的电力系统，从发电、输电到配电，都采用正弦交流电压。生产和生活中所用的交流电，一般是指由电网供应的正弦交流电。测量电子设备所用的正弦信号发生器，其输出信号电压也是随时间按正弦规律变化的，如图4-1a所示。因此，正弦交流电路的分析与计算是电工基础的重要组成部分。

本章讨论正弦交流电路的基本概念与定律。主要内容有：①正弦量与相量；②电阻、电感及电容元件的正弦交流电路；③相量形式的基尔霍夫定律和欧姆定律。

第一节　正　弦　量

在正弦交流电路中，正弦电压、电流的大小和方向都随时间而变化，只有参考方向结合波形图（或表达式）才能正确表达其变化规律，如图4-1b、c所示。观察图4-1c的波形可知，正弦电流的变化规律是：从零增至正峰值后又减小到零，形成正半周；接着从零减小到负峰值后又回升到零，形成负半周；相邻正、负半周构成一个循环；在完成一个循环后便不断重复这一规律。由于正半周时 $i > 0$，电流的实际流向与参考方向相同；负半周时 $i < 0$，因而电流的实际流向与参考方向相反。

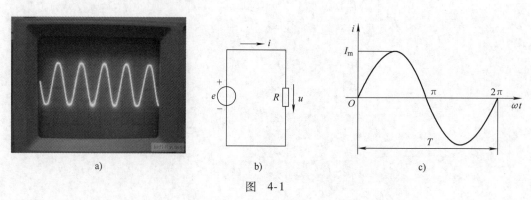

图　4-1

正弦电压、电流等物理量，常统称为正弦量。正弦量的特征表现在变化的快慢、取值的范围和起始值三个方面。而它们依此由频率（或周期）、振幅（或有效值）和初相来确定。

所以，频率、振幅和初相常称为正弦量的三要素，现分述于后。

一、频率与周期

【演示】 将超低频正弦信号源用开关与小灯泡连接，开关闭合后灯泡一会儿亮、一会儿暗，出现时明时暗的"闪烁"，这是为什么？家庭照明用的也是交流电压，为何没有闪烁？

在图 4-1c 中，正弦量完成一个循环所需要的时间叫做周期 T，单位为秒（s）。每秒内经历的循环数称为频率 f，单位是赫兹（Hz）。根据这个定义，频率和周期应互为倒数，即

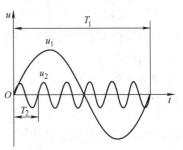

图 4-2

$$f = \frac{1}{T} \qquad (4-1)$$

频率（或周期）反映了正弦量变化的快慢。图 4-2 是两个不同频率正弦电压的波形，其中 u_1 的周期长、频率低，而 u_2 的周期短、频率高。

不同技术领域使用不同的频率。我国和大多数国家都采用 50Hz 作为电力标准频率，有些国家（如美国、日本等）采用 60Hz。由于这种频率应用甚广，工程上称它为工频。通常的交流电动机和照明负载都用这种频率。电加热技术领域使用的频率范围为 $50 \sim 50 \times 10^6$Hz。至于无线电领域则更高，一般为 $500 \times 10^3 \sim 500 \times 10^6$Hz。微波频率可高达 30GHz 以上。

除周期和频率外，正弦量变化的快慢还可用角频率 ω 来表示。图 4-1c 中，正弦量一周期 T 内经历了 2π 弧度，所以每秒内经历的电角度为

$$\omega = \frac{2\pi}{T} = 2\pi f \qquad (4-2)$$

它的单位为弧度每秒（rad/s）。

式（4-2）表示了 T、f、ω 三者之间的关系，知道其中之一，余者均可求得。

例 4-1 已知频率 $f = 50$Hz，试求周期 T 和角频率 ω。

解 由式（4-1）、式（4-2）得

$$T = \frac{1}{f} = \frac{1}{50}\text{s} = 0.02\text{s} = 20\text{ms}$$

$$\omega = 2\pi f = (2 \times 3.14 \times 50)\text{rad/s} = 314\text{rad/s}$$

二、幅值与有效值

【典型问题】 既然交流电的大小、方向都随时间周期性变化，为什么电工师傅用万用表测量入户电压时却显示出稳定的 220V 电压？各种家用电器接在交流电源上，灯泡却标注以 220V/100W、电表标注以 220V 和 3A 等字样，这又是什么意思？

正弦量在任一瞬时的值称为瞬时值，以小写字母表示，如 u、i 分别表示电压及电流的瞬时值。正弦量瞬时值中最大的值称为幅值，用附有下标 m 的大写字母表示，如 U_m、I_m 分别表示电压、电流的振幅。

正弦电流在一周期内经过两个峰值，即正峰值 $i = +I_m$ 及负峰值 $i = -I_m$。由于 $-I_m \leq i \leq +I_m$，因而幅值 I_m 便确定了正弦量 i 变化的范围。

图 4-1c 所示正弦电流 i 是从正弦量零点（$i = 0$ 且 $\frac{di}{dt} > 0$，即由负变正时经过的零值点）开始计时的，故其表达式为

$$i = I_{\mathrm{m}}\sin\omega t$$

交流电做功的效应往往不用幅值而是用有效值来计量的。

众所周知，电流通过电阻时会表现出热效应。不论是直流电流还是交流电流，只要它们在相等的时间内通过同一电阻所产生的热量相等，就把它们的安培值看作是相等的。也就是说，某一周期电流 i 通过电阻 R 在一个周期 T 内产生的热量，和另一个直流电流 I 通过同样大小的电阻在相等的时间内产生的热量相等，那么这个周期电流 i 的有效值在数值上就等于这个直流电流 I。

如上所述，可得

$$\int_0^T i^2 R\mathrm{d}t = I^2 RT$$

由此可得出周期电流的有效值

$$I = \sqrt{\frac{1}{T}\int_0^T i^2 \mathrm{d}t} \tag{4-3}$$

可见，周期电流的有效值，就是瞬时值的平方在一个周期内平均后的平方根，所以有效值又称为方均根值。

当周期电流为正弦量时，即 $i = I_{\mathrm{m}}\sin\omega t$，则

$$I = \sqrt{\frac{1}{T}\int_0^T I_{\mathrm{m}}^2 \sin^2\omega t\mathrm{d}t}$$

由数学知

$$\int_0^T \sin^2\omega t\mathrm{d}t = \frac{T}{2}$$

故

$$I = \frac{I_{\mathrm{m}}}{\sqrt{2}} = 0.707 I_{\mathrm{m}} \tag{4-4}$$

对于正弦电压和电动势，根据定义，它们的有效值也是各自幅值的 0.707 倍，即

$$U = 0.707 U_{\mathrm{m}}$$

$$E = 0.707 E_{\mathrm{m}}$$

按照规定，有效值都用大写字母表示，和表示直流的字母一样。

工程上常说交流电压 220V、380V，都是指有效值而言的。一般交流电表的刻度也是按有效值来标定的。电器设备铭牌上所标的电压、电流值也是有效值。但是，计算电路中各元件耐压值和绝缘的可靠性时，要用幅值。

注意：式 (4-3) 适用于任何周期量，而式 (4-4) 只适用于正弦量。

引入有效值后，图 4-1c 所示正弦电流也可表示为

$$i = \sqrt{2}I\sin\omega t \tag{4-5}$$

例 4-2 幅值为 2.82A 的正弦电流通过 500Ω 的电阻，试求该电阻消耗的功率 P。

解 由式 (4-4) 得电流有效值

$$I = 0.707 I_{\mathrm{m}} = 0.707 \times 2.82\mathrm{A} = 2\mathrm{A}$$

根据有效值的定义，幅值为 2.82A 的正弦电流与 2A 的直流电流的热效应相等，故

$$P = I^2 R = (2^2 \times 500)\mathrm{W} = 2000\mathrm{W} = 2\mathrm{kW}$$

三、相位与初相

频率反映了正弦量变化的快慢，振幅反映了正弦量数值变化的范围。要确定一个正弦

量，尚需从计时起点（$t = 0$）上看。选取的计时起点不同，正弦量的起始值（$t = 0$ 时的值）就不同，到达峰值（或某一特定值）所需的时间也就不同。

如果从零点开始计时（如图 4-1c 所示），正弦电流的表达式为

$$i = I_m \sin \omega t \qquad (4-6)$$

如果不是从零点开始计时（如图 4-3 所示），则正弦量的表达式应写为

$$i = I_m \sin (\omega t + \Psi_i) \qquad (4-7)$$

式（4-7）中，角度（$\omega t + \Psi_i$）称为正弦量的相位角，简称相位。相位反映了正弦量变化的进程，对于每一给定的时刻，都有相应的相位，它确定了正弦量的状态。$t = 0$ 时的相位称为初相。在式（4-6）中，初相为零，电流的起始值也为零；在式（4-7）中，初相为 Ψ_i，电流的起始值 $i_0 = I_m \sin \Psi_i$，它不等于零。计时起点不同，正弦量的初相不同，其初始值也就不相同。

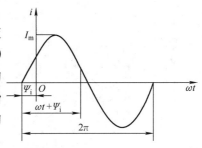

图 4-3

从波形图上看，纵轴的左右移动并不影响正弦量的变化规律，所以计时起点可按需要任意选择。这就是说，初相是一任意数。习惯上，初相常取大于 $-\pi$ 和小于 $+\pi$ 的某一角度。相位和初相的单位理应使用弧度，但为了方便，计算时也可用度为单位，必要时再化为弧度。

正弦量的初相可正可负，应视其零点与计时起点在横轴上的相对位置而定。在图 4-8 中（见例 4-5），u_1 的零点在坐标原点的左边，其初相为正；相反，u_2 的零点在坐标原点的右边，则初相为负。当正弦量的零点刚好与坐标原点重合时，初相为零。

四、相位差

交流电路中计算两个同频率正弦量的加减运算时，它们之间的相位差是一个关键参数。在图 4-4 中，电压 u 与电流 i 的频率相同，u 和 i 的波形可用下式表示：

$$\begin{aligned} u &= U_m \sin(\omega t + \Psi_u) \\ i &= I_m \sin(\omega t + \Psi_i) \end{aligned} \qquad (4-8)$$

它们的初相分别为 Ψ_u 和 Ψ_i。

两个同频率正弦量的相位角之差称为相位差，用 φ 表示。在式（4-8）中，u 和 i 的相位差为

$$\varphi = (\omega t + \Psi_u) - (\omega t + \Psi_i) = \Psi_u - \Psi_i \qquad (4-9)$$

上式说明，对两个同频率正弦量来说，相位差就等于初相之差，这是一个定值，与计时起点的选择无关。从波形上看，就是相邻两个零（或正峰）点之间所间隔的相位角。

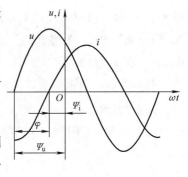

图 4-4

在图 4-4 中，u 与 i 之间出现相位差，这意味着它们到达零点（或峰值点）时有先有后，或者说二者变化步调不一致。由图 4-4 可以看出，u 先于 i 到达零（或峰）点，我们称在相位上 u 比 i 超前 φ 角，或者说 i 比 u 滞后 φ 角。

图 4-5a 中，i_1 和 i_2 具有相同的初相，因而相位差 $\varphi = 0$，我们说 i_1 与 i_2 同相。这时，i_1

与 i_2 同时到达峰值，二者的变化步调一致。

图 4-5b 中，i_1 与 i_2 的相位差 $\varphi = \pi$，我们说 i_1 与 i_2 反相。在 i_1 为正半周期间，i_2 恰好为负半周；i_1 是正峰值时，i_2 刚好是负峰值。总之，二者的变化过程完全相反。

例 4-3 图 4-6 为交流电路中的一个元件，在所选参考方向下通过它的电流为 $i = 100\sin\omega t\,\text{mA}$，式中 $\omega = 2\pi\,\text{rad/s}$，试在下述条件下确定电流的大小和方向：（1）$t = 0.75\text{s}$；（2）$\omega t = 2.5\pi\text{rad}$；（3）$\omega t = 90°$。

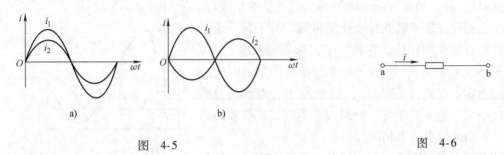

图 4-5   图 4-6

解 （1）$t = 0.75\text{s}$ 时

$$i = 100\sin\,(2\pi \times 0.75)\,\text{mA} = 100\sin\frac{3\pi}{2}\text{mA} = -100\text{mA}$$

电流为负值，说明这时电流的实际流向与参考方向相反，即从 b 流向 a，大小为 100mA。

（2）$\omega t = 2.5\pi\text{rad}$ 时

$$i = 100\sin2.5\pi\,\text{mA} = 100\text{mA}$$

电流为正值，表示此时电流的实际流向与参考方向相同，即从 a 流向 b，大小为 100mA。

（3）$\omega t = 90°$ 时

$$i = 100\sin\frac{\pi}{2}\text{mA} = 100\text{mA}$$

其结果与 $\omega t = 2.5\pi$ 时一致，这是因为 2.5π 与 0.5π 刚好相差 2π，即在时间上这两个时刻刚好相差一个周期。

例 4-4 用双踪示波器测得两个同频率正弦电压的波形如图 4-7 所示。已知示波器面板的"时间选择"旋钮置于"0.5ms/格"档，"Y 轴坐标"旋钮置于"10V/格"档，试写出 $u_1(t)$ 和 $u_2(t)$ 的表达式。

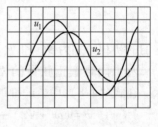

图 4-7

解 确定一个正弦量，就是要确定它的三个特征量，即频率、振幅和初相。

（1）频率：图中两个正弦电压的一个周期在屏幕上各占 8 格，可见两个电压的频率相同。

$$T = 8 \times 0.5\text{ms} = 4\text{ms} = 4 \times 10^{-3}\text{s}$$

$$f = \frac{1}{T} = \frac{1}{4 \times 10^{-3}}\text{Hz} = 250\text{Hz}$$

$$\omega = 2\pi f = (2\pi \times 250)\,\text{rad/s} = 500\pi\,\text{rad/s}$$

（2）振幅：U_{1m}在图上占3格，U_{2m}占2格，故

$$U_{1m} = (3 \times 10)V = 30V$$
$$U_{2m} = (2 \times 10)V = 20V$$

（3）初相：如选计时起点与u_1的零点重合，则$\Psi_1 = 0$；因u_2滞后u_1一个方格，得u_2的初相为

$$\Psi_2 = -\frac{1}{8} \times 2\pi = -\frac{\pi}{4}$$

两个正弦电压的瞬时表达式分别为

$$u_1 = 30\sin 500\pi t \, V$$
$$u_2 = 20\sin\left(500\pi t - \frac{\pi}{4}\right)V$$

例 4-5　已知两个同频率正弦电压 $u_1 = 310\sin(100\pi t + 70°)V$ 和 $u_2 = 270\sin(100\pi t - 20°)V$，（1）求二者之间的相位差；（2）求它们之间的时间差；（3）画出它们的波形。

解　（1）已知 $\Psi_1 = 70°$，$\Psi_2 = -20°$，所以 $\varphi = \Psi_1 - \Psi_2 = 70° - (-20°) = 90°$。这说明 u_1 超前 u_2（或 u_2 滞后 u_1）90°。一般地说，当两个同频率正弦量之间的相位差为90°时，就称它们相位正交。

（2）两个同频率正弦量之间存在着相位差，其实质是它们到达同一状态时有一段时间差 Δt，它可由相位差 φ 与角频率 ω 之比求得，即 $\Delta t = \dfrac{\varphi}{\omega}$。在本例中

$$\Delta t = \frac{\pi/2}{100\pi}s = 0.005s = 5ms$$

可见 u_1 比 u_2 早 5ms（即四分之一周期）到达零（或峰）值。

（3）u_1 与 u_2 的波形如图4-8所示。由于两个正弦电压相位正交，所以 $u_1 = 0$ 时，$|u_2| = U_{2m}$；而 $u_2 = 0$ 时，$|u_1| = U_{1m}$。

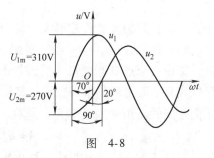

图 4-8

练习与思考

4-1-1　在频率 f 分别为 100Hz、1000Hz、5000Hz 时求 T 和 ω。

4-1-2　试求 220V 和 380V 正弦电压的幅值。耐压值为 400V 的电容器能否在 380V 正弦电压下使用？

4-1-3　在图4-6中，$i = 100\sin\left(2000\pi t - \dfrac{\pi}{4}\right)mA$，（1）试指出它的频率、周期、角频率、幅值、有效值及初相各为多少？（2）如选 i 的参考方向与图中相反，试写出它的瞬时表达式，并问（1）中各量有无改变？

4-1-4　设 $i = 100\sin\left(\omega t - \dfrac{\pi}{4}\right)mA$，试求在下列情况下电流的瞬时值：（1）$f = 1000Hz$，$t = 0.375ms$；（2）$\omega t = 1.25\pi$ rad；（3）$\omega t = 90°$；（4）$t = \dfrac{7}{8}T$。

4-1-5　设有三个正弦电流 $i_1 = 5\sin\left(\omega t + \dfrac{\pi}{3}\right)A$，$i_2 = 5\cos\left(\omega t + \dfrac{\pi}{6}\right)A$ 及 $i_3 = 5\cos\left(2\omega t + \dfrac{\pi}{6}\right)A$，它们是否相等？为什么？它们的有效值是否相等？为什么？

4-1-6 上题中电流 i_1 超前电流 $i_2 \frac{\pi}{6}$，电流 i_2 与 i_3 同相，这些说法对吗？为什么？

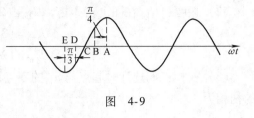

4-1-7 图4-9所示电压波形的幅值为1V，试写出计时起点分别定在 A、B、C、D、E 各点时电压的表达式。

图 4-9

4-1-8 已知某正弦电压在 $t = 0$ 时为220V，其初相为45°，问它的有效值等于多少？

4-1-9 根据本书规定的符号，写成 $U = 30\sin\left(1000\pi t + \frac{\pi}{4}\right)$ V，对不对？

第二节 正弦量的相量表示法

【提示】 这一节的任务是利用**数学变换**思想，寻求用**复常数**表示**正弦量**的方法。

我们已经讲过正弦量的两种基本表示法，一种是三角函数表示式，如 $i = I_m \sin\omega t$，另一种是波形图表示法，如图4-1b所示。此外，正弦量尚可用相量表示，也就是用复数来表示。

一、复数

1. 复数概论

设 A 为一复数，a_1 与 a_2 分别为其实部与虚部，则

$$A = a_1 + ja_2$$

上式右边是复数 A 的代数形式，其中 $j = \sqrt{-1}$ 为虚数单位。

每个复数 $A = a_1 + ja_2$ 在复平面上都有一点 A（a_1，a_2）与之对应，如图4-10所示。此外，图中由原点 O 指向点 A 的矢量也与复数 A 对应。因此，复数 A 还可以用复平面上的矢量来表示，其长度 a 称为复数 A 的模，它与实轴正向之间的夹角 Ψ 称为辐角。这样，在工程中，复数 A 还常简写为

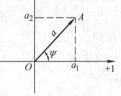

$$A = a\underline{/\Psi}$$

这是复数 A 的又一表示形式，称为极坐标形式。

由图4-10可知，复数 A 的实部 a_1、虚部 a_2 和模 a、辐角 Ψ 的关系为

图 4-10

$$\left.\begin{array}{l} a_1 = a\cos\Psi \\ a_2 = a\sin\Psi \end{array}\right\} \tag{4-10}$$

$$\left.\begin{array}{l} a = \sqrt{a_1^2 + a_2^2} \\ \Psi = \arctan\dfrac{a_2}{a_1} \end{array}\right\} \tag{4-11}$$

今后计算交流电路时，常常需要运用以上两式进行复数的代数式和极坐标式之间的相互转换。

例4-6 化下列复数为代数形式：（1）$A = 9.5\underline{/73°}$；（2）$A = 13\underline{/112.6°}$；（3）$A = 10\underline{/90°}$。

解 化极坐标式为代数式，可运用式（4-10）计算。

（1）　$A = 9.5\underline{/73°} = 9.5\cos73° + j9.5\sin73° = 2.78 + j9.1$

（2）　$A = 13\underline{/112.6°} = 13\cos112.6° + j13\sin112.6° = -5 + j12$

由于 $112.6° > 90°$，复数 $A = 13\underline{/112.6°}$ 对应的矢量在复平面上第二象限（如图 4-11 所示），故其实部为负。

（3）　$A = 10\underline{/90°} = 10\cos90° + j10\sin90° = j10$

这个复数对应的矢量在复平面上沿虚轴正向（$\Psi = 90°$），故其实部为零。

例 4-7　化下列复数为极坐标式：（1）$A = 5 + j5$；（2）$A = 4 - j3$；（3）$A = -20 - j40$。

解　把代数式化为极坐标式，可用式（4-11）计算。

（1）　$a = \sqrt{5^2 + 5^2} = \sqrt{50} = 7.07$（只取正值）

$$\Psi = \arctan\frac{5}{5} = 45°$$

$$A = 5 + j5 = 7.07\underline{/45°}$$

（2）　$a = \sqrt{4^2 + (-3)^2} = 5$

$$\Psi = \arctan\frac{-3}{4} = -36.9°$$

$$A = 4 - j3 = 5\underline{/-36.9°}$$

由于复数的实部为（+4），虚部为（-3），其辐角 Ψ 应在复平面第四象限（如图 4-11 所示），故取 $\Psi = -36.9°$。

（3）　$a = \sqrt{(-20)^2 + (-40)^2} = \sqrt{2000} = 44.7$

$$\Psi = \arctan\frac{-40}{-20} = 63.4° + 180° = 243.4°$$

因为实部和虚部均为负值，复数 $A = -20 - j40$ 的辐角 Ψ 应在复平面第三象限，故由 $\arctan\frac{40}{20}$ 算得 $63.4°$ 后应加上 $180°$ 才是 Ψ 值。

2. 复数运算

几个复数相加或相减，就是把它们的实部、虚部分别相加或相减。因此，复数的加减运算必须用代数形式进行。

如果复数用极坐标形式表示，如 $A = a\underline{/\Psi_a}$，$B = b\underline{/\Psi_b}$，则两者的乘积为

$$AB = (a\underline{/\Psi_a})(b\underline{/\Psi_b}) = ab\underline{/(\Psi_a + \Psi_b)}$$

即复数相乘，其模相乘，而辐角相加。如果二者相除，它们的商为

$$\frac{A}{B} = \frac{a\underline{/\Psi_a}}{b\underline{/\Psi_b}} = \frac{a}{b}\underline{/\Psi_a - \Psi_b}$$

即复数相除，其模相除，辐角相减。

一般来说，用极坐标形式进行复数的乘除运算较为简便。

例 4-8　已知 $A = 20\underline{/-60°}$，$B = 8.66 + j5$，求 AB、$\frac{A}{B}$ 和 $A + B$。

解　$A = 10 - j17.32$　　　$B = 10\underline{/30°}$

$$AB = (20\underline{/-60°})(10\underline{/30°}) = 200\underline{/-30°}$$

$$\frac{A}{B} = \frac{20\underline{/-60°}}{10\underline{/30°}} = 2\underline{/-90°} = -j2$$

设 $A + B = C$，则

$$C = (10 - j17.32) + (8.66 + j5) = 18.66 - j12.32 = 22.36\underline{/-33.4°}$$

复数 $A = 20\underline{/-60°}$、$B = 10\underline{/30°}$ 对应的矢量如图 4-12 所示。若平移矢量 B 使它与矢量 A 首尾衔接起来，则矢量 C 应由 A 的箭尾指向 B 的箭头。

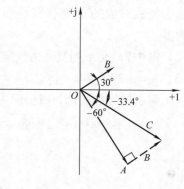

图 4-12

二、相量

一个正弦量有三个特征量，即频率、振幅和初相。正弦波和正弦表达式虽然都能反映正弦量的三要素，但计算往往较为繁琐。线性交流电路中的电压、电流是与电源同频率的正弦量，频率是已知的或待定的，可不必考虑，计算时只要兼顾有效值和初相这两个要素即可。一个复常数正好有两个要素，即模与辐角（指极坐标形式）。不妨用它的模代表正弦量的振幅或有效值，用辐角代表正弦量的初相，于是得到一个表示正弦量的复数，这便是相量。

为了与一般的复数相区别，我们常在表示相量的大写字母上打点"·"。这样，表示正弦电流 $i = I_m\sin(\omega t + \Psi_i) = \sqrt{2}I\sin(\omega t + \Psi_i)$ 的振幅相量和有效值相量分别为

$$\dot{I}_m = I_m\underline{/\Psi_i} \qquad \dot{I} = I\underline{/\Psi_i}$$

其中 I_m 为正弦电流的振幅，I 为有效值。

例 4-9 若 $i_1 = 5\sqrt{2}\sin(\omega t + 60°)$ A，$i_2 = 10\sqrt{2}\cos(\omega t + 60°)$ A，$i_3 = -4\sqrt{2}\sin(\omega t + 60°)$ A，试写出代表这些正弦电流的有效值相量。

解 代表 i_1 的有效值相量为

$$\dot{I}_1 = 5\underline{/60°} \text{A}$$

先把 i_2 写为 sin 函数，然后再写出相量。

$$i_2 = 10\sqrt{2}\sin(\omega t + 60° + 90°) \text{ A} = 10\sqrt{2}\sin(\omega t + 150°) \text{ A}$$

$$\dot{I}_2 = 10\underline{/150°} \text{A}$$

先把 i_3 改写为 $i_3 = 4\sqrt{2}\sin(\omega t + 60° - 180°)$ A $= 4\sqrt{2}\sin(\omega t - 120°)$ A，则其有效值相量

$$\dot{I}_3 = 4\underline{/-120°} \text{A}$$

把几个同频率正弦量的相量展现在同一复平面上，这样得到的图形叫做相量图。图 4-13 是例 4-9 中各电流相量的相量图。图中，电流相量 $\dot{I}_2$ 分别与 $\dot{I}_1$、$\dot{I}_3$ 垂直，因此正弦电流 i_2 分别与 i_1、i_3 相位正交。电流相量 $\dot{I}_1$ 与 $\dot{I}_3$ 共线反向，故正弦电流 i_1 与 i_3 反相。这些正弦电流之间的相位关系在相量图上一目了然。第五章将会看到，利用相量图分析正弦电路是十分方便的。

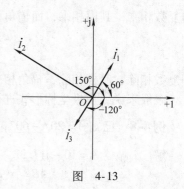

图 4-13

例 4-10 已知代表三个同频率正弦电压的有效值相量 $\dot{U}_A = 220\underline{/0°}$ V、$\dot{U}_B = 220\underline{/-120°}$V、$\dot{U}_C = 220\underline{/120°}$V，角频率 $\omega = 100\pi$ rad/s，试写出这三个正弦电压的三角函数表达式，并画出相量图。

解 电压相量提供了正弦电压有效值和初相的数据；角频率 $\omega = 100\pi$ rad/s，属已知。据此可以写出正弦电压

$$u_A = 220\sqrt{2}\sin(100\pi t)\ \text{V} = 310\sin(100\pi t)\ \text{V}$$
$$u_B = 220\sqrt{2}\sin(100\pi t - 120°)\ \text{V} = 310\sin(100\pi t - 120°)\ \text{V}$$
$$u_C = 220\sqrt{2}\sin(100\pi t + 120°)\ \text{V} = 310\sin(100\pi t + 120°)\ \text{V}$$

相量图（如图 4-14 所示）中，电压相量 $\dot{U}_A$ 的辐角 $\Psi_A = 0°$，故指向实轴正向；相量 $\dot{U}_B$ 的辐角 $\Psi_B = -120°$，故位于第三象限；相量 $\dot{U}_C$ 的辐角 $\Psi_C = +120°$，故位于第二象限。为求图面清晰，图中未画出坐标轴。

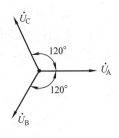

综上所述，正弦量有多种表示方法，初学时一定要**注意**：文字符号的大小写要分清，瞬时值和相量不要混淆，虽然它们都代表同一物理量，并有一定的对应关系，但"对应"并不是"相等"。以电流为例，绝不能写成"$i = \dot{I}$"，这里用"$=$"相联是错误的。

图 4-14

练习与思考

4-2-1 已知复数 $A = 8 + j6$ 和 $B = 3 + j4$，试求 $A + B$、$A - B$、AB 和 $\dfrac{A}{B}$。

4-2-2 写出下列正弦电压的相量（用代数式表示）。

（1）$u_1 = 10\sqrt{2}\sin 200\pi t\,\text{V}$。

（2）$u_2 = 10\sqrt{2}\sin(200\pi t + 90°)\ \text{V}$。

（3）$u_3 = 10\sqrt{2}\sin(200\pi t - 90°)\ \text{V}$。

（4）$u_4 = -10\sqrt{2}\sin(200\pi t)\ \text{V}$。

4-2-3 已知相量 $\dot{I}_1 = 2\sqrt{3} - j2$ A，$\dot{I}_2 = -2\sqrt{3} + j2$ A，$\dot{I}_3 = -2\sqrt{3} - j2$ A，$\dot{I}_4 = 2\sqrt{3} - j2$ A，试把它们化为极坐标式，并写出相应的正弦量表达式 i_1、i_2、i_3、i_4（设频率 $f = 50$Hz）。

4-2-4 指出下列两式中的错误：

$$U = 100\underline{/45°}\text{V} = 100\sqrt{2}\sin(\omega t + 45°)\ \text{V}$$
$$i = 5\sqrt{2}\sin(\omega t - 30°)\ \text{A} = 5\underline{/-30°}\text{A}$$

4-2-5 某正弦电压有效值为 220V、初相位是 30°。下列各式是否正确？

$$u = 220\sin(\omega t + 30°)\ \text{V}$$
$$U = 220\sqrt{2}\sin(\omega t + 30°)\ \text{V}$$

4-2-6 两个同频率正弦电压对应的相量分别为 $\dot{U}_1 = 40 + j60$（V）和 $\dot{U}_2 = 60 - j40$（V）。问两个正弦电压的有效值是否相等？在相量图中它们位于第几象限？

4-2-7 在复平面上，复数 $3 - j4$ 位于_____。

A. 第Ⅰ象限   B. 第Ⅱ象限   C. 第Ⅲ象限   D. 第Ⅳ象限

4-2-8　在复平面上，复数 – 12 – j6 位于_____。

A. 第Ⅰ象限   B. 第Ⅱ象限   C. 第Ⅲ象限   D. 第Ⅳ象限

第三节　电感元件与电容元件

【导读】　电阻、电感和电容元件都是组成电路模型的基本元件。如第一章所述，电阻是耗能元件，而电感和电容元件则不同，电感元件可以储存磁场能量，电容元件可以储存电场能量，它们都是储能元件。在今后讨论的电路中，除电阻元件外，还将有电感和电容元件。

一、电感元件

有电流通过导线时，导线周围就会产生磁场。为了加强磁场，常把导线绕成线圈，如图4-15a 所示。其中磁通 Φ 与电流 i 的实际方向总是符合右螺旋法则的。

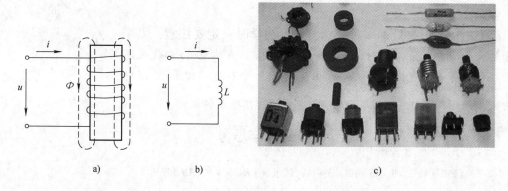

图　4-15

当线圈的电流变化时，它周围的磁场也要变化。这种变化着的磁场在线圈中将产生感应电压。这种感应现象称为自感应，相应的器件称为自感元件，简称电感。

线圈一般是由许多线匝密绕而成，与整个线圈相交链的磁通总和称为线圈的磁链 Ψ。磁链通常是由线圈的电流产生的，当线圈中没有铁磁材料时，磁链与电流成正比，即

$$L = \frac{\Psi}{i}$$

式中的比例系数 L 称为线圈的电感，它是电感元件的参数。电感元件的电路符号如图 4-15b 所示。电感的单位为亨利，简称亨，用 H 表示。常用单位还有毫亨（mH）及微亨（μH）。

$$1mH = 10^{-3}H$$
$$1\mu H = 10^{-6}H$$

当电感元件的电流变化时，其磁链也随之变化，它两端将产生感应电压。在图 4-15b 中，如选 u 与 i 为关联参考方向，根据电磁感应定律与楞次定律，电感元件的感应电压为

$$u = L\frac{di}{dt} \tag{4-12}$$

式（4-12）表明：任一时刻，电感元件的电压并不取决于这一时刻电流的大小，而是

与这一时刻电流的变化率成正比。电感元件虽有电流，如果电流不变（直流），其电压为零，这时，电感元件相当于短路。

图4-15c是部分电感器的实物图片。

例4-11 图4-15b中，电感 $L = 0.2H$，电流 i 的波形如图4-16a所示，求电感两端电压 u 的波形。

解 $0 < t < 4ms$ 时，$i = t\,mA$，所以

$$u = L\frac{\mathrm{d}i}{\mathrm{d}t} = 0.2V$$

当 $4ms < t < 6ms$ 时，$i = -2t + 12\,mA$，所以

$$u = L\frac{\mathrm{d}i}{\mathrm{d}t} = \left[0.2 \times (-2)\right]V = -0.4V$$

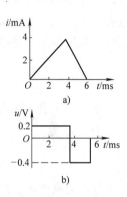

图 4-16

u 的波形如图4-16b所示。由图可知，电流变化率（$\frac{\mathrm{d}i}{\mathrm{d}t}$）越大，则 u 越大；反之电压也越小。

比较例4-11中 u 与 i 的波形，可以看出，在 $0 \sim 4ms$ 期间，电流在增长，电压和电流的实际方向一致，标明电感是从外部接受能量，并转化为磁场能量而储存起来。在 $4 \sim 6ms$ 期间，电流减小，电压与电流的实际方向相反，电感元件向外部释放储能。可见，电感元件是一种储能元件。

可以证明，电感元件的磁场储能为

$$W_{\mathrm{L}} = \frac{1}{2}Li^2 \qquad (4-13)$$

上式中，如 L、i 的单位各为亨（H）、安（A），则 W_{L} 的单位为焦耳（J）。

式（4-13）说明：**只要电感有电流 i，便会有 $\frac{1}{2}Li^2$ 的磁场储能，与达到 i 的过程无关，也与电压的大小无关。L 一定时，电流愈大，磁场愈强，储能也就愈多。**

例4-12 在例4-11中，试计算在电流增大的过程中电感元件从电源吸取的能量和在电流减小过程中它放出的能量。

解 在电流增大的过程中电感元件所吸收的能量和在电流减小过程中所释放出的能量是相等的，即 $t = 4ms$ 时的磁场储能，其大小为

$$\frac{1}{2}Li^2 = \frac{1}{2} \times 0.2 \times (4 \times 10^{-3})^2 J = 16 \times 10^{-7} J$$

综上所述，电感元件的电磁特性可概括为：

1）电感元件的电压与电流的变化率成正比。

2）电感是储能元件。

二、电容元件

为什么检修电力电容器前必须对其放电？为什么手机充电器拔出后电源指示灯并不会立刻熄灭？从原理上讲，把两块金属薄板用绝缘介质（如纸、云母等）隔开，就形成一个实际电容器，其特点是能在两极板上储集等量异号的电荷。实际电容器的能耗和漏电流都很

小，常可忽略不计，这样的电容器称为理想电容元件，简称电容。电容元件的电路符号如图 4-17a 所示。

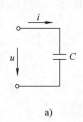

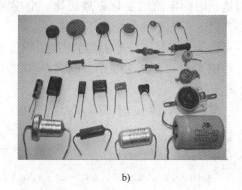

由物理学已知，衡量电容元件储集电荷能力的物理量叫做电容量，用字母 C 表示，且

$$C = \frac{q}{u}$$

其中，q 是电容元件极板上的电量，u 是两极板间的电压。如果

图 4-17

电容 C 是常量，这便是一个线性电容元件。电容的单位是法拉，简称法，用符号 F 表示。工程上常用的单位是微法（μF）及皮法（pF）。

$$1\mu F = 10^{-6}F$$
$$1pF = 10^{-12}F$$

图 4-17a 中，取线性电容元件的电压 u 与电流 i 的参考方向一致，依电流的基本定义式 (1-2) 可得

$$i = C\frac{\mathrm{d}u}{\mathrm{d}t} \tag{4-14}$$

上式是在关联参考方向下电压与电流的关系式，否则要加"–"号。

式 (4-14) 也是一个十分重要的关系式。它表明：**任一时刻，电容元件的电流并不取决于这一时刻电压的大小，而是与这一时刻电压的变化率成正比。** 电容元件虽有电压，如果大小不变（直流），则电流为零，这时电容元件相当于开路。

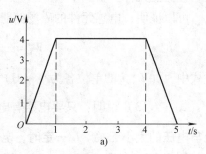

图 4-17b 是部分电容器的实物图片。

例 4-13 图 4-17a 中，u 的波形如图 4-18a 所示，试求电容元件端线电流 i 的波形，设 $C = 0.5F$。

解 $0 < t < 1s$ 时，$u = 4t V$，由式 (4-14) 得

$$i = C\frac{\mathrm{d}u}{\mathrm{d}t} = \left[0.5 \times \frac{\mathrm{d}(4t)}{\mathrm{d}t}\right]A = (0.5 \times 4)A = 2A$$

$1 < t < 4s$ 时，$u = 4V$，所以

$$i = 0$$

$4 < t < 5s$ 时

$$i = C\frac{\mathrm{d}u}{\mathrm{d}t} = \left(0.5 \times \frac{0 - 4}{5 - 4}\right)A = -2A$$

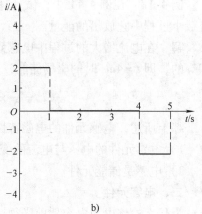

电流 i 的波形如图 4-18b 所示。在 1～4s 期间，

图 4-18

电容元件虽有电压，然而其值恒定不变，故电流为零，这时电容元件相当于开路。在 0～1s

期间，电压上升，电流与电压的实际方向一致，标明电容元件从外部接受能量，并转化为电场能量而储存起来。在 4 ~ 5s 期间，电压下降，电流实际流向与前者相反，这时电容向外部释放储能。因此，电容元件也是一种储能元件。

由物理学知道，电容元件的电场储能

$$W_C = \frac{1}{2}Cu^2 \tag{4-15}$$

它与电压的平方成正比。式中若 C、u 的单位分别为法（F）、伏（V），则 W_C 的单位为焦（J）。

应该指出，根据式（4-15），**只要有电压，电容元件便有 $\frac{1}{2}Cu^2$ 的储能，与到达 u 的过程无关，也与电流的大小及有无没有关系。** 实际上，一个充过电的电容元件脱离电源后仍能在较长时间里保持储能，尔后一旦与电阻接通，便将储能释放出来，这一放电过程将在第八章中予以讨论。

例 4-14 作为一种储能器件，电容储能易于保持，并能提供瞬间大功率，非常适合于激光器、闪光灯等应用场合。某工业用高速闪光摄影装置中，为取得足够短的曝光时间以及足够大的闪光能量，采用一只 10kV/1μF 高压小电容作为储能元件使短脉冲氙灯闪光完成摄影。试计算电容储能是多少？设放电时间为 10μs，试计算放电过程的平均功率。

解 根据式（4-15）得

$$W_C = \frac{1}{2}Cu^2 = \left[\frac{1}{2} \times 1 \times 10^{-6} \times (10 \times 10^3)^2\right]J = 50J$$

放电过程的平均功率为

$$P = \frac{W_C}{t} = \frac{50}{10 \times 10^{-6}}W = 5 \times 10^6 W = 5MW$$

可见该装置具有足够大的放电功率来保证足够的瞬时照度。

综上所述，电容元件的电磁特性可概括为：

1）电容元件的电流正比于电压的变化率。

2）电容元件是一种储能元件。

练习与思考

4-3-1 当电感元件的端电压为零时，其端电流是否也一定为零？电感元件的磁场储能是否一定为零？

4-3-2 当电容元件端线上的电流为零时，其端电压是否也一定为零？电容元件的电场储能是否一定为零？

4-3-3 运用式（4-12）和 KVL 证明：两个电感元件 L_1 与 L_2 相串联时，其等效电感 L 可按下式来计算：

$$L = L_1 + L_2$$

4-3-4 运用式（4-14）和 KCL 证明：两个电容元件 C_1 和 C_2 相并联时，其等效电容 C 可按下式来计算：

$$C = C_1 + C_2$$

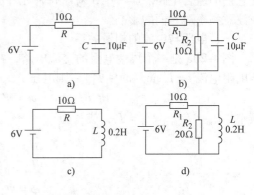

图 4-19

4-3-5 在图4-19所示的四个电路中，试分别确定电路中电压与电流的分配情况。

4-3-6 若100mH电感中电流的变化率为200mA/s，电感器两端将会产生多大的电压？

4-3-7 当流过电感的电流加倍时，存储于磁场中的能量将如何变化？

4-3-8 电容两端电压变成原来的两倍，其中的储能将_____。

　A. 保持不变　　　　　B. 减半　　　　　C. 是原来的四倍　　　　D. 是原来的两倍

4-3-9 如果1μF、2.2μF、0.047μF的电容器串联，总电容小于_____。

　A. 1μF　　　　　　　B. 2.2μF　　　　　C. 0.047μF　　　　　D. 0.001μF

4-3-10 有5个1000pF的电容器串联，总电容是_____。

　A. 1000pF　　　　　B. 200pF　　　　　C. 500pF　　　　　　D. 2000pF

4-3-11 有4个0.022μF的电容器并联，总电容是_____。

　A. 0.022μF　　　　　B. 0.088μF　　　　C. 0.011μF　　　　　D. 0.044μF

实际应用

4-3-12 电容器实际承受电压过高会击穿而损坏，所以选用电容器时，除了要考虑电容量大小之外，还应该注意**工作电压**的大小。有三个电容器，它们的参数分别为：C_1（10μF/50V）、C_2（47μF/35V）、C_3（100μF/100V）。并联后其等效电容多大？工作电压大小如何？

4-3-13 有两个电容器，它们的参数分别为：C_1（1μF/100V）、C_2（10μF/100V）。其串联后的等效电容是多少？工作电压大小如何？如果使用不当，哪个可能**先击穿**？

第四节　电阻元件的交流电路

【导读】　与直流电路一样，分析正弦交流电路，就是要确定电路中电压与电流的关系（大小和相位），并讨论电路中能量的转换和功率问题。但交流电路比直流电路复杂一些，这主要体现在两个方面：①直流电路只有电阻一种元件（除电源外），而交流电路中一般有电阻、电感和电容三种元件，三者的性能又有明显的差别。正是性质上彼此不同的这三种基本元件，在交流电路中扮演了三种不同角色，它们既互相制约又互相配合，组成了多种多样的交流电路，表现出比直流电路丰富得多的性能，适应了各方面的实际需要；②在直流电路中，电阻的电压、电流关系用电阻R来反映即可。但在交流电路中，每个元件的电压和电流关系需要从两方面来反映，一是二者有效值之比U/I，另一个是二者的相位差$\varphi = \Psi_u - \Psi_i$。只有把$U/I$和$\varphi$结合起来才能全面反映元件本身的特性。

从本节起，我们将分别讨论电阻、电感和电容这三种元件的正弦交流电路，然后再去研究它们的组合电路。学习中，对于每种元件的特性和作用，读者除应注意上面两方面外，还应注意频率对它们的影响。

一、电压与电流的相量关系

图4-20a是一个线性电阻的交流电路，在关联参考方向下，电压和电流的关系为$u = Ri$。若电阻电流$i = I_m\sin(\omega t + \Psi_i)$，则电压

$$u = RI_m\sin(\omega t + \Psi_i) = U_m\sin(\omega t + \Psi_u)$$

其中　$U_m = RI_m$，$\Psi_u = \Psi_i$，或写为

$$\left.\begin{array}{l} \dfrac{U_m}{I_m} = \dfrac{U}{I} = R \\[2mm] \varphi = \Psi_u - \Psi_i = 0 \end{array}\right\} \tag{4-16}$$

由此可见，在电阻元件的交流电路中：①电压与电流是两个同频率正弦量；②电压、电

流的有效值（或振幅）之间的关系仍符合欧姆定律；③在关联参考方向下，电压与电流同相位，如图 4-20b 所示（图中取 $\Psi_i = 0$）。

为便于今后分析一般的正弦电路，尚需导出电阻元件电压相量与电流相量之间的关系。设电压、电流相量分别为 $\dot{U} = U \underline{/\Psi_u}$、$\dot{I} = I \underline{/\Psi_i}$，二者之比为

$$\frac{\dot{U}}{\dot{I}} = \frac{U\underline{/\Psi_u}}{I\underline{/\Psi_i}} = \frac{U}{I}\underline{/\Psi_u - \Psi_i}$$

将式（4-16）代入，得

$$\frac{\dot{U}}{\dot{I}} = R \qquad\qquad (4\text{-}17)$$

电压和电流的相量图如图 4-20c 所示。

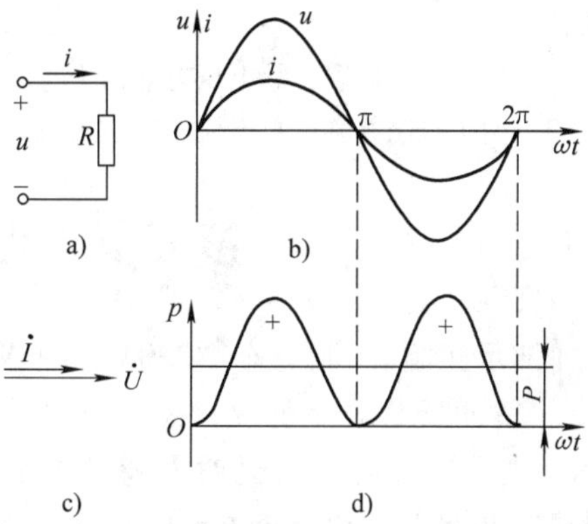

例 4-15 把一个 200Ω 的电阻元件接到 50Hz、电压有效值为 20V 的正弦电源上，问电流有效值是多少？如果保持电压有效值不变，而电源频率提高到 5000Hz，这时电流将是多少？

解 因为电阻与频率无关，当电压有效值保持不变时，电流有效值也不改变。由式（4-16）得

$$I = \frac{U}{R} = \frac{20}{200}\text{A} = 0.1\text{A}$$

图 4-20

二、平均功率

知道了电压与电流的变化规律后，便可求出电路中的功率。在任一瞬时，电压与电流的瞬时值的乘积称为瞬时功率，用小写字母 p 代表。为简化分析，设 $i = \sqrt{2}I\sin\omega t$，则 $u = \sqrt{2}U\sin\omega t$，瞬时功率

$$p = ui = 2UI\sin^2\omega t = UI\,(1 - \cos2\omega t)$$

由此可见，p 是由两部分组成的，第一部分是常数 UI，第二部分是振幅为 UI 并以 2ω 的角频率随时间变化的交变量 $UI\cos2\omega t$。瞬时功率随时间变化的波形如图 4-20d 所示。

在电阻元件的交流电路中，u 与 i 同相，它们同时为正，同时为负，步调一致，因而瞬时功率是非负的，即 $p \geq 0$。瞬时功率为正，说明电阻元件总是接受能量而转换为热能，这是一种不可逆的能量转换过程。

通常所说的功率并不是指瞬时功率，而是指它在一个周期内的平均值，称为平均功率，用大写字母 P 表示。在电阻元件的交流电路中，平均功率

$$P = \frac{1}{T}\int_0^T p\,\mathrm{d}t = \frac{1}{T}\int_0^T UI(1 - \cos2\omega t)\,\mathrm{d}t = UI = I^2 R = \frac{U^2}{R} \qquad (4\text{-}18)$$

它与直流电路的公式在形式上一样，但这里的 P 是平均功率，U 和 I 是有效值。由于有效值是用和周期量在热效应方面相当的直流值定义的，故二者具有同样的结果。

通常各交流电器上所标的功率，都是指其平均功率。由于平均功率是电路实际消耗的功

率，所以又称它为有功功率。

电能仍用式（1-14）来计算。

练习与思考

4-4-1 220V、50W 的电烙铁的电阻是多少欧姆？

4-4-2 试求例 4-15 中 200Ω 电阻消耗的功率。

4-4-3 下列关系式中，哪些是对的？哪些是错的？

$$(1)\ I=\frac{u}{R} \qquad (2)\ i=\frac{U}{R} \qquad (3)\ \dot{I}=\frac{\dot{U}}{R} \qquad (4)\ u=Ri$$

4-4-4 若流过 10kΩ 电阻的正弦电流的有效值是 5mA，则该电阻两端电压是多大？

4-4-5 两电阻串联后接于一个正弦电源上，今用交流伏特计测得两电阻电压分别为 6.5V 与 3.5V，则电源电压是多少？

4-4-6 在正弦交流电路中，用交流电压表测量电压，用交流电流表测量电流，判断下列各结论是否正确。

（1）两个电阻串联，总电压有效值为每个电阻上分电压有效值之和。

（2）两个电阻并联，总电流有效值为每个电阻上分电流有效值之和。

第五节　电感元件的交流电路

【演示实验】 把一个"220V、100W"白炽灯和一个 1.5H 可调电感器串联接于 220V/50Hz 正弦电源，合上电源开关后白炽灯点亮，但当增大电感量（插入铁心、其他不变）时白炽灯亮度明显变暗，说明电感器对交流电有"阻碍"作用。那么，电感器对交流电的"阻碍"作用与哪些因素有关？电流与电压之间的相位差又有何特点？

一、电压与电流的相量关系

设电感中的电流为正弦电流 $i = I_m\sin(\omega t + \Psi_i)$，若电压与电流的参考方向关联，如图 4-21a 所示，则由式（4-12）可得电感电压

$$u = L\frac{di}{dt} = \omega L I_m\cos(\omega t + \Psi_i) = U_m\sin(\omega t + \Psi_i + 90°) = U_m\sin(\omega t + \Psi_u)$$

式中，$U_m = \omega L I_m$，$\Psi_u = \Psi_i + 90°$，或写成

$$\left.\begin{array}{c}\dfrac{U_m}{I_m} = \dfrac{U}{I} = \omega L = 2\pi f = X_L \\ \varphi = \Psi_u - \Psi_i = 90°\end{array}\right\} \tag{4-19}$$

由此可见，在电感元件的交流电路中：①**电压与电流是两个同频率的正弦量**；②**电压与电流有效值（或振幅）之比为 X_L**；③**在关联参考方向下，电压在相位上超前电流 90°。**

由式（4-19）可知，当电压 U 一定时，X_L 愈大，则电流 I 愈小，可见它具有对交流电流起阻碍作用的物理性质，故称 X_L 为感抗。计算时，ω 的单位用 rad/s，L 的单位用 H，则感抗 X_L 的单位是 Ω。X_L 与 R 具有相同的单位。

感抗 X_L 与电感 L、频率 f 成正比。当电感 L 一定时，频率 f 愈高，感抗 X_L 愈大。因此，电感线圈对高频电流的阻碍作用很大，而对直流可视为短路，即在直流（$f=0$）的情况下，

感抗为零。

当 U 和 L 一定时，X_L 和 I 同 f 的关系如图 4-22 所示。

例 4-16 把一个 0.1H 的电感元件接到频率为 50Hz、电压有效值为 10V 的正弦电源上，求电流 I。如保持电压不变，而电源频率提高到 5000Hz，电流将是多少？

解 当 $f = 50$Hz 时：

$$X_L = \omega L = 2\pi f L = (2 \times 3.14 \times 50 \times 0.1)\Omega$$
$$= 31.4\Omega$$

$$I = \frac{U}{X_L} = \frac{10}{31.4}A = 0.318A = 318mA$$

当 $f = 5000$Hz 时：

$$X_L = (2 \times 3.14 \times 5000 \times 0.1)\Omega = 3140\Omega$$

$$I = \frac{10}{3140}A = 0.00318A = 3.18mA$$

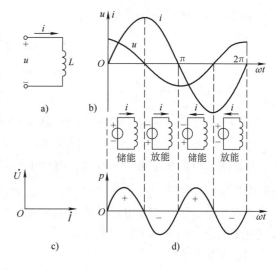

图 4-21

可见，同一电感元件，在电压有效值一定时，频率愈高，电流有效值愈小。**电感线圈常用作高频扼流圈。**

为了便于比较相位，取 $\Psi_i = 0$，即正弦电流 $i = \sqrt{2}I\sin\omega t$，这时的电感电压 $u = \sqrt{2}U\cos\omega t$，它们的波形如图 4-21b 所示。比较电压与电流的波形，容易看出，电压比电流早四分之一周期达到峰值，这说明电压在相位上超前电流 90°，这一点是与电阻元件（u 与 i 同相位）明显不同的。电感元件的电压、电流相量图如图 4-21c 所示。

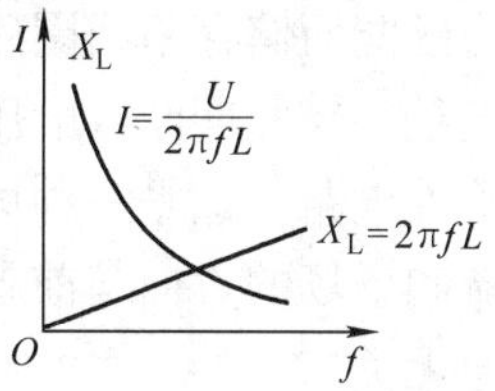

如果用相量来表示电压与电流的关系，则有

$$\frac{\dot{U}}{\dot{I}} = \frac{U\underline{/\Psi_u}}{I\underline{/\Psi_i}} = \frac{U}{I}\underline{/\Psi_u - \Psi_i} = X_L\underline{/90°} = jX_L \qquad (4\text{-}20)$$

图 4-22

式（4-20）反映了电压、电流的有效值关系与相位关系。

例 4-17 图 4-23a 的电阻、电感串联电路中，已知正弦电流 $i = 2\sqrt{2}\sin20t$A，$R = 30\Omega$，$L = 2$H，试求正弦电压 u_R、u_L、u，并画出相量图。

解 正弦电流的相量为

$$\dot{I} = 2\underline{/0°}A$$

电感元件的感抗

$$X_L = \omega L = (20 \times 2)\Omega = 40\Omega$$

由式（4-17）得电阻电压的相量

$$\dot{U}_R = R\dot{I} = (30 \times 2\underline{/0°})V = 60\underline{/0°}V$$

由式（4-20）得电感电压的相量

$$\dot{U}_L = jX_L\dot{I} = (j40 \times 2\underline{/0°})V = 80\underline{/90°}V$$

电阻电压、电感电压分别为

$$u_R = 60\sqrt{2}\sin 20t \, \text{V}$$

$$u_L = 80\sqrt{2}\sin(20t + 90°) \, \text{V}$$

由 KVL 得总电压

$$u = u_R + u_L = 60\sqrt{2}\sin 20t \, \text{V} + 80\sqrt{2}\sin(20t + 90°) \, \text{V} = 100\sqrt{2}\sin(20t + 53.1°) \, \text{V}$$

可见，总电压与两个分电压系同频率正弦量，**但三个正弦电压的有效值和初相却各不相同**。从图 4-23b 的相量图可以看出，电感电压超前

电阻电压 90°。由于 $\dot{U}_R$、$\dot{U}_L$、$\dot{U}$ 构成以 $\dot{U}$ 为斜边的直角三角形，因此三个电压的有效值关系应按勾股定理来确定，即 $U^2 = U_R^2 + U_L^2$。

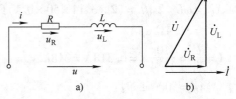

图　4-23

二、无功功率

知道了电压 u 和电流 i 的变化规律和相互关系后，便可找出瞬时功率的变化规律，即

$$p = ui = 2UI\sin\omega t \cdot \sin(\omega t + 90°) = 2UI\sin\omega t\cos\omega t = UI\sin 2\omega t$$

由上式可见，p 是一个振幅为 UI、并以 2ω 的角频率随时间变化的正弦量，其波形如图 4-21d 所示。在第一个 1/4 周期内，电流由零上升到峰值，这是磁场的建立过程。在此期间，电压 u 与电流 i 实际方向相同，瞬时功率为正，它表明外电路向电感输送能量，并转换为磁能而储存于线圈磁场内。在第二个 1/4 周期内，电流从峰值下降到零，这是磁场消失的过程。在此期间，电压与电流的实际方向相反，瞬时功率为负，它表示电感把磁场储能释放给外电路。这是一种可逆的能量互换过程。后两个 1/4 周期与前两个 1/4 周期类似，只是电流和磁场的方向与前者相反。由于磁场能量与电流平方成正比，故磁场储能与电流和磁场方向无关。

电感元件的平均功率为

$$P = \frac{1}{T}\int_0^T p\,\mathrm{d}t = \frac{1}{T}\int_0^T UI\sin 2\omega t\,\mathrm{d}t = 0$$

这也是意料中的事。如本章第三节所述，电感系储能元件，它只有磁场的建立和消失过程，并无能量损耗（没有电阻），所以平均功率应为零。

综上所述，电感元件中没有能量消耗，只有电感与外电路之间的能量互换。工程中常用无功功率来衡量这一能量交换的规模。我们规定电感的无功功率 Q_L 等于其瞬时功率的振幅，即

$$Q_L = UI = I^2 X_L = \frac{U^2}{X_L} \tag{4-21}$$

虽然它也具有功率的量纲，但为区别起见，无功功率的单位称作无功伏安，简称乏（var）。

应该指出，无功功率 Q_L 反映了电感与外电路之间能量互换的规模，这里"无功"二字实指"交换但不消耗"之意，切勿误解为"无用"。在以后学习变压器、电动机的工作原理时就会知道，没有无功功率，这些电器就无法运作。

例 4-18 在图 4-21a 中，已知 $i = 5\sqrt{2}\sin(10^3 t + 60°)$ A，电感元件的无功功率 $Q_L = 100\text{var}$，试求电感 L。

解　由式（4-21）可得感抗

$$X_L = \frac{Q_L}{I^2} = \frac{100}{5^2}\Omega = 4\Omega$$

故电感

$$L = \frac{X_L}{\omega} = \frac{4}{1000}\text{H} = 4 \times 10^{-3}\text{H} = 4\text{mH}$$

练习与思考

4-5-1　一个电感元件在频率为50Hz时的感抗为3140Ω，问当频率为1000Hz时，它的感抗是多少？

4-5-2　一个电感元件在频率为2kHz时的感抗为5000Ω，当频率上升10%和下降20%时的感抗各是多少？

4-5-3　指出下列各式中哪些是正确的，哪些是错误的？

$$\frac{u}{i} = X_L \qquad u = L\frac{di}{dt} \qquad \frac{\dot{U}}{\dot{I}} = \omega L \qquad \dot{U} = j\omega L\ \dot{I}$$

4-5-4　频率为何值时50μH电感器的感抗等于800Ω？

4-5-5　已知电感上施加正弦电压，当升高电源频率时，电感电流有效值将_____。

A. 减少　　　　　　　　B. 增加　　　　　　　　C. 维持不变

4-5-6　电感和电阻串联后接在正弦电压源上，电源频率恰好使得感抗与电阻大小相等。如果继续增加频率，则_____。

A. $U_R > U_L$　　　　　　B. $U_R < U_L$　　　　　　C. $U_R = U_L$

4-5-7　在正弦交流电路中，用交流电压表测量电压，用交流电流表测量电流，判断下列各结论是否正确。

（1）两个电感串联，总电压有效值为每个电感上分电压有效值之和。

（2）两个电感并联，总电流有效值为每个电感上分电流有效值之和。

第六节　电容元件的交流电路

【演示】　把电容器和白炽灯串联接在直流电源时，白炽灯闪了一下后很快就熄灭了，这是因为电容器两个极板间被绝缘介质隔开了，电路中没有连续的电流流通，电容器对直流电相当于开路。可是，若换成交流电源，情况就不同了，电路中不仅会出现持续的交变电流，而且当提高频率或增大电容时，白炽灯会越来越亮，这是怎么回事呢？下面就谈谈电容器在交流电路中的作用。

一、电压与电流的相量关系

设电容元件两端电压为正弦电压 $u = U_m\sin(\omega t + \Psi_u)$，并取电容电流与电压的参考方向相关联，如图4-24a所示，由式（4-14）可得电容电流

$$i = C\frac{du}{dt} = \omega C U_m\cos(\omega t + \Psi_u) = I_m\sin(\omega t + \Psi_u + 90°) = I_m\sin(\omega t + \Psi_i)$$

式中　$I_m = \omega C U_m$，$\Psi_i = \Psi_u + 90°$，或写为

$$\left.\begin{array}{c}\dfrac{U_m}{I_m} = \dfrac{U}{I} = \dfrac{1}{\omega C} = \dfrac{1}{2\pi f C} = X_C \\[2mm] \varphi = \Psi_u - \Psi_i = -90°\end{array}\right\} \tag{4-22}$$

由此可见，在电容元件的交流电路中：①电压与电流是两个同频率的正弦量；②电压与电流的有效值（或振幅）之比为 X_C；③在关联参考方向下，电压滞后电流 90°。

由式（4-22）可知，当电压 U 一定时，X_C 愈大，则电流愈小。这就是说，它也具有阻碍电流通过的物理性能，故称 X_C 为容抗。计算时，ω 的单位用 rad/s，C 的单位用 F，则容抗的单位用 Ω。X_C、X_L、R 具有同样的单位。

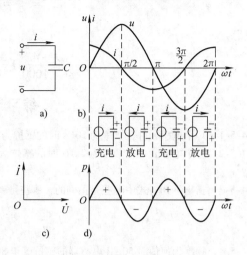

容抗 X_C 与电容 C、频率 f 成反比。这是因为电容愈大时，在同样电压下，电容器所能容纳的电量也就愈大，因而电流愈大。当频率愈高时，电容器的充电与放电就进行得愈快，在同样电压下，单位时间内电荷的移动量就愈多，因而电流愈大。所以电容元件对高频电流所呈现的容抗很小，是一捷径，而对直流（$f=0$）所呈现的容抗 $X_C \longrightarrow \infty$，可视为开路。因此，**电容具有高频短路、直流开路的作用。**

图 4-24

当电压 U 和电容 C 一定时，容抗 X_C 和电流 I 同频率 f 的关系如图 4-25 所示。

感抗和容抗统称为电抗。相应地，电感元件和电容元件统称为电抗元件。从这两节讨论结果可以清楚地看出，在电抗的频率特性上，电感元件和电容元件表现出刚好相反的性质：感抗与频率成正比，而容抗与频率成反比。利用电感、电容的这些频率特性，可根据需要将电感与电容适当联接后构成各种简便实用的滤波与选频网络。

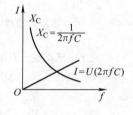

图 4-25

例 4-19 把一个 25μF 的电容元件接到频率为 50Hz、电压有效值为 20V 的正弦电源上，问电流有效值是多少？如保持电压不变，电源频率提高到 5000Hz，这时电流值将是多少？

解 当 $f=50$Hz 时

$$X_C = \frac{1}{\omega C} = \frac{1}{2\pi f C} = \frac{1}{2 \times 3.14 \times 50 \times 25 \times 10^{-6}}\Omega = 127.4\Omega$$

$$I = \frac{U}{X_C} = \frac{20}{127.4}A = 0.157A$$

当 $f=5000$Hz 时

$$X_C = \frac{1}{2 \times 3.14 \times 5000 \times 25 \times 10^{-6}}\Omega = 1.274\Omega$$

$$I = \frac{20}{1.274}A = 15.7A$$

可见，在电压有效值一定时，频率愈高，电流有效值愈大。

电容元件中电压、电流的波形如图 4-24b 所示（图中取 $\Psi_u = 0$）。比较电压与电流的波形，容易看出，电流比电压早四分之一周期达到峰值，这表明电流超前电压90°。应当注意，这一点既不同于电阻元件（u 与 i 同相），又与电感元件刚好相反。

若用相量来表示电容电压与电流，则

$$\frac{\dot{U}}{\dot{I}} = \frac{U\underline{/\Psi_u}}{I\underline{/\Psi_i}} = \frac{U}{I}\underline{/\Psi_u - \Psi_i} = X_C\underline{/-90°} = -jX_C \tag{4-23}$$

它同时反映了电容电压与电流有效值的关系和相位关系。

例4-20 电阻电容并联电路如图4-26a所示。已知 $R = 5\Omega$，$C = 0.1F$，电源电压 $u = 10\sqrt{2}\sin 2t$ V。试求电流 i_R、i_C、i，并画出相量图。

解 电源电压的相量为

$$\dot{U} = 10\underline{/0°}\text{V}$$

电容的容抗

$$X_C = \frac{1}{\omega C} = \frac{1}{2 \times 0.1}\Omega = 5\Omega$$

由式（4-17）、式（4-23）得电阻电流、电容电流的相量分别为

$$\dot{I}_R = \frac{\dot{U}}{R} = \frac{10\underline{/0°}}{5}\text{A} = 2\underline{/0°}\text{A}$$

$$\dot{I}_C = \frac{\dot{U}}{-jX_C} = \frac{10\underline{/0°}}{-j5}\text{A} = 2\underline{/90°}\text{A}$$

所以

$$i_R = 2\sqrt{2}\sin 2t \text{ A}$$
$$i_C = 2\sqrt{2}\sin(2t+90°) \text{ A}$$

根据KCL得总电流

$$i = i_R + i_C = 2\sqrt{2}(\sin 2t + \cos 2t) \text{ A} = 2.828\sqrt{2}\sin(2t+45°) \text{ A}$$

可见，总电流 i 与两个分电流 i_R 和 i_C 的频率相同，**但在有效值和相位上有所不同**。从图4-26b可以看出，电容电流超前电阻电流90°，即二者相位正交。由于三个电流相量 $\dot{I}_R$、$\dot{I}_C$、$\dot{I}$ 构成以 $\dot{I}$ 为斜边的直角三角形，因此 $I \neq I_R + I_C$。

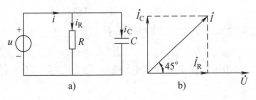

图 4-26

二、无功功率

弄清了电压 u 和电流 i 的变化规律和相互关系后，同样可以找出瞬时功率的变化规律。若取电压为参考正弦量，即 $u = \sqrt{2}U\sin\omega t$，则电容电流为 $i = \sqrt{2}I\cos\omega t$，瞬时功率

$$p = ui = 2UI\sin\omega t \cdot \cos\omega t = UI\sin 2\omega t$$

p 也是一个以 2ω 的角频率随时间而变化的正弦量，它的振幅为 UI。电容的平均功率

$$P = \frac{1}{T}\int_0^T p\,\mathrm{d}t = \frac{1}{T}\int_0^T UI\sin 2\omega t\,\mathrm{d}t = 0$$

这说明电容元件是不消耗能量的，它与外电路之间只发生能量的互换。这一能量互换的规模，同样可用无功功率来衡量，它等于瞬时功率的振幅，即

$$Q_C = UI = I^2 X_C = \frac{U^2}{X_C} \tag{4-24}$$

分析电容元件中电场储能及瞬时功率的变化规律可参考电感元件中磁场储能及瞬时功率的分析方法，请读者自行分析。

练习与思考

4-6-1 频率越高，容抗越小。试求 $10\mu F$ 电容元件在50Hz及1000Hz时的容抗。

4-6-2 已知一个电容元件当频率为2kHz时的容抗为5000Ω，当频率上升20%和下降10%时的容抗各是多少？

4-6-3 指出下列各式中哪些是正确的，哪些是错误的？

(1) $i = \frac{\mathrm{d}u}{\mathrm{d}t}$ (2) $\frac{i}{u} = \omega C$

(3) $\frac{\dot{U}}{\dot{I}} = \frac{1}{\mathrm{j}\omega C}$ (4) $X_C = \frac{1}{\omega C}$

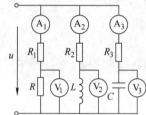

图 4-27

4-6-4 图4-27所示电路中，$R_1 = R_2 = R_3$，当正弦交流电源的频率升高时，各安培表和伏特表的读数有无变化？其趋势如何？如把交流电源换成直流电源时，各安培表和伏特表的读数哪一个最大？哪一个最小？

4-6-5 在正弦交流电路中，当电容电压经过零值时，电容电流是否也为零？为什么？

4-6-6 电容器两端加上正弦电压时，若电压的频率增加，电流将_____。

A. 增加   B. 减少   C. 不变   D. 消失

4-6-7 电容器和电阻器串联接在正弦电压上，频率的大小使得容抗和电阻一样，因此，每个元件上电压有效值一样大。如果频率减小，则_____。

A. $U_R > U_C$ B. $U_C > U_R$ C. $U_R = U_C$

4-6-8 电容器和电阻器并联接在正弦电压上，频率的大小使得容抗和电阻一样，因此，每个元件上电流有效值一样大。如果频率提高，则_____。

A. $I_R > I_C$ B. $I_C > I_R$ C. $I_R = I_C$

4-6-9 在正弦交流电路中，用交流电压表测量电压，用交流电流表测量电流，判断下列各结论是否正确。

(1) 两个电容串联，总电压有效值为每个电容上分电压有效值之和。

(2) 两个电容并联，总电流有效值为每个电容上分电流有效值之和。

第七节　相量形式的基尔霍夫定律

【阅读提示】 引入相量概念后，基尔霍夫定律可以推广到相量形式，但有效值不一定满足基尔霍夫定律！建议初学者尤其要仔细研究本节例4-22及例4-23两个例题，注意体会相位差对电路性能的影响。

一、用相量计算同频率正弦量的叠加

在例 4-17 中，两个同频率正弦电压按 KVL 叠加的结果，仍是一个同频率的正弦电压。在例 4-20 中，两个同频率正弦电流按 KCL 叠加的结果，也是一个同频率正弦电流。一般来说，设有两个同频率正弦量

$$u_1 = \sqrt{2}U_1\sin\left(\omega t + \Psi_1\right)$$

$$u_2 = \sqrt{2}U_2\sin\left(\omega t + \Psi_2\right)$$

可以证明

$$u = u_1 + u_2 = \sqrt{2}U\sin\left(\omega t + \Psi\right)$$

式中

$$U = \sqrt{\left(U_1\cos\Psi_1 + U_2\cos\Psi_2\right)^2 + \left(U_1\sin\Psi_1 + U_2\sin\Psi_2\right)^2}$$

$$\Psi = \arctan\frac{U_1\sin\Psi_1 + U_2\sin\Psi_2}{U_1\cos\Psi_1 + U_2\cos\Psi_2}$$

由此可得

定理 1　一些同频率正弦量相加的结果，仍是一个同频率的正弦量。

从 U 与 Ψ 的表达式可知，一般来说，$U \neq U_1 + U_2$，且与 Ψ_1、Ψ_2 有关；$\Psi \neq \Psi_1 + \Psi_2$，且与 U_1、U_2 有关。如果直接由已知的 U_1、U_2、Ψ_1、Ψ_2 按上面所得公式计算出 U 与 Ψ 是很麻烦的。求解同频率正弦量叠加问题较方便的方法，就是运用相量进行计算。

在例 4-17 中，我们已求得三个电压的相量为：$\dot{U}_R = 60\underline{/0°}\text{V}$、$\dot{U}_L = 80\underline{/90°}\text{V}$、$\dot{U} = 100\underline{/53.1°}\text{V}$。可以验证，$\dot{U}$ 恰好就是 $\dot{U}_R$ 与 $\dot{U}_L$ 的和，即 $\dot{U} = \dot{U}_R + \dot{U}_L$。在例 4-20 中同样有 $\dot{I} = \dot{I}_R + \dot{I}_C$。以上两例虽然较为特殊，但所得结论可以概括为下面的定理，即

定理 2　同频率正弦量的和的相量，等于各正弦量的相量之和。

例 4-21　图 4-28a 所示为某电路中的一个节点，已知 $i_1 = 10\sqrt{2}\sin(\omega t + 60°)$ A，$i_2 = 5\sqrt{2}\sin\left(\omega t - 90°\right)$ A，试求 i_3。

解　由 KCL 得

$$i_3 = i_1 + i_2$$

由本节定理 1 可知，i_3 也是角频率为 ω 的正弦电流，即 $i_3 = \sqrt{2}I_3\sin\left(\omega t + \Psi_3\right)$，其相量记作 $\dot{I}_3 = I_3\underline{/\Psi_3}$。正弦电流 i_1、i_2 对应的相量分别为

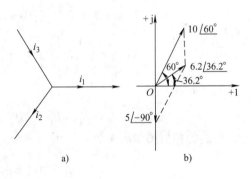

图　4-28

$$\dot{I}_1 = 10\underline{/60°}\text{A}$$

$$\dot{I}_2 = 5\underline{/-90°}\text{A}$$

根据本节定理 2 得

$$\dot{I}_3 = \dot{I}_1 + \dot{I}_2 = 10\underline{/60°}\text{A} + 5\underline{/-90°}\text{A} = \left(5 + j5\sqrt{3} - j5\right)\text{A} = \left(5 + j3.66\right)\text{A} = 6.2\underline{/36.2°}\text{A}$$

故

$$i_3 = 6.2\sqrt{2}\sin\ (\omega t + 36.2°)\ \text{A}$$

相量图如图 4-28b 所示。

二、相量形式的基尔霍夫定律

基尔霍夫定律是电路的基本定律,它既适用于直流电路,也适用于交流电路。根据本节两个定理,正弦交流电路中的各电压、电流是一些同频率的正弦量,若用相量表示它们,则 KCL 也可以写成相量形式,即

$$\sum \dot{I} = 0 \tag{4-25}$$

这就是说,在引用相量后,流出电路任一节点的各电流相量的代数和为零。在应用式 (4-25)时,对流出节点的电流相量取" + "号,反之应取" – "号。

同理,在引用相量后,KVL 也可以写成相量形式,即

$$\sum \dot{U} = 0 \tag{4-26}$$

这就是说,交流电路中沿任一回路的各电压相量的代数和为零。在运用式 (4-26) 时也要先对回路选一绕行方向,对参考方向与绕行方向一致的电压相量取" + "号,反之应取" – "号。

式 (4-25)、式 (4-26) 就是相量形式的基尔霍夫定律。

例 4-22 图 4-29a 是一个 LC 串联电路,已知 $i = 2\sqrt{2}\sin\omega t$ mA,$\omega L = 10\text{k}\Omega$,$\dfrac{1}{\omega C} = 8\text{k}\Omega$,试求 u_L、u_C、u,并绘出电压、电流相量图。

解 电流 i 的相量是 $\dot{I} = 2\underline{/0°}$ mA,由式 (4-20)、式 (4-23) 得电感电压相量与电容电压相量

$$\dot{U}_L = j\omega L \cdot \dot{I} = (j10 \times 2\underline{/0°})\ \text{V} = j20\text{V} = 20\underline{/90°}\text{V}$$

$$\dot{U}_C = -j\frac{1}{\omega C} \cdot \dot{I} = (-j8 \times 2\underline{/0°})\ \text{V} = -j16\text{V} = 16\underline{/-90°}\text{V}$$

由式 (4-26) 得

$$\dot{U} = \dot{U}_L + \dot{U}_C = j20\text{V} - j16\text{V} = j4\text{V} = 4\underline{/90°}\text{V}$$

电压、电流的相量图如图 4-29b 所示。三个同频率正弦电压分别是

$$u_L = 20\sqrt{2}\sin\ (\omega t + 90°)\ \text{V}$$

$$u_C = 16\sqrt{2}\sin\ (\omega t - 90°)\ \text{V}$$

$$u = 4\sqrt{2}\sin\ (\omega t + 90°)\ \text{V}$$

从答案可以看出一个特殊现象,即两个分电压的有效值比总电压的有效值还要大,**其根本原因在于** u_L 与 u_C 在相位上是相反的,这一点在相量图上看得最为直观。这时,总电压的有效值 U 是 U_L 与 U_C 相减的结果,即 $U = |\ U_L - U_C\ |$,而 U_L 与 U_C 很接近,于是出现了上述现象。

在本节练习与思考 4-7-2 中将看到总电压为零的特殊情况，这时 LC 串联电路相当于短路。

例 4-23　图 4-30a 是 LC 并联电路，已知 $X_L=5\text{k}\Omega$，$X_C=4\text{k}\Omega$，$u=20\sqrt{2}\sin\omega t\text{V}$，试求 i_L、i_C、i，并绘出电流与电压的相量图。

解　正弦电压 u 的相量 $\dot{U}=20\underline{/0°}\text{V}$，由式（4-20）得电感电流的相量

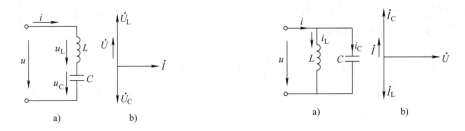

图　4-29　　　　　　　　　　　　　　　　图　4-30

$$\dot{I}_L=\frac{\dot{U}}{jX_L}=\frac{20\underline{/0°}}{j5}\text{mA}=-j4\text{mA}=4\underline{/-90°}\text{mA}$$

由式（4-23）得电容电流的相量

$$\dot{I}_C=\frac{\dot{U}}{-jX_C}=\frac{20\underline{/0°}}{-j4}\text{mA}=j5\text{mA}=5\underline{/90°}\text{mA}$$

由式（4-25）得总电流的相量

$$\dot{I}=\dot{I}_L+\dot{I}_C=(-j4+j5)\text{ mA}=j1\text{mA}=1\underline{/90°}\text{mA}$$

三个正弦电流分别是

$$i_L=4\sqrt{2}\sin(\omega t-90°)\text{ mA}$$
$$i_C=5\sqrt{2}\sin(\omega t+90°)\text{ mA}$$
$$i=\sqrt{2}\sin(\omega t+90°)\text{ mA}$$

电压与电流的相量图如图 4-30b 所示。可以看出，**电感电流与电容电流反相**，总电流有效值是两个分电流有效值相减的结果，即 $I=|I_L-I_C|$。由于 I_L 与 I_C 很接近，所以出现了总电流小于分电流这一特殊现象。

练习与思考

4-7-1　在例 4-21 中，若 $i_1=8\sqrt{2}\sin(\omega t+60°)$ A，$i_2=6\sqrt{2}\sin(\omega t-30°)$ A，试求 i_3，并绘出电流相量图。问 $I_3=I_1+I_2$ 吗？

4-7-2　在例 4-22 中，若 $\omega L=\dfrac{1}{\omega C}=10\text{k}\Omega$，试计算题中的各电压，并画出相量图。

4-7-3　在例 4-23 中，若 $X_L=X_C=5\text{k}\Omega$，试求题中各电流，并画出电流相量图。

4-7-4　两个同频率正弦电压及其和在什么情况下（指相位差）$U=U_1+U_2$？

4-7-5　两个同频率正弦电压及其和在什么情况下（指相位差）$U=|U_1-U_2|$？

4-7-6　两个同频率正弦电压及其和在什么情况下（指相位差）$U^2=U_1^2+U_2^2$？

第八节 相量形式的欧姆定律

【导读】 正弦交流电路中，一个元件的端电压和电流是同频率正弦量，因而描述其特性时从两个角度考虑即可：一是电压与电流的有效值关系，二是电压与电流之间的相位关系。引入相量概念后，欧姆定律也可以推广到相量形式，实现了同一元件两方面基本特征的有效统一。

我们已经分别讨论了电阻、电感、电容这三种基本元件的正弦交流电路，得出了它们各自的相量关系式，即在关联参考方向下

电阻 $$\frac{\dot{U}}{\dot{I}} = R$$

电感 $$\frac{\dot{U}}{\dot{I}} = j\omega L = jX_L$$

电容 $$\frac{\dot{U}}{\dot{I}} = -j\frac{1}{\omega C} = -jX_C$$

如果把同一元件的电压相量与电流相量的比值定义为该元件的复阻抗，并用 Z 来表示，即

$$\frac{\dot{U}}{\dot{I}} = Z \tag{4-27}$$

那么，三种基本元件的相量关系式可归纳为

$$\dot{U} = Z\dot{I} \tag{4-28}$$

这一普遍形式。**式（4-28）与直流电路的欧姆定律式（1-4）形式相似，故称为相量形式的欧姆定律。**

根据式（4-27），电阻、电感与电容元件的复阻抗分别是

$$\left.\begin{array}{l} Z_R = R \\ Z_L = j\omega L = jX_L \\ Z_C = -j\dfrac{1}{\omega C} = -jX_C \end{array}\right\} \tag{4-29}$$

上式中，Z_R 代表电阻的复阻抗，其虚部为零；Z_L 与 Z_C 分别代表电感与电容元件的复阻抗，二者实部均为零。

此外，我们还把元件的电流相量与电压相量的比值定义为该元件的复导纳，并用 Y 来表示，即

$$\frac{\dot{I}}{\dot{U}} = Y \tag{4-30}$$

其单位为西门子（S）。电阻、电感、电容的复导纳分别为

$$\left.\begin{array}{l} Y_R = \dfrac{1}{R} = G \\ Y_L = \dfrac{1}{j\omega L} = -j\dfrac{1}{\omega L} = -jB_L \\ Y_C = j\omega C = jB_C \end{array}\right\} \tag{4-31}$$

这样，三种基本元件的相量关系式还可以归纳为另一普遍形式，即

$$\dot{I} = Y\dot{U} \tag{4-32}$$

式（4-31）中，$G = \dfrac{1}{R}$ 叫做电导，$B_L = \dfrac{1}{\omega L}$ 叫做感纳，$B_C = \omega C$ 叫做容纳。G、B_L 与 B_C 的单位都用西门子（S）。感纳和容纳统称为电纳。**式（4-32）也称为相量形式的欧姆定律。**

为什么要引入复阻抗呢？设复阻抗 $Z = z\angle\varphi_z$，其中 z 叫做阻抗，φ_z 叫做阻抗角。根据式（4-27），并运用复数的除法运算规则，有

$$z = \frac{U}{I}$$

$$\varphi_z = \varPsi_u - \varPsi_i$$

这就是说，阻抗 z 代表了电压、电流的有效值之比，阻抗角 φ_z 代表了电压与电流之间的相位差。可见，复阻抗 Z 概括了一个元件的两个基本特征——电压与电流之间有效值关系和相位关系。总之，知道了复阻抗 Z，这个元件的性质就完全清楚了。

复阻抗和复导纳的概念亦可运用于无源二端网络，如图 4-31 所示。这时，$\dot{U}$ 和 $\dot{I}$ 是指端电压相量和电流相量，二者的参考方向对网络来说也是相关联的。

例 4-24　试求图 4-32 所示 RLC 串联电路的等效复阻抗 Z，设电源的角频率为 ω。

解　运用式（4-28），R、L、C 元件的电压相量分别是

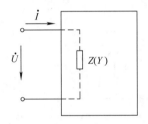 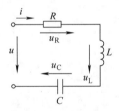

图　4-31　　　　　　　　　　　　　图　4-32

$$\dot{U}_R = Z_R\dot{I} \qquad \dot{U}_L = Z_L\dot{I} \qquad \dot{U}_C = Z_C\dot{I}$$

由 KVL 得

$$\dot{U} = \dot{U}_R + \dot{U}_L + \dot{U}_C = \left(Z_R + Z_L + Z_C\right)\dot{I}$$

由式（4-27）得电路的等效复阻抗为

$$Z = \frac{\dot{U}}{\dot{I}} = Z_R + Z_L + Z_C = R + j\left(X_L - X_C\right) = R + jX$$

其中，$X = X_L - X_C$ 称为电抗。由上式可知，复阻抗中一般有"阻"有"抗"：Z 的实部为电阻分量，其虚部为电抗分量。**注意**：当 L 与 C 串联时，感抗 X_L 与容抗 X_C 具有相互抵消的作用，复阻抗中的电抗 X 则是它们的差额。

复阻抗还可以写成极坐标形式，即

$$Z = \sqrt{R^2 + \left(X_L - X_C\right)^2}\left|\arctan\frac{X_L - X_C}{R}\right. = z\angle\varphi_z$$

其中，z 叫阻抗，φ_z 叫阻抗角，它也是电压超前电流的角度。

$$\varphi_z = \Psi_u - \Psi_i = \arctan \frac{X_L - X_C}{R}$$

根据 X_L 与 X_C 相互抵消的程度，可以判断电压与电流的相位关系。当 $X_L > X_C$ 时，$\Psi_u > \Psi_i$，即电压超前电流，我们说电路呈现电感性，简称感性；当 $X_L = X_C$ 时，$\Psi_u = \Psi_i$，电压与电流同相，我们说电路呈现电阻性，简称阻性，当 $X_L < X_C$ 时，$\Psi_u < \Psi_i$，电压滞后电流，电路呈现电容性，简称容性。由此看来，这一段电路的性质取决于两个方面：一是电路本身的参数 R、L、C，另一是电源的频率 ω。

RL 串联电路、RC 串联电路、LC 串联电路都可以看成 RLC 串联电路的特例。

RL 串联电路是 $X_C = 0$ 的 RLC 串联电路，其复阻抗为 $Z = R + jX_L$，它的虚部为正。

RC 串联电路是 $X_L = 0$ 的 RLC 串联电路，其复阻抗为 $Z = R - jX_C$，它的虚部为负。

LC 串联电路是 $R = 0$ 的 RLC 串联电路，其复阻抗为 $Z = j(X_L - X_C)$，它的实部为零。尤其是当 $X_L = X_C$ 时，$Z = 0$，LC 串联电路相当于短路。

应该指出，不能把本例中的复阻抗简单地写成 $Z = R + X_L + X_C$。这是因为，在正弦交流电路中，各元件应该用复阻抗来表示，而电感和电容的复阻抗分别为 $Z_L = jX_L \neq X_L$，$Z_C = -jX_C \neq X_C$。X_L 与 X_C 分别是感抗和容抗，它们只反映元件的电压和电流有效值关系；而复阻抗 Z_L 与 Z_C 同时还反映了电压、电流的相位关系。切勿将 Z_L 与 X_L、Z_C 与 X_C 混为一谈。

阻抗 z、阻抗角 φ_z、电阻 R、电抗 X 四者之间的关系如图 4-33 所示，叫做阻抗三角形。

例 4-25 试求图 4-34 所示 RLC 并联电路的等效复导纳，设电源频率为 ω。

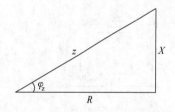

图 4-33

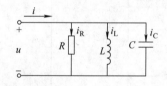

图 4-34

解 运用式（4-32）、式（4-31），RLC 元件的电流相量分别为

$$\dot{I}_R = Y_R \dot{U} \qquad \dot{I}_L = Y_L \dot{U} \qquad \dot{I}_C = Y_C \dot{U}$$

由 KCL 得

$$\dot{I} = \dot{I}_R + \dot{I}_L + \dot{I}_C = (Y_R + Y_L + Y_C)\dot{U}$$

电路的等效复导纳

$$Y = \frac{\dot{I}}{\dot{U}} = Y_R + Y_L + Y_C = G + j\left(\omega C - \frac{1}{\omega L}\right) = G + j(B_C - B_L) = G + jB$$

其中，$B = B_C - B_L$ 称为电纳。由上式可知，复导纳中一般有"导"有"纳"：Y 的实部为电导分量，其虚部为电纳分量。应该注意，当 L 与 C 并联时，容纳与感纳具有相互抵消的作用，复导纳的电纳 B 则是二者之差。

复导纳还可以写成极坐标形式，即

$$Y = \sqrt{G^2 + (B_C - B_L)^2}\left|\arctan \frac{B_C - B_L}{G}\right. = y \angle \varphi_y$$

其中，y 叫导纳，φ_y 叫导纳角，它是电流超前电压的相位角，即

$$\varphi_\mathrm{y} = \varPsi_\mathrm{i} - \varPsi_\mathrm{u} = \arctan \frac{B_\mathrm{C} - B_\mathrm{L}}{G}$$

根据 B_C 与 B_L 相互抵消的程度，可以判断出电压与电流的相位关系，当 $B_\mathrm{C} > B_\mathrm{L}$ 时，导纳角为正，$\varPsi_\mathrm{i} > \varPsi_\mathrm{u}$，电流超前电压，电路呈容性；当 $B_\mathrm{C} = B_\mathrm{L}$ 时，导纳角为零，$\varPsi_\mathrm{i} = \varPsi_\mathrm{u}$，电流与电压同相，电路呈阻性；当 $B_\mathrm{C} < B_\mathrm{L}$ 时，导纳角为负，$\varPsi_\mathrm{i} < \varPsi_\mathrm{u}$，电流滞后电压，电路呈现感性。

RL、RC 及 LC 并联电路可以看成是 RLC 并联电路的特例。

RL 并联电路是 $B_\mathrm{C} = 0$ 的 RLC 并联电路，其复导纳为 $Y = G - \mathrm{j}B_\mathrm{L} = \dfrac{1}{R} - \mathrm{j}\dfrac{1}{\omega L}$。

RC 并联电路是 $B_\mathrm{L} = 0$ 的 RLC 并联电路，其复导纳为 $Y = G + \mathrm{j}B_\mathrm{C} = \dfrac{1}{R} + \mathrm{j}\omega C$。

LC 并联电路是 $G = 0$ 的 RLC 并联电路，其复导纳 $Y = \mathrm{j}(B_\mathrm{C} - B_\mathrm{L})$，实部为零。尤其是，当 $B_\mathrm{C} = B_\mathrm{L}$ 时，$Y = 0$，复阻抗为无限大，LC 并联电路相当于开路。

练习与思考

4-8-1 计算 20Ω 电阻、$40\mathrm{mH}$ 电感和 $100\mu\mathrm{F}$ 电容在角频率分别为 $50\mathrm{rad/s}$、$500\mathrm{rad/s}$ 及 $5000\mathrm{rad/s}$ 时的复阻抗及复导纳。

4-8-2 计算下列各题，并说明电路的性质（感性、容性或阻性）

(1) $\dot{U} = 10\underline{/30°}\mathrm{V}$，$Z = 5 + \mathrm{j}5\Omega$，$\dot{I} = ?$

(2) $\dot{U} = 100\underline{/45°}\mathrm{V}$，$\dot{I} = -10\underline{/-135°}\mathrm{A}$，$Z = ?$

(3) $\dot{U} = -100\underline{/30°}\mathrm{V}$，$\dot{I} = 5\underline{/-60°}\mathrm{A}$，$Z = ?$

4-8-3 下列结论中，哪些对？哪些不对？

(1) RL 串联电路：$Z = R + X_\mathrm{L}$，$Z = R + L$，$Z = R + \mathrm{j}\omega L$。

(2) RC 串联电路：$Z = R + \mathrm{j}\omega C$，$Z = R - \mathrm{j}\dfrac{1}{\omega C}$，$Z = R + \mathrm{j}X_\mathrm{C}$。

(3) LC 串联电路：$Z = X_\mathrm{L} - X_\mathrm{C}$，$Z = \mathrm{j}(\omega L - \omega C)$，$Z = \mathrm{j}\left(\omega L - \dfrac{1}{\omega C}\right)$。

4-8-4 串联 RC 电路中，若输入正弦电压的频率增加时，阻抗将_____。

A. 增加   B. 减小   C. 不变   D. 加倍

4-8-5 串联 RC 电路中，若输入正弦电压的频率减小时，阻抗角将_____。

A. 增加   B. 减小   C. 不变   D. 不确定

4-8-6 串联 RL 电路中，若输入正弦电压的频率增加时，阻抗将_____。

A. 增加   B. 减小   C. 不变   D. 加倍

4-8-7 串联 RL 电路中，若输入正弦电压的频率减小时，阻抗角将_____。

A. 增加   B. 减小   C. 不变   D. 不确定

习 题

4-1 一正弦电流的波形如图 4-35 所示。(1) 试求它的幅值、周期、频率、角频率和初相；(2) 写出

它的三角函数表达式。

4-2 已知电压 $u = U_m \sin\left(\omega t + \dfrac{\pi}{4}\right)$ V，当 $t = \dfrac{1}{1000}$s 时第一次出现正峰值，求此电压的频率 f。

4-3 已知电压 $u = U_m \sin\left(\omega t + \dfrac{\pi}{6}\right)$ V，当 $t = 0$ 时，$u(0) = 200$V；当 $t = \dfrac{1}{300}$s 时，$u = 400$V。求此正弦电压的幅值、角频率及频率。

4-4 已知正弦电压 $u_1 = 20\sin100\pi t$ 和 $u_2 = 20\sin(100\pi t + \theta)$ V，在下面三种情况下，试在同一坐标中画出它们的波形（横坐标同时用弧度及时间表示）。

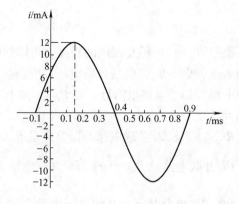

图 4-35

（1）$\theta = 0$ （2）$\theta = \dfrac{\pi}{2}$rad （3）$\theta = \pi$rad

4-5 已知三个同频率正弦电压的角频率为 ω，$U_{1m} = 311$V，$U_{2m} = 180$V，$U_{3m} = 45$V，相位差 $\Psi_1 - \Psi_2 = 45°$，$\Psi_2 - \Psi_3 = 120°$。若以 u_2 为参考正弦量，试写出三个正弦电压的瞬时表达式。

4-6 计算下列各式，计算结果以极坐标式表示。

（1）$(25 + j30) - (-20 + j40)$

（2）$50\underline{/25°} + 30\underline{/-40°}$

（3）$\dfrac{50\underline{/25°}}{30\underline{/-40°}}$

（4）$\dfrac{25 + j30}{-20 + j40}$

（5）$(25 + j30)(-20 + j40)$

4-7 图 4-36 为正弦电压和电流的相量图，已知 $U = 220$V，$I_1 = 10$A，$I_2 = 5\sqrt{2}$A，试分别用三角函数式和相量表示各正弦量。

4-8 写出下列各正弦量对应的相量，计算 $\dot{U} = \dot{U}_R + \dot{U}_L + \dot{U}_C$，并画出相量图。已知 $i = 10\sqrt{2}\sin\omega t$ A，$u_R = 80\sqrt{2}\sin\omega t$ V，$u_L = 120\sqrt{2}\cos\omega t$ V，$u_C = -40\sqrt{2}\cos\omega t$ V。

4-9 画出题 4-2-3 中各正弦电流的相量图，并比较四个正弦电流之间的相位关系。

4-10 图 4-15b 所示电感上电流波形如图 4-37 所示，已知电感 $L = 2$H，试求电感电压 $u(t)$，并画出它的波形。

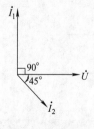

图 4-36

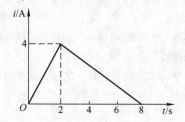

图 4-37

4-11 图 4-38 所示部分电路中，已知 $i_R(t) = 4 - 2e^{-10t}$A，试求 $i(t)$。

4-12　图 4-39 所示电路中 $U_S = 6V$ 不变，$R_1 = 1\Omega$，$R_2 = 2\Omega$，$R_3 = 0.4\Omega$，$L = 0.2H$，$C = 0.01F$。电路已经稳定。试求电感的电流和磁场储能，电容的电压和电场储能。

4-13　一个 220V、75W 的电烙铁使用 20h 所消耗的电能是多少度？若电压有效值降为 110V，并设它的电阻不变，试求它的电流有效值及功率。

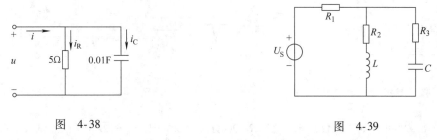

图 4-38　　　　　　　　　　　　　　图 4-39

4-14　已知 $R = 10\Omega$ 的纯电阻元件，其端电压是正弦波，电压相量 $\dot{U} = 30 + j40V$，求电阻电流的相量，并画出电压与电流相量图。

4-15　已知通过线圈的电流 $i = 10\sqrt{2}\sin100\pi t A$，线圈的电感 $L = 70mH$（电阻忽略不计），设电源电压 u 与电流 i 的参考方向如图 4-21a 所示，试分别计算在 $t = \dfrac{T}{6}$、$t = \dfrac{T}{4}$ 和 $t = \dfrac{T}{2}$ 瞬间的电压、电流的大小，并在电路图上标出它们在该瞬间的实际方向。

4-16　交流接触器容许通过的电流是 200mA，线圈电阻为 10Ω，电感为 5H，当接于 50Hz、220V 工频电源时，电流是多少（略去电阻的作用）？若将此接触器误接于 220V 直流电源上，电流是多少？

4-17　在图 4-21a 中，电感 $L = 100mH$，频率 $f = 50Hz$，（1）已知 $i = 7\sqrt{2}\sin\omega t$ A，求电压 u；（2）已知 $\dot{U} = 127\underline{/-30°}$V，试求电流相量 $\dot{I}$，并画出相量图。

4-18　在图 4-24a 中，电容 $C = 64\mu F$，电容器两端加一正弦电压 $u = 220\sqrt{2}\sin100\pi t$ V，试计算在 $t = \dfrac{T}{6}$、$t = \dfrac{T}{4}$ 和 $t = \dfrac{T}{2}$ 瞬间电压和电流的大小。

4-19　把一个 $100\mu F$ 的电容器先后接在 $f = 50Hz$ 与 $f = 5000Hz$、电压均为 220V 的交流电源上，试分别计算在上述两种情况下的容抗、电容的电流及无功功率。

4-20　在图 4-24a 中，$C = 4\mu F$，$f = 50Hz$，（1）已知 $u = 220\sqrt{2}\sin\omega t$ V，试求电流 i；（2）已知 $\dot{I} = 0.1\underline{/-60°}$A，求 $\dot{U}$，并画出相量图。

4-21　图 4-40 中讯号源包括低频及高频（$f = 640kHz$）正弦电流。为使高频电流不进入负载，取 $X_L = 10X_C$，已知 $X_C = 1k\Omega$，试求所需的电感 L。

4-22　一个 4mH 电感与一个 160pF 的电容在多高的频率时感抗与容抗相等？这个电抗值是多大？

4-23　一个电感和一个电容在 $f = 1kHz$ 时的感抗和容抗分别是 50Ω 和 450Ω。问同样的电感和电容，当频率升高为 3kHz 时的感抗和容抗分别是多少？

4-24　某无源二端网络中只含有一个电阻或一个电感或一个电容。若已知在关联参考方向下的电压与电流分别为：

（1）$i = 0.1\sin\omega t$ A，$u = 10\sin\omega t$ V

（2）$u = 10\sin\omega t$ V，$i = 6.28\cos\omega t$ mA

（3）$u = 314\sin\left(\omega t + \dfrac{5}{6}\pi\right)$ V，$i = 10\sin\left(\omega t + \dfrac{\pi}{3}\right)$ A

式中 $\omega = 314rad/s$，试求无源二端网络的参数。

4-25　图 4-41a 中，已知 u_L 的初相为 $-\dfrac{\pi}{6}$，试确定 i、u_R 及 u_C 的初相。图 4-41b 中，已知 i_C 的初相

为 $\frac{\pi}{3}$，试确定 u、i_R 及 i_L 的初相。

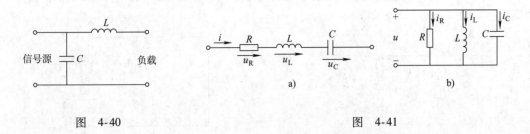

图 4-40   图 4-41

4-26 RL 串联电路如图4-42所示。已知 $R = 200\Omega$，$L = 0.1\text{mH}$，$u_R = \sqrt{2}\sin 10^6 t$ V，试求 $u(t)$，并画出相量图。

4-27 RC 并联电路如图4-43所示。已知 $R = 10\text{k}\Omega$，$C = 0.2\mu\text{F}$，$i_C = \sqrt{2}\sin(10^3 t)$ mA，试求电流 $i(t)$，并画出相量图。

4-28 RLC 串联电路如图4-44所示，已知电流相量 $\dot{I} = 4\underline{/0°}$ A，电压相量 $\dot{U} = 80 + j200$V，$\omega = 10^3$ rad/s，求电容 C。

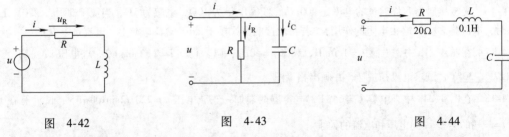

图 4-42   图 4-43   图 4-44

4-29 已知交流电路的 $\dot{U}$、$\dot{I}$，或 Z、Y 如下，试指出电路的性质（容性、感性或电阻性）。

(1) $\dot{U} = 160 + j120$V，$\dot{I} = 24 - j32$A，求 Z。

(2) $Z = 10\underline{/-30°}\Omega$

(3) $\dot{U} = 30 + j40$V，$\dot{I} = \left(2\underline{/\arctan\dfrac{4}{3}}\right)$ A

(4) $Y - 10\underline{/-40°}$mS

4-30 根据相量形式的欧姆定律计算下列各题：

(1) $\dot{U} = 120\underline{/-30°}$V，$I = 4\underline{/30°}$A，$Z = ?$

(2) $u = 50\sqrt{2}\sin(\omega t + 30°)$ V，$Z = 2.5 + j4.33\Omega$，求 $\dot{I} = ?$

(3) $\dot{U} = 100\underline{/36.9°}$V，$Z = 4 + j3\Omega$，求 $\dot{I} = ?$

(4) $i = -4\sin(\omega t - 27°)$ A，$Z = (1 + j17.3)\ \Omega$，$\dot{U} = ?$

第五章

正弦交流电路的相量分析法

在分析直流电阻电路时，两类约束可以写为

$$\sum U = 0 \qquad \sum I = 0 \qquad U = RI \text{（或 } I = GU)$$

对正弦交流电路，有完全类似的形式

$$\sum \dot{U} = 0 \qquad \sum \dot{I} = 0 \qquad \dot{U} = Z\dot{I} \text{（或 } \dot{I} = Y\dot{U})$$

因此，若把交流电路中的正弦电压与电流都用相量表示，把每个元件用各自的复阻抗（或复导纳）表示，这样，计算直流电路时行之有效的方法和定理，也可以用来分析正弦交流电路。这样的方法叫做相量分析法，简称相量法。

本章主要内容有：①用相量法分析一般正弦交流电路；②交流电路中的功率计算；③谐振及互感两种特殊情况。

由于正弦量之间往往有相位差，交流电路中将出现一些用直流电路的概念无法理解和无法分析的物理现象，因此在学习本章时，读者时刻都要有相位和相位差的概念，否则容易引起错误。

第一节　复阻抗的串联与并联

【导读】　荧光灯是典型的 RL 串联电路，R 是灯管等效电阻，L 是镇流器等效电感。一学生用万用表交流电压档测量了镇流器电压和荧光灯管电压，发现两个电压加起来不是 220V（电源电压），这是为什么？从这一节开始，请读者注意例题中丰富多彩的特殊现象，并想一想为什么会出现这些在直流电路中不可能出现的现象。

如上一章所述，在引入了相量、复阻抗、复导纳概念以后，交流电路的分析方法与直流电路完全类似，因此本节只列写结论，它们的证明方法与直流电路完全相似，这里不再重复。

若有 n 个复阻抗相串联，则它们的等效复阻抗为

$$Z = \sum_{k=1}^{n} Z_k \tag{5-1}$$

相应的分压公式为

$$\dot{U}_i = \frac{Z_i}{Z}\dot{U} \tag{5-2}$$

式中，$\dot{U}$、$\dot{U}_i$ 分别是总电压相量和 Z_i 的电压相量。

如果 n 个复导纳相并联，则它们的等效复导纳为

$$Y = \sum_{k=1}^{n} Y_k \text{ 或 } \frac{1}{Z} = \sum_{i=1}^{n} \frac{1}{Z_i} \tag{5-3}$$

相应的分流公式为

$$\dot{I}_i = \frac{Y_i}{Y} \dot{I} \tag{5-4}$$

式中，$\dot{I}$、$\dot{I}_i$ 分别是总电流相量和 Y_i 支路的电流相量。

作为特例，若两个复阻抗 Z_1 和 Z_2 相并联，则它们的等效复阻抗为

$$Z = \frac{Z_1 Z_2}{Z_1 + Z_2} \tag{5-5}$$

分流公式为

$$\left. \begin{array}{l} \dot{I}_1 = \dfrac{Z_2}{Z_1 + Z_2} \dot{I} \\[2mm] \dot{I}_2 = \dfrac{Z_1}{Z_1 + Z_2} \dot{I} \end{array} \right\} \tag{5-6}$$

此外，还应注意以下几点：

1）对同一元件、同一支路、同一个二端网络来说，复阻抗与复导纳互为倒数，即 $ZY = 1$。至于采用复阻抗还是复导纳来表征元件、支路、二端网络的特性，应视具体情况而定。

2）记住三种基本元件的复阻抗和复导纳，如表 5-1 所示。

表 5-1

	Z	Y
R	R	$G = \dfrac{1}{R}$
L	$j\omega L$	$-j\dfrac{1}{\omega L}$
C	$-j\dfrac{1}{\omega C}$	$j\omega C$

例 5-1 有一 RLC 串联电路，已知 $R = 2\Omega$，$X_L = 4\Omega$，$X_C = 2\Omega$，电源电压 $u = 10\sqrt{2}\sin 314t$ V，试用相量法求电路电流及各元件电压。

解 用相量法计算交流电路时，一般分三步进行。

（1）写出已知正弦量的相量，即 $\dot{U} = 10\underline{/0°}$V。

（2）根据相量模型，仿照直流电路的分析方法，计算出各正弦电压、电流的相量。

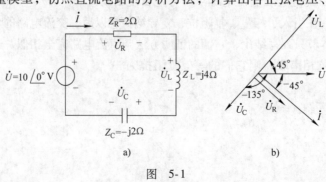

图 5-1

所谓电路的相量模型，是指这样一种电路模型，其中的元件均标以各自的复阻抗，电压、电流则均用相量来表示，而各元件的联接方式不变。本例的相量模型如图 5-1a 所示，其中电阻、电感、电容的复阻抗分别为 $Z_R = 2\Omega$、$Z_L = j4\Omega$、$Z_C = -j2\Omega$，各电压、电流都已用相量表示。根据式（5-1），电路的等效复阻抗为

$$Z = Z_R + Z_L + Z_C = (2 + j4 - j2)\Omega = (2 + j2)\Omega = 2\sqrt{2}\underline{/45°}\,\Omega$$

由式（4-27）得电流相量

$$\dot{I} = \frac{\dot{U}}{Z} = \frac{10\underline{/0°}}{2\sqrt{2}\underline{/45°}}\text{A} = 3.53\underline{/-45°}\,\text{A}$$

各元件电压相量分别为

$$\dot{U}_R = Z_R\dot{I} = 2 \times 3.53\underline{/-45°}\,\text{V} = 7.06\underline{/-45°}\,\text{V}$$

$$\dot{U}_L = Z_L\dot{I} = j4 \times 3.53\underline{/-45°}\,\text{V} = 14.1\underline{/45°}\,\text{V}$$

$$\dot{U}_C = Z_C\dot{I} = -j2 \times 3.53\underline{/-45°}\,\text{V} = 7.06\underline{/-135°}\,\text{V}$$

（3）根据求得的各相量，写出相应的正弦量

$$i = 3.53\sqrt{2}\sin(314t - 45°)\,\text{A}$$

$$u_R = 7.06\sqrt{2}\sin(314t - 45°)\,\text{V}$$

$$u_L = 14.1\sqrt{2}\sin(314t + 45°)\,\text{V}$$

$$u_C = 7.06\sqrt{2}\sin(314t - 135°)\,\text{V}$$

从答案便可看出，电感电压 u_L 的有效值比电源电压 u 的有效值还要大。电压、电流的相量图如图 5-1b 所示，图中 $\dot{U}_L$ 与 $\dot{U}_C$ 在一条直线上，但箭头方向相反，**说明这两个电压是反相的**。因此，当运用 KVL 叠加时，u_L 与 u_C 具有相互抵消的作用。交流电路中之所以会出现分电压有效值大于总电压有效值的特殊现象，其根本原因就在于此。

例 5-2 图 5-2a 中两个复阻抗 $Z_1 = 20\underline{/30°}\,\Omega$ 和 $Z_2 = 20\underline{/-90°}\,\Omega$ 串联接在 $\dot{U} = 100\underline{/0°}\,\text{V}$ 的电源上。试求 Z、$\dot{U}_1$ 及 $\dot{U}_2$，并作出相量图。

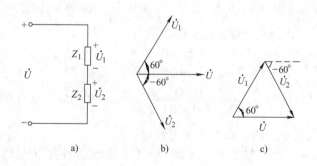

a)　　　　　　　　b)　　　　　　　　c)

图 5-2

解 题中已经给出相量模型，下面直接用相量法进行计算。

由式（5-1）得等效复阻抗

$$Z = Z_1 + Z_2 = 20\underline{/30°}\,\Omega + 20\underline{/-90°}\,\Omega = (10\sqrt{3} + j10 - j20)\Omega = 20\underline{/-30°}\,\Omega$$

由分压公式（5-2）得 Z_1 与 Z_2 上的电压相量

$$\dot{U}_1 = \frac{Z_1}{Z}\dot{U} = \frac{20\underline{/30°}}{20\underline{/-30°}} \times 100\underline{/0°}\text{V} = 100\underline{/60°}\text{V}$$

$$\dot{U}_2 = \frac{Z_2}{Z}\dot{U} = \frac{20\underline{/-90°}}{20\underline{/-30°}} \times 100\underline{/0°}\text{V} = 100\underline{/-60°}\text{V}$$

电压 $\dot{U}_1$、$\dot{U}_2$ 与 $\dot{U}$ 的相量图如图 5-2b 所示。平移相量 $\dot{U}_2$ 使 $\dot{U}_1$ 与 $\dot{U}_2$ 首尾衔接，则由 $\dot{U}_1$ 的箭尾指向 $\dot{U}_2$ 箭头的相量就是 $\dot{U}$，如图 5-2c 所示。$\dot{U}_1$、$\dot{U}_2$ 与 $\dot{U}$ **构成一个等边三角形，三个电压的有效值相等。**

例 5-3 电路的相量模型如图 5-3a 所示。有些继电器和功率表中，为使 Z_2 中电流 $\dot{I}_2$ 在相位上滞后 $\dot{U}$ 90°，常与 Z_2 并联一个电阻 r。已知 $Z_1 = (0.1 + j0.5)\text{k}\Omega$，$Z_2 = (0.4 + j1.0)\text{k}\Omega$，试问 r 应为多大？

解 首先找出电流 $\dot{I}_2$ 与电压 $\dot{U}$ 的关系。a、b 间的等效复阻抗为

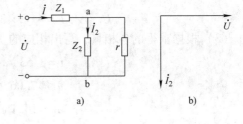

$$Z_{ab} = \frac{Z_2 r}{Z_2 + r}$$

总电流

$$\dot{I} = \frac{\dot{U}}{Z_1 + Z_{ab}}$$

运用分流公式得

图 5-3

$$\dot{I}_2 = \frac{r}{Z_2 + r}\dot{I} = \frac{r}{Z_2 + r} \cdot \frac{\dot{U}}{Z_1 + \frac{Z_2 r}{Z_2 + r}} = \frac{r}{Z_1(Z_2 + r) + Z_2 r}\dot{U}$$

$$= \frac{r}{Z_1 Z_2 + (Z_1 + Z_2)r}\dot{U}$$

把 Z_1 和 Z_2 代入上式，计算得

$$\dot{I}_2 = \frac{r}{-0.46 + j0.3 + r(0.5 + j1.5)}\dot{U} = \frac{r}{(0.5r - 0.46) + j(1.5r + 0.3)}\dot{U}$$

欲使 $\dot{I}_2$ 滞后 $\dot{U}$ 90°，上式分母中的实部必须为零，即

$$0.5r - 0.46 = 0$$

$$r = 0.92\text{k}\Omega$$

这时电流为

$$\dot{I}_2 = \frac{0.92}{j(1.5 \times 0.92 + 0.3)}\dot{U} = -j0.55\dot{U}$$

相量图如图 5-3b 所示，图中取 $\dot{U}$ 为参考相量。

例 5-4 图 5-4a 中，感性复阻抗 $Z_1 = 50\underline{/53.1°}\Omega$ 和纯容性复阻抗 $Z_2 = 62.5\underline{/-90°}\Omega$ 相并联，电源电压相量 $\dot{U} = 100\underline{/0°}\text{V}$。试求 $\dot{I}_1$、$\dot{I}_2$ 及 $\dot{I}$，并作相量图。

解 $\qquad\qquad Z_1 = 50\underline{/53.1°}\Omega = (30 + j40)\Omega$

根据式（5-5），Z_1 与 Z_2 并联后的等效复阻抗为

$$Z = \frac{Z_1 Z_2}{Z_1 + Z_2} = \frac{50\underline{/53.1°} \times 62.5\underline{/-90°}}{30 + j40 - j62.5}\Omega = \frac{3125\underline{/-36.9°}}{30 - j22.5}\Omega = \frac{3125\underline{/-36.9°}}{37.5\underline{/-36.9°}}\Omega$$

$$= 83.3\underline{/0°}\Omega$$

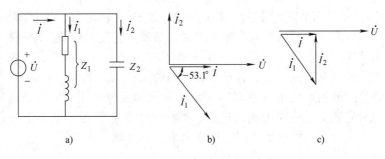

图 5-4

所以

$$\dot{I} = \frac{\dot{U}}{Z} = \frac{100\underline{/0°}}{83.3\underline{/0°}}\text{A} = 1.2\underline{/0°}\text{A}$$

两支路电流相量分别为

$$\dot{I}_1 = \frac{\dot{U}}{Z_1} = \frac{100\underline{/0°}}{50\underline{/53.1°}}\text{A} = 2\underline{/-53.1°}\text{A}$$

$$\dot{I}_2 = \frac{\dot{U}}{Z_2} = \frac{100\underline{/0°}}{62.5\underline{/-90°}}\text{A} = 1.6\underline{/90°}\text{A}$$

电压和各电流的相量图如图 5-4b 所示。平移 $\dot{I}_2$ 使 $\dot{I}_1$ 与 $\dot{I}_2$ 首尾衔接，根据 $\dot{I} = \dot{I}_1 + \dot{I}_2$ 可知，相量 $\dot{I}$ 应由 $\dot{I}_1$ 的箭尾指向 $\dot{I}_2$ 的箭头，如图 5-4c 所示。三个电流相量 $\dot{I}$、$\dot{I}_1$ 与 $\dot{I}_2$ 构成一个直角三角形，总电流相量处于最短的直角边。

计算结果说明，总阻抗最大，即 $z > z_2 > z_1$，总电流有效值最小，即 $I < I_2 < I_1$。**这种现象的实质也是因为正弦电流之间存在相位差的缘故。**

例 5-5 一个电阻 $R' = 30\Omega$、电感 $L' = 0.127\text{H}$ 的串联电路，若要求在频率 $f = 50\text{Hz}$ 时把它等效为一个 R、L 并联电路，如图 5-5 所示，试求 R 及 L 的值。

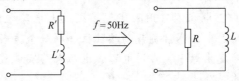

图 5-5

解 在 R'、L' 串联模型中

$$X'_L = \omega L' = 2\pi f L' = (2 \times 3.14 \times 50 \times 0.127)\Omega = 40\Omega$$

$$Z = R' + jX'_L = (30 + j40)\Omega = 50\angle 53.1°\Omega$$

$$Y = \frac{1}{Z} = \frac{1}{50\underline{/53.1°}}\text{S} = (0.012 - j0.016)\text{S}$$

Y 的实部 $G = 0.012\text{S}$（电导）对应的并联电阻

$$R = \frac{1}{G} = \frac{1}{0.012}\Omega = 83.3\Omega$$

Y 的虚部 $B_L = 0.016\text{S}$（感纳）对应的并联电感

$$L = \frac{1}{\omega B_L} = \frac{1}{2 \times 3.14 \times 50 \times 0.016}\text{H} = 0.199\text{H}$$

结合计算结果说明两点：①串联模型中的 R' 与并联模型中的 R 一般是不相等的，L' 与 L 一般

也不相等；②图5-5中的两个模型只在 $f=50\text{Hz}$ 下是等效的，频率不同，等效参数也就不一样。

小结：读者可以看到，分析计算交流电路时，必须要有交流意识，即要有相位和相位差的概念。交流电路在功能上的多样性及应用上的丰富多彩，主要源于各正弦量之间的相位差。运用相量表示同频率正弦量后，各正弦量之间的相位关系实际上已隐含于其相量之中，只有严格按相量形式的两类约束（基尔霍夫定律和欧姆定律）进行计算，才能得到正确的答案。建议初学者先建立原电路的相量模型，然后再仿照直流电路的方法（仅指方法）进行计算，并作出相量图来理解所得结果，这样常可避免出现一些错误。

练习与思考

5-1-1　有一由 RLC 元件串联的交流电路，已知 $R=10\Omega$，$L=\dfrac{1}{31.4}\text{H}$，$C=\dfrac{10^6}{3140}\mu\text{F}$。在电容元件两端并联一个短路开关 S，当电源电压为 $u=220\sqrt{2}\sin314t$ V 时，试分别计算在 S 闭合和断开两种情况下电路中的电流及各元件的电压。

5-1-2　在例5-1中，(1) 试验证 U_R：U_L：$U_\text{C}=R$：X_L：X_C；(2) 若频率降为原来的一半，问 $\dfrac{U_\text{L}}{U_\text{C}}$ 是多少？

5-1-3　若某电路的复阻抗 $Z=(6+\text{j}8)\Omega$，则它的复导纳 $Y=(\dfrac{1}{6}+\text{j}\dfrac{1}{8})$S，对吗？为什么？

5-1-4　在 RLC 串联电路中，各元件电压、总电压有效值之间能否出现以下情况？若能出现，请指明必须满足何种条件？

(1) $U_\text{L}>U_\text{C}$　(2) $U_\text{L}=U_\text{C}$　(3) $U_\text{R}=U$　(4) $U_\text{L}<U_\text{C}$　(5) $U_\text{L}>U_\text{R}$　(6) $U_\text{R}<U_\text{C}$

5-1-5　在 RLC 串联电路中，经测量得到电感电压与电容电压有效值均为10V。有人说，若测量电感、电容串联电路两端的电压，其结果将是20V。您认为正确吗？为什么？

第二节　相量图解法

【导读】　在电子线路中，电容器可用来实现多级放大电路之间直流工作点的隔离及交流信号的有效耦合；工业生产中，感性负载两端往往并联一个适当的电容以改善负载端功率因数；在控制设备以及信号发生器中，常用电容、电阻电路实现移相及相位补偿。那么，电容器是如何实现这些作用的呢？

在上一节中，我们已举例说明了如何运用相量法对简单交流电路进行计算，这种方法称为（相量）解析法。本节将举例说明如何借助相量图对一些较特殊的交流电路进行分析，这种方法称为相量图解法。

例5-6　图5-6a中，$\dot{U}_1$ 是输入电压，$\dot{U}_2$ 是输出电压。已知 $C=0.1\mu\text{F}$，$R=2\text{k}\Omega$，$U_1=1\text{V}$，$f=500\text{Hz}$。(1) 试求输出电压 U_2，并讨论输出电压与输入电压之间的有效值关系与相位关系；(2) 若将 C 改为 $40\mu\text{F}$ 时，求 (1) 中各项。

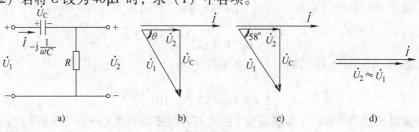

图　5-6

解 运用相量图解法时,一般分三步进行。

(1) 选参考相量:画相量图时,首先要选择一个参考相量作为相位的基准。由于串联电路中各元件电流是相同的,所以对串联电路常取电流相量作为参考相量,如图 5-6b 所示。

(2) 定性地画出相量图:如图 5-6b 所示,电阻电压 $\dot{U}_2$(即输出电压)与电流 $\dot{I}$ 同相,且 $U_2 = RI$;电容电压 $\dot{U}_C$ 滞后电流 $\dot{I}$ 90°,所以 $\dot{U}_C$ 垂直向下,且 $U_C = X_C I$。相量图中,$\dot{U}_2$ 与 $\dot{U}_C$ 首尾相联,根据 $\dot{U}_1 = \dot{U}_C + \dot{U}_2$,$\dot{U}_1$ 应从 $\dot{U}_2$ 的箭尾指向 $\dot{U}_C$ 的箭头。$\dot{U}_2$、$\dot{U}_C$ 与 $\dot{U}_1$ 构成一个以 $\dot{U}_1$ 为斜边的直角三角形。

(3) 根据相量图所示的几何关系,进行相应的分析与计算

由图 5-6b 得

$$\theta = \arctan \frac{U_C}{U_2} = \arctan \frac{X_C I}{RI} = \arctan \frac{X_C}{R}$$

$$U_2 = U_1 \cos\theta$$

下面分两种情况讨论:

当 $C = 0.1\mu\text{F}$ 时

$$X_C = \frac{1}{2\pi f C} = \frac{1}{2 \times 3.14 \times 500 \times 0.1 \times 10^{-6}} \Omega = 3200\Omega$$

$$\theta = \arctan \frac{X_C}{R} = \arctan \frac{3200}{2000} = \arctan 1.6 = 58°$$

$$U_2 = U_1 \cos\theta = (1 \times \cos 58°)\ \text{V} = 0.54\text{V}$$

电压与电流的相量图如图 5-6c 所示,$\dfrac{U_2}{U_1} = \dfrac{0.54}{1} = 54\%$,$\dot{U}_2$ 和 $\dot{I}$ 比 $\dot{U}_1$ 超前 58°。

当 $C = 40\mu\text{F}$ 时,电容量增至原值的 $\dfrac{40}{0.1} = 400$ 倍,容抗则减至原值的 $\dfrac{1}{400}$,即

$$X_C = \frac{3200}{400} \Omega = 8\Omega$$

所以

$$\theta \approx 0$$

$$U_2 \approx U_1 = 1\text{V}$$

$$U_C \approx 0$$

电压和电流的相量图如图 5-6d 所示。

通过本例可以了解下面两个实际问题:

1) 输出电压 $\dot{U}_2$ 在相位上超前输入电压 $\dot{U}_1$,因此 RC 串联电路具有**移相作用**。

2) 如适当选择电容 C 使 $X_C \ll R$,输入电压当中的交流分量几乎全部传输到输出端,而输入中的直流成分则被隔断。因此,**在晶体管交流放大电路中常用 RC 串联电路作为级间耦合电路**。

例 5-7 一个实际电感线圈可等效为电阻 r 和电感 L 串联电路。为了测量 r 和 L,可将电阻 R 与线圈串联接至正弦电源,如图 5-7a 所示。已知 $R = 40\Omega$,测得它的端电压 $U_1 = 50\text{V}$,线圈的端电压 $U_2 = 50\text{V}$,电源电压 $U = 50\sqrt{3}\text{V}$,频率 $f = 300\text{Hz}$,求 r 和 L。

解 (1) 取 $\dot{I}$ 为参考相量。

(2) 电阻电压 $\dot{U}_1$、$\dot{U}_r$ 与电流 $\dot{I}$ 同相,电感电压 $\dot{U}_L$ 超前电流 $\dot{I}$ 90°。将 $\dot{U}_1$、$\dot{U}_r$、$\dot{U}_L$ 依

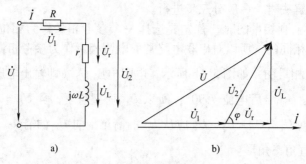

图 5-7

次首尾衔接地画出来，因 $\dot{U} = \dot{U}_1 + \dot{U}_2$ 和 $\dot{U}_2 = \dot{U}_r + \dot{U}_L$，由 $\dot{U}_1$ 箭尾到 $\dot{U}_2$ 箭头的向量便是相量 $\dot{U}$，而 $\dot{U}_2$ 应由 $\dot{U}_r$ 的箭尾指向 $\dot{U}_L$ 的箭头。相量图见图5-7b，三个电压相量 $\dot{U}_1$、$\dot{U}_2$ 与 $\dot{U}$ 构成一个等腰三角形，$\dot{U}_2$ 超前 $\dot{I}$ 的相位角为 φ。

（3）分析与计算

依余弦定理得

$$\cos(180° - \varphi) = \frac{U_1{}^2 + U_2{}^2 - U^2}{2U_1U_2}$$

即

$$\cos\varphi = \frac{U^2 - U_1{}^2 - U_2{}^2}{2U_1U_2} = \frac{\left(50\sqrt{3}\right)^2 - 50^2 - 50^2}{2 \times 50 \times 50} = 0.5$$

所以

$$\varphi = 60°$$

三个电压相量 $\dot{U}_r$、$\dot{U}_L$、$\dot{U}_2$ 构成一个直角三角形，因而有

$$U_r = U_2\cos\varphi = (50\cos60°)\,\text{V} = 25\,\text{V}$$

$$U_L = U_2\sin\varphi = (50\sin60°)\,\text{V} = 43.3\,\text{V}$$

由 $U_1 = RI$ 得

$$I = \frac{U_1}{R} = \frac{50}{40}\text{A} = 1.25\,\text{A}$$

因此

$$r = \frac{U_r}{I} = \frac{25}{1.25}\Omega = 20\,\Omega$$

$$X_L = 2\pi fL = \frac{U_L}{I} = \frac{43.3}{1.25}\Omega = 35\,\Omega$$

$$L = \frac{X_L}{2\pi f} = \frac{35}{2 \times 3.14 \times 300}\text{H} = 0.019\,\text{H} = 19\,\text{mH}$$

例5-8 图5-8a电路中，当电容 C 改变时，总电流相量 $\dot{I}$ 如何变化？

解 （1）选取参考相量：对于并联电路，由于各支路电压相同，一般选电压 $\dot{U}$ 为参考相量，如图5-8b所示。

（2）定性地画出相量图：$\dot{I}_L$ 滞后 $\dot{U}$ 的相位角为 φ_L，电容电流 $\dot{I}_C$ 超前电压 $\dot{U}$ 90°。将 $\dot{I}_L$ 与 $\dot{I}_C$ 首尾衔接，由 $\dot{I} = \dot{I}_L + \dot{I}_C$ 知，相量 $\dot{I}$ 由 $\dot{I}_L$ 的箭尾指向 $\dot{I}_C$ 的箭头，如图5-8b所示。注意，$\dot{I}_C$ 与 $\dot{U}$ 相位正交，相量 $\dot{I}$、$\dot{I}_L$ 的箭尾O点固定不变，$\dot{I}$ 与 $\dot{I}_C$ 箭头交于动点p。

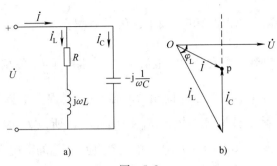

图 5-8

（3）分析：由于

$$\dot{I}_L = \frac{\dot{U}}{R + j\omega L}$$

$$\dot{I}_C = \frac{\dot{U}}{1/j\omega C} = j\omega C \dot{U}$$

所以，当只改变电容 C 时，$\dot{I}_L$ 不变，I_C 随 C 正比增加，从而使 $\dot{I}$ 发生变化。当 C 从零开始增大时，I_C 正比增大，动点 p 的轨迹是一条与 $\dot{U}$ 垂直的直线，如图 5-8b 所示。当 C 为某一数值 C_0 时，可使 I 与 $\dot{U}$ 同相，I 取得最小值 I_{min}，如图 5-9a 所示；若 $C < C_0$，$\dot{I}$ 滞后 $\dot{U}$，电路呈感性，电流 $I > I_{min}$，如图 5-9b 所示；若 $C > C_0$，则 $\dot{I}$ 超前 $\dot{U}$，电路呈容性，电流 $I > I_{min}$，如图 5-9c 所示。

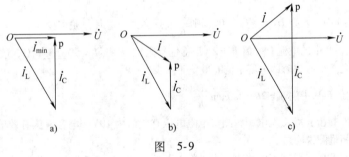

图 5-9

例 5-9 图 5-10a 是 RC 桥式移相电路。$\dot{U}_S$ 是输入电压，$\dot{U}_{ab}$ 是输出电压。试分析 $\dot{U}_{ab}$ 是如何随 R 变化的。

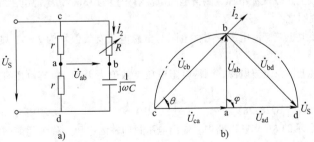

图 5-10

解 （1）选 $\dot{U}_S$ 为参考相量。

（2）画相量图：相量图见图5-10b。图中，$\dot{U}_{ca}$、$\dot{U}_{ad}$ 与 $\dot{U}_S$ 同相，且 $U_{ca} = U_{ad} = \dfrac{1}{2}U_S$。由例5-6可知，在电阻、电容串联支路中，电流 $\dot{I}_2$ 超前端电压 $\dot{U}_S$ 的相位角为 $\theta = \text{arctg}\dfrac{X_C}{R}$，它与电阻 R 有关。电阻电压 $\dot{U}_{cb}$ 与电流 $\dot{I}_2$ 同相，电容电压 $\dot{U}_{bd}$ 滞后电流 $\dot{I}_2$ 90°，故 $\dot{U}_{cb}$ 与 $\dot{U}_{bd}$ 在相量图上互相垂直，二者交于 b 点。由于 $\dot{U}_{cb} + \dot{U}_{bd} = \dot{U}_S$，所以 $\dot{U}_{cb}$、$\dot{U}_{bd}$ 与 $\dot{U}_S$ 形成以 $\dot{U}_S$ 为斜边的直角三角形。由 $\dot{U}_{ab} = \dot{U}_{ad} + (-\dot{U}_{bd})$，相量 $\dot{U}_{ab}$ 应从 $\dot{U}_{ad}$ 的箭尾（a 点）指向 $\dot{U}_{bd}$ 的箭尾（b 点）。

（3）分析：如上所述，$\dot{U}_{cb}$、$\dot{U}_{bd}$、$\dot{U}_S$ 形成一个以 $\dot{U}_S$ 为固定斜边的直角三角形，所以，随着 R 的变化，动点 b 的轨迹是一个以 a 为圆心，以 $\dfrac{1}{2}U_S$ 为半径的半圆。输出电压的相量由 a 指向 b，恰好处于半径上，因此输出电压有效值保持 $\dfrac{1}{2}U_S$ 不变。当 $R = \infty$（开路）时，$\theta = 0$，b 点与 d 点重合，输出电压与输入电压同相；当 $R = X_C$ 时，$\theta = 45°$，输出电压超前输入电压90°；当 $R = 0$（短路）时，$\theta = 90°$，b 与 c 重合，输出电压与输入电压反相。总之，当 R 变化时，输出电压超前输入电压的移相范围在 0° ~ 180° 之间。

小结：比较以上两节可知，相量解析法的优点是严密且准确，而图解法则直观形象，有助于把电路问题（在一定程度上）转化为几何问题，从而可以借助几何知识分析电路问题。

练习与思考

5-2-1 在例5-6中，若要 $\dot{U}_2$ 超前 $\dot{U}_1$ 30°，则 $\dfrac{X_C}{R}$ 应是多少？这时 $\dfrac{U_2}{U_1}$ 是多少？

5-2-2 测得例5-8中的电流有效值 $I_L = 2A$，感性复阻抗 $R + j\omega L = 50\underline{/53.1°}\,\Omega$，改变电容 C 时，总电流有效值的最小值是多少？这时的电容电流有效值是多少？

5-2-3 试证明例5-9中的 $\varphi = 2\theta = 2\arctan\dfrac{X_C}{R}$。

5-2-4 串联 RC 接上正弦交流电源，测得电阻电压有效值为10V，电容电压有效值为15V。电源电压有效值是多大？画相量图说明之。

5-2-5 在 RC 串联的正弦交流电路中，当电阻 R 与容抗 X_C 之间满足什么关系时，两个元件上电压有效值一样大？

5-2-6 并联 RC 接上正弦交流电源，测得电阻电流有效值为18mA，电源电流为30mA。电容电流有效值是多大？画相量图说明之。

5-2-7 并联 RL 接上正弦交流电源，测得电阻与电感电流有效值均为2mA，则总电流有效值是多大？画相量图进行说明。

5-2-8 串联 RL 接上正弦交流电源，测得电阻电压有效值为10V，电感电压有效值也是10V，则电源电压的振幅是_____。

A. 14.14V　　　　　B. 28.28V　　　　　C. 10V　　　　　D. 20V

5-2-9 在图5-6所示的 RC 串联电路中，输出电压超前输入电压，称为超前网络。若调换电阻、电容的位置，则输出电压是超前还是滞后输入电压？

5-2-10 在图5-6所示的 RC 串联电路中，欲将相位移降到45°以下，必须具备以下哪个条件？_____

A. $R = X_C$　　　　B. $R < X_C$　　　　C. $R > X_C$　　　　D. $R = 10X_C$

第三节　一般交流电路的分析

【提示】　在前面几节中我们已经看到，当交流电路中同时有电感、电容元件时，电路往往表现出直流电路不可能出现的现象。在学习本节内容时，建议初学者除了继续关注方法以外，还应该对计算结果进行思考，尽量从物理概念（尤其是相位差）去理解这些结果，加深印象，为运用这些知识解决实际问题打基础。记住：只有理解了的东西才可能更深刻地感受它，才有可能做到运用自如。

本节将举例说明如何像直流电路那样运用节点法、网孔法、戴维南定理等来分析正弦交流电路。

例 5-10　电路如图 5-11a 所示，试用节点法求各支路电流，并作相量图。

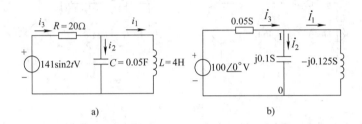

a)　　　　　　　　　　　　　　　　b)

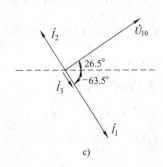

c)

图　5-11

解　（1）作出相量模型如图 5-11b 所示。在用节点法解题时，各元件如用复导纳来表示，计算较为方便。由于 $\omega = 2\text{rad/s}$，所以电容的复导纳为 $j\omega C = j0.1\text{S}$，电感的复导纳为 $-j\dfrac{1}{\omega L} = -j\dfrac{1}{8}\text{S} = -j0.125\text{S}$。电源电压相量为 $100\underline{/0°}\text{V}$，设节点电压的相量为 $\dot{U}_{10}$。

（2）根据相量模型，应用弥尔曼定理，得

$$\dot{U}_{10} = \frac{0.05 \times 100\underline{/0°}}{0.05 + j0.1 - j0.125}\text{V} = \frac{5}{0.05 - j0.025}\text{V} = \frac{5}{0.0558\underline{/-26.5°}}\text{V} = 89.5\underline{/26.5°}\text{V}$$

由此可求得各支路电流的相量

$$\dot{I}_1 = -j0.125\dot{U}_{10} = (0.125\underline{/-90°})\text{S} \times (89.5\underline{/26.5°})\text{V} = 11.2\underline{/-63.5°}\text{A}$$

$$\dot{I}_2 = j0.1\dot{U}_{10} = (0.1\underline{/90°})\text{S} \times (89.5\underline{/26.5°})\text{V} = 8.95\underline{/116.5°}\text{A}$$

$$\dot{I}_3 = \dot{I}_1 + \dot{I}_2 = (11.2\underline{/-63.5°} + 8.95\underline{/116.5°})\,\mathrm{A} = (5 - j10 - 4 + j8)\,\mathrm{A} = (1 - j2)\,\mathrm{A}$$

$$= 2.23\underline{/-63.5°}\,\mathrm{A}$$

（3）根据求出的相量，写出相应的正弦电流

$$i_1 = 11.2\sqrt{2}\sin(2t - 63.5°)\,\mathrm{A}$$

$$i_2 = 8.95\sqrt{2}\sin(2t + 116.5°)\,\mathrm{A}$$

$$i_3 = 2.23\sqrt{2}\sin(2t - 63.5°)\,\mathrm{A}$$

根据已求得的相量，绘出相量图如图 5-11c 所示。图中，$\dot{I}_3$ 的模比 $\dot{I}_1$、$\dot{I}_2$ 的模都小，说明电流 I_3 比任一分支电流 I_1、I_2 都小。这是由于 $\dot{I}_1$ 与 $\dot{I}_2$ 反相的缘故。

例 5-11 图 5-12a 的电路中，已知 $u_S = 10\sqrt{2}\sin1000t\,\mathrm{V}$，求 i_1 与 i_2。

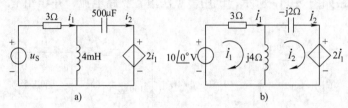

图　5-12

解　（1）作相量模型如图 5-12b 所示。在运用网孔法解题时，各元件的特性宜用复阻抗来表征。由于 $\omega = 1000\,\mathrm{rad/s}$，故电感的复阻抗 $j\omega L = j4\Omega$，电容的复阻抗 $\dfrac{1}{j\omega C} = -j2\Omega$。待求电流的相量为 $\dot{I}_1$ 和 $\dot{I}_2$。电源电压相量为 $10\underline{/0°}\,\mathrm{V}$。

（2）根据相量模型，列出回路方程得

$$(3 + j4)\dot{I}_1 - j4\dot{I}_2 = 10$$

$$-j4\dot{I}_1 + (j4 - j2)\dot{I}_2 = -2\dot{I}_1$$

整理后得方程组

$$\begin{cases} (3 + j4)\dot{I}_1 - j4\dot{I}_2 = 10 & (1) \\ (2 - j4)\dot{I}_1 + j2\dot{I}_2 = 0 & (2) \end{cases}$$

（1）$+ 2 \times$（2）得

$$(7 - j4)\dot{I}_1 = 10$$

解 $\dot{I}_1$ 得

$$\dot{I}_1 = \frac{10}{7 - j4}\,\mathrm{A} = \frac{10}{8.06\underline{/-29.8°}}\,\mathrm{A} = 1.24\underline{/29.8°}\,\mathrm{A}$$

将 $\dot{I}_1$ 代入（2），解 $\dot{I}_2$ 得

$$\dot{I}_2 = 2.77\underline{/56.3°}\,\mathrm{A}$$

（3）根据算得的相量，写出各正弦电流

$$i_1 = 1.24\sqrt{2}\sin(1000t + 29.8°)\,\mathrm{A}$$

$$i_2 = 2.77\sqrt{2}\sin(1000t + 56.3°)\,\text{A}$$

例 5-12　相量模型如图 5-13 所示。当 X_C 为何值时，I_C 可以取得最大值？其最大值是多少？

解　本题宜用戴维南定理求解。为此，把（$-jX_C$）作为负载支路，移去该支路后的电路如图 5-14a 所示。

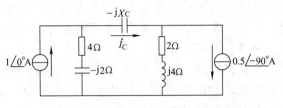

图　5-13

$$\dot{U}_1 = \left[(4-j2)\times 1\underline{/0°}\right]\text{V} = (4-j2)\,\text{V}$$

$$\dot{U}_2 = \left[(2+j4)\times 0.5\underline{/-90°}\right]\text{V} = (2-j1)\,\text{V}$$

$$\dot{U}_{oc} = \dot{U}_1 + \dot{U}_2 = (4-j2+2-j1)\,\text{V} = (6-j3)\,\text{V} = 6.71\underline{/-26.4°}\,\text{V}$$

戴维南等效复阻抗为

$$Z_i = (4-j2)\,\Omega + (2+j4)\,\Omega = (6+j2)\,\Omega \qquad （感性）$$

因此，图 5-13 可简化为图 5-14b，故

$$\dot{I}_C = \frac{\dot{U}_{oc}}{Z_i - jX_C} = \frac{6.71\underline{/-26.4°}}{6+j(2-X_C)}\,\text{A}$$

其有效值为

$$I_C = \frac{6.71}{\sqrt{6^2 + (2-X_C)^2}}$$

显然，当 $X_C = 2\,\Omega$ 时，I_C 最大，且

$$I_{CM} = \frac{6.71}{6}\,\text{A} = 1.12\,\text{A}$$

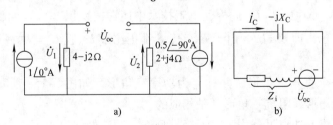

图　5-14

练习与思考

5-3-1　在例 5-10 中，若将电感改为 $L=5\text{H}$，试求题中各项，并画出电流相量图。

5-3-2　例 5-11 中，如把受控源用短路来代替，试用网孔法求题中各项。

第四节 交流电路的功率

【导读】 前面曾经指出，在交流电路的许多问题中，相位差都起着重要作用。本节将会看到，由于二端网络的电流与电压之间有相位差，使交流电路的功率也出现一种在直流电路中所没有的现象，这就是二端网络与电源之间出现能量交换。因此，对一般交流电路功率的分析要比直流电路功率的分析复杂得多，除了已经引出的有功功率、无功功率之外，还需要引入新的概念，如视在功率、功率因数。

前已述及，无源二端网络的电压、电流关系可用复阻抗 $Z = R + jX = z \underline{/\varphi_z}$ 来表征，如图 5-15a 所示。这里的 R 叫做 Z 的电阻分量，X 叫做 Z 的电抗分量，z 是阻抗，φ_z 是阻抗角，四者之间的关系如图 5-15b 的阻抗三角形所示（图中设 $\varphi_z > 0$）。

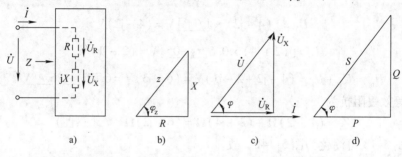

图 5-15

图 5-15a 是一个阻抗串联电路，取 $\dot{I}$ 为参考相量，画出相量图如图 5-15c 所示。图中，三个电压相量 $\dot{U}_R$、$\dot{U}_X$、$\dot{U}$ 构成一个以 $\dot{U}$ 为斜边的直角三角形，叫做电压三角形。由于 $U_R : U_X : U = R : X : z$，电压三角形与阻抗三角形相似。电压 $\dot{U}$ 与电流 $\dot{I}$ 的相位差角 φ 就等于阻抗角 φ_z，即 $\varphi_z = \Psi_u - \Psi_i$。

图 5-15a 的等效电路中，R 是等效电阻，系耗能参数；X 是等效电抗，系储能参数。二端网络消耗的功率，就是电阻 R 的有功功率，即 $P = U_R I$；二端网络吸收的无功功率，就是电抗 X 的无功功率，即 $Q = U_X I$。此外，电工技术中还常把乘积（UI）叫作二端网络的视在功率，并用 S 来表示，即 $S = UI$。由于 P、Q、S 都正比于 I，且 $U^2 = U_R^2 + U_X^2$，因此有

$$S^2 = P^2 + Q^2$$

P、Q、S 也构成一个直角三角形，并称它为功率三角形，如图 5-15d 所示。显而易见，功率三角形、电压三角形、阻抗三角形都是相似的。

这样，交流网络的功率可分为 P、Q、S，现逐一讨论如下。

一、有功功率 P

由电压三角形知 $U_R = U\cos\varphi$，所以无源二端网络的有功功率

$$P = U_R I = UI\cos\varphi \tag{5-7}$$

可见，在交流电路中，有功功率一般并不等于视在功率，它还与二端网络的 $\cos\varphi$ 值有关。这里，φ 是端电压 $\dot{U}$ 超前电流 $\dot{I}$ 的相位角。

式（5-7）中的 $\cos\varphi$ 称为无源二端网络的功率因数，它是表征交流电路性质的重要数

据。由阻抗三角形可知

$$\cos\varphi = \frac{R}{z}$$

因此，在电源频率一定时，功率因数的大小是由电路本身的参数决定的。

如要计算电路的功率因数，除了运用阻抗三角形以外，还可运用电压三角形和功率三角形求得，即

$$\cos\varphi = \frac{U_R}{U} = \frac{U_R}{\sqrt{U_R^2 + U_X^2}} \qquad \cos\varphi = \frac{P}{S} = \frac{P}{\sqrt{P^2 + Q^2}}$$

计算时应视具体情况灵活运用。

注意：功率因数是一个很重要的概念，它既反映了二端网络的性质，也涉及电源设备的"利用率"。若功率因数为1，则表示二端网络和电源之间不存在能量互换，这时，有功功率等于视在功率，电源向电路最大限度地输出有功功率，电源得到充分利用。若功率因数小于1，电路和电源之间出现能量互换，这时有功功率小于视在功率，电源的利用率降低。

二、视在功率 S

视在功率绝非是一个形式上的量，它是有实际意义的。在电力系统中，任何电器设备都有一定的额定电压和额定电流。要提高它的额定电压，就要增加导线绝缘层的厚度；要提高它的额定电流，就要增加导线的横截面积。总之，这两者都使设备的体积和重量加大，耗费更多的电工材料。所以，电器设备的容量 S 都是以它的额定电压 U 和额定电流 I 的乘积来表示的，即

$$S = UI \tag{5-8}$$

视在功率的单位用伏安（V·A）或千伏安（kV·A），以便和有功功率相区别。

三、无功功率 Q

由电压三角形可知 $U_X = U\sin\varphi$，因此无源二端网络吸收的无功功率

$$Q = U_X I = UI\sin\varphi \tag{5-9}$$

应该**注意**：由于 φ 有正负之分，因而无功功率可能出现负值。若二端网络呈现感性，则 $\varphi > 0$，无功功率为正值，因此我们约定电感是"吸收"无功功率。若二端网络呈现容性，则 $\varphi < 0$，无功功率便是负值，故同时约定电容是"发出"无功功率。

为了从物理概念上理解无功功率正负号的意义，我们不妨讨论一下 L、C 串联电路中的能量交换过程。在例4-24中，等效电抗 $X = X_L - X_C$，因而无功功率

$$Q = U_X I = I^2 X = I^2 (X_L - X_C) = I^2 X_L - I^2 X_C = Q_L - Q_C \tag{5-10}$$

可见，感性无功功率 Q_L 与容性无功功率 Q_C 具有相互补偿的作用。如设电流 $i = \sqrt{2}I\sin\omega t$，则电感和电容的瞬时功率

$$p_L = u_L i = (\sqrt{2}U_L\cos\omega t)(\sqrt{2}I\sin\omega t) = U_L I\sin2\omega t$$

$$p_C = u_C i = (-\sqrt{2}U_C\cos\omega t)(\sqrt{2}I\sin\omega t) = -U_C I\sin2\omega t$$

它们的波形如图5-16所示。图中 p_L 与 p_C 的符号总是相反的。当电感吸入能量（$p_L > 0$）时，电容便释放储能（$p_C < 0$）予以补偿；反之，当电容吸入能量（$p_C > 0$）时，电感却释放储能给予补偿。可见，电感与电容在电路内部有部分能量用于相互交换，其差额才是与外部之间交换的能量。因此，二端网络吸收的无功功率 Q 应为 Q_L 与 Q_C 的差额，即 $Q = Q_L - Q_C$。

式 (5-10) 也适用于其他无源二端网络。

例 5-13 RL 串联电路的相量模型如图 5-17 所示，电源电压 $\dot{U} = 100\underline{/0°}\text{V}$，试计算有功功率 P、无功功率 Q、视在功率 S 以及功率因数 $\cos\varphi$。

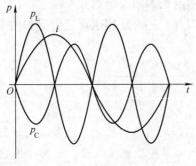

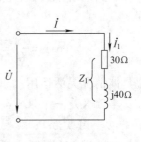

图 5-16   图 5-17

解 $$Z_1 = (30 + j40)\,\Omega = 50\underline{/53.1°}\,\Omega \qquad\text{（感性）}$$

阻抗角 $\varphi_1 = 53.1°$，故功率因数

$$\cos\varphi_1 = \cos53.1° = 0.6$$

在例 5-4 中已求得 Z_1 的电流 $I_1 = 2\text{A}$。由式 (5-7) 得

$$P = P_1 = UI_1\cos\varphi_1 = (100 \times 2 \times 0.6)\text{W} = 120\text{W}$$

由式 (5-9) 得

$$Q = Q_1 = UI_1\sin\varphi_1 = (100 \times 2 \times \sin53.1°)\text{var} = 160\text{var} \qquad\text{（感性）}$$

由式 (5-8) 得

$$S = S_1 = UI_1 = (100 \times 2)\ \text{V}\cdot\text{A} = 200\text{V}\cdot\text{A}$$

在本例中，电源提供的电流 I 就是 Z_1 中的电流，即 $I = I_1 = 2\text{A}$；$\dot{U}$ 与 $\dot{I}$ 之间的相位差为 $\varphi = \varphi_1 = 53.1°$。

顺便指出，异步电动机是工农业生产中最常用的感性负载，可用本例中的 RL 串联电路作为它的电路模型。电动机在运行时，除了从电源上吸取有功功率之外，还要取用较多的感性无功功率。由功率三角形知，功率因数 $\cos\varphi = \dfrac{P}{\sqrt{P^2 + Q^2}}$ 与无功功率 Q 有关。只有当 $Q = 0$ 时，$\cos\varphi = 1$；否则功率因数将小于 1。本例中 $Q = 160\text{var}$，故功率因数仅有 0.6。

例 5-14 求例 5-4 二端网络的 P、Q、S 与 $\cos\varphi$。

解 例 5-4 中已求得各支路电流为

$$\dot{I}_1 = 2\underline{/-53.1°}\text{A}$$

$$\dot{I}_2 = 1.6\underline{/90°}\text{A}$$

$$\dot{I} = 1.2\underline{/0°}\text{A}$$

本例将说明，可以通过多种途径求得二端网络的有功功率和无功功率。

(1) 利用二端网络的端电压、端电流来计算

例 5-4 中已求得 $Z = 83.3\underline{/0°}\,\Omega$，由于阻抗角 $\varphi = 0$，所以功率因数 $\cos\varphi = 1$。

$$P = UI\cos\varphi = (100 \times 1.2 \times 1)\text{W} = 120\text{W}$$

$$Q = UI\sin\varphi = (100 \times 1.2 \times 0) = 0$$

（2）在二端网络内部按支路来计算

Z_1 支路的有功功率和无功功率已在例 5-13 中求得，即

$$P_1 = 120\text{W}$$

$$Q_1 = 160\text{var} \quad\quad\quad\quad （感性）$$

对 Z_2 支路，有

$$P_2 = 0$$

$$Q_2 = UI_2 = (100 \times 1.6)\text{var} = 160\text{var} \quad\quad\quad\quad （容性）$$

根据能量转换和守恒定律，对整个二端网络来说，有

$$P = P_1 + P_2 = 120\text{W}$$

$$Q = Q_1 - Q_2 = 160 - 160 = 0$$

由于感性无功功率 Q_1 与容性无功功率 Q_2 完全抵消，故 $Q = 0$。

（3）由网络内部各个耗能元件来计算二端网络吸收的有功功率。

网络中只有 Z_1 中 30Ω 电阻系耗能元件，因此

$$P = P_\text{R} = I_1^2 R = 2^2 \times 30\text{W} = 120\text{W}$$

电路的视在功率

$$S = UI = (100 \times 1.2)\text{V} \cdot \text{A} = 120\text{V} \cdot \text{A}$$

例 5-15　电路的相量模型如图 5-18 所示，试求负载 Z_L 消耗的功率 P_L，若：

（1）$Z_\text{L} = R = 5\Omega$

（2）$Z_\text{L} = |Z_i| = 11.2\Omega$

（3）$Z_\text{L} = (5 - j10)\Omega$

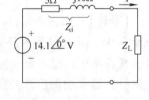

图　5-18

解　电源的复阻抗

$$Z_i = (5 + j10)\Omega = 11.2\underline{/63.5°}\,\Omega$$

（1）当 $Z_\text{L} = 5\Omega$ 电阻时

$$\dot{I} = \frac{14.1\underline{/0°}}{5 + j10 + 5}\text{A} = \frac{14.1}{10 + j10}\text{A} = 1\underline{/-45°}\,\text{A}$$

$$P_\text{L} = I^2 R = (1^2 \times 5)\text{W} = 5\text{W}$$

（2）当 $Z_\text{L} = |Z_i| = 11.2\Omega$ 电阻时

$$\dot{I} = \frac{14.1\underline{/0°}}{5 + j10 + 11.2}\text{A} = \frac{14.1}{16.2 + j10}\text{A} = 0.745\underline{/-31.7°}\,\text{A}$$

$$P_\text{L} = I^2 R = (0.745^2 \times 11.2)\text{W} = 6.22\text{W}$$

（3）当 $Z_\text{L} = (5 - j10)\Omega$ 复阻抗时

$$\dot{I} = \frac{14.1\underline{/0°}}{(5 + j10) + (5 - j10)}\text{A} = \frac{14.1\underline{/0°}}{10\underline{/0°}}\text{A} = 1.41\underline{/0°}\,\text{A}$$

$$P_\text{L} = I^2 R = (1.41^2 \times 5)\text{W} = 10\text{W}$$

计算结果说明，当 Z_L 是 Z_i 的共轭复数（Z_L 与 Z_i 实部相等，虚部相反）时，负载 Z_L 获得的功率最大，这叫**共轭匹配**。第二种情况称为模匹配，这时负载 Z_L 获得的功率比第一种情况多一些。

练习与思考

5-4-1 某二端网络输入端的等效复阻抗 $Z = 20\angle 60°\,\Omega$，端电压有效值 $U = 100\text{V}$，求该二端网络的 P、Q、S 及 $\cos\varphi$ 值。

5-4-2 电路如图 5-19 所示，求电路消耗的功率 P 及功率因数 $\cos\varphi$。

5-4-3 一台接在 220V 电源上的电动机消耗功率 0.5kW，功率因数 $\cos\varphi = 0.8$，试求所需电流。若功率因数为 1，其他均不变化，所需电流是多少？电流比原来下降了多少？

5-4-4 一台电动机的额定电压和额定电流分别是 220V 和 3A，功率因数 $\cos\varphi = 0.8$，试求它的视在功率、有功功率及绕组的复阻抗。

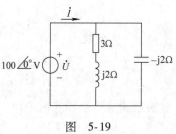

图 5-19

5-4-5 某负载的有功功率为 100W，无功功率为 100VAR。则视在功率为_____。

A. 200VA B. 100VA C. 141.4VA D. 141.4W

5-4-6 如果某一驱动电路的输出阻抗是 $(50 - \text{j}10)\,\Omega$，为了向后续负载提供最大功率，问负载阻抗应该是多少？

5-4-7 某交流电源的内阻抗为 $(50 + \text{j}100)\,\Omega$，其对应的共轭复阻抗应为_____。

A. $(50 - \text{j}50)\,\Omega$ B. $(100 + \text{j}50)\,\Omega$ C. $(100 + \text{j}50)\,\Omega$ D. $(50 - \text{j}100)\,\Omega$

第五节 功率因数的提高

【导读】 根据我国供用电有关规定，高压供电的工业企业用户，其平均功率因数不得低于 0.95，其他单位不得低于 0.9。为了提高工业企业功率因数，还配有专门的功率补偿电容。提高功率因数有什么意义？应如何接入功率补偿电容？

一、提高功率因数的意义

在电力系统中，任何电器设备的额定容量都是以它的额定视在功率来衡量的。例如，一台交流发电机的额定电压是 10kV，额定电流是 1500A，则它的额定容量 $S = 15000\text{kV} \cdot \text{A}$。但是，它能否输出那么多的有功功率呢？这就要视负载的功率因数而定。当功率因数 $\cos\varphi = 0.6$ 时，它实际输出 $(15000 \times 0.6)\,\text{kW} = 9000\text{kW}$ 的有功功率。如果把功率因数提高到 $\cos\varphi = 0.95$，它将提供 $(15000 \times 0.95)\,\text{kW} = 14250\text{kW}$ 功率。可见，同样容量的发电机，当 $\cos\varphi$ 由 0.6 提高到 0.95 时，可使它多提供 $(14250 - 9000)\,\text{kW} = 5250\text{kW}$ 的有功功率！

电力系统中，输电线的作用就是有效地输送电能供用户使用。在负载电压 U 与有功功率 P 都一定时，线路电流 $I = \dfrac{P}{U\cos\varphi}$ 与功率因数 $\cos\varphi$ 成反比，$\cos\varphi$ 愈大，I 就愈小，输电线上的功率损耗 $I^2 R_1$（R_1 为线路电阻）也就愈少，输电效率也就愈高。

总之，提高功率因数既能使发电设备的容量得以充分利用，又能使电能得到大量节约。提高电网的功率因数对国民经济的发展有着极为重要的意义。

二、提高功率因数的方法

异步电动机是工业生产中最常用的感性负载，其功率因数约为 0.7 ~ 0.85 左右，轻载时就更低了。荧光灯的功率因数只有 0.45 ~ 0.6 左右。其他如工频炉及电焊变压器也都是低功率因数的感性负载。

感性负载的功率因数之所以不高，是由于它在运行时需要一定的无功功率 Q_{L}。

由功率三角形知道，负载的功率因数

$$\cos\varphi = \frac{P}{S} = \frac{P}{\sqrt{P^2 + Q^2}}$$

一般地说，式中 $Q = Q_{\mathrm{L}} - Q_{\mathrm{C}}$。若利用 Q_{L} 与 Q_{C} 这一相互补偿作用，让容性无功功率 Q_{C} 在负载网络内部就地补偿感性负载所需的无功功率 Q_{L}，使电源提供的无功功率 Q 接近或等于零（见例 5-14），这样就可以使功率因数接近于 1。因此，从技术经济的观点出发，提高感性负载网络功率因数的有效方法，是在负载两端并联适当大小的电容器（装在用户或变电所），其电路如图 5-20 所示，它与例 5-4、例 5-14 的电路完全相同。

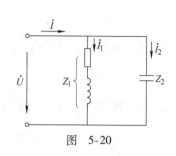

图　5-20

为了说明这种方法的效果，现将例 5-13 和例 5-14 计算所得的 P、Q、S、$\cos\varphi$、I 列于表 5-2 中，以资比较。

表　5-2

	例 5-13（并电容前）	例 5-14（并电容后）	说明
P/W	120	120	未变
Q/var	160	$Q_{\mathrm{L}} - Q_{\mathrm{C}} = 0$	Q_{L}、Q_{C} 完全抵消
$S/\mathrm{V} \cdot \mathrm{A}$	200	120	降 40%
$\cos\varphi$	0.6	1.0	提高
I/A	2	1.2	降 40%

对比可知，在感性负载 Z_1 两端并联适当的电容后，起到了这样几个作用：

1）电源向负载 Z_1 提供的有功功率未变。

2）负载网络（包括并联电容）对电源的功率因数提高了。

3）线路电流下降了（其原理见例 5-4 和例 5-8）。

4）电源与负载之间不再进行能量的交换（$Q = 0$）。这时感性负载 Z_1 所需的无功功率全部由电容器就地提供，能量的互换完全在电感和电容之间进行，电源只提供有功功率。

例 5-16　有一感性负载的有功功率 $P = 1600\mathrm{kW}$，功率因数 $\cos\varphi_1 = 0.8$，接在电压 $U = 6.3\mathrm{kV}$ 的电源上，电源频率 $f = 50\mathrm{Hz}$。（1）如把功率因数提高到 $\cos\varphi_2 = 0.95$，试求并联电容器的容量和电容并联前后的线路电流；（2）如要将功率因数从 0.95 再提高到 1，试问并联电容器的容量还需增加多少？

解　先导出一个公式，然后再代入数据进行计算。

由图 5-21 可知，功率因数角由 φ_1 减小到 φ_2 所需的 Q_{C} 为

$$Q_{\mathrm{C}} = Q_{\mathrm{L}} - Q' = P(\mathrm{tg}\varphi_1 - \mathrm{tg}\varphi_2)$$

将 $Q_{\mathrm{C}} = \omega C U^2$ 代入上式，则可得出所需并联电容

$$C = \frac{P}{\omega U^2}(\mathrm{tg}\varphi_1 - \mathrm{tg}\varphi_2)$$

（1）　　　$\cos\varphi_1 = 0.8$,　　　$\varphi_1 = 36.9°$

　　　　　　$\cos\varphi_2 = 0.95$,　　　$\varphi_2 = 18.2°$

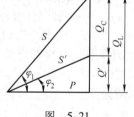

图　5-21

所需电容量　$C = \dfrac{1600 \times 10^3}{2 \times 3.14 \times 50 \times (6300)^2}(\text{tg}36.9° - \text{tg}18.2°)\text{F} = 54.2\mu\text{F}$

并联电容前，线路电流（即负载电流）

$$I_1 = \frac{P}{U\cos\varphi_1} = \frac{1600 \times 10^3}{6300 \times 0.8}\text{A} = 317\text{A}$$

并联电容后，线路电流

$$I = \frac{P}{U\cos\varphi_2} = \frac{1600 \times 10^3}{6300 \times 0.95}\text{A} = 267\text{A}$$

（2）如要将功率因数由 0.95 再提高到 1，尚需增加电容

$$C = \frac{1600 \times 10^3}{2 \times 3.14 \times 50 \times (6300)^2}(\text{tg}18.2° - \text{tg}0°)\text{F} = 42.2\mu\text{F}$$

这时的线路电流

$$I = \frac{P}{U\cos\varphi} = \frac{1600 \times 10^3}{6300 \times 1}\text{A} = 254\text{A}$$

如果将功率因数从 0.95 再提高到 1，需要再增加电容 42.2μF，是原有电容值的 78%，但线路电流仅降至 254A，只下降了 5%。**这说明将功率因数提高到 1 在经济上是不可取的。通常只将功率因数提高到 0.9 ~ 0.95 之间。**

练习与思考

5-5-1　将 $U = 220\text{V}$、$P = 40\text{W}$、$\cos\varphi = 0.5$ 的荧光灯电路的功率因数提高到 0.9，试求需要并联多大的电容。

5-5-2　在例 5-16 中，试问并联电容后感性负载本身的功率因数是否提高了呢？

5-5-3　提高功率因数（即 $\cos\varphi$ 值），就是要减小电路中端电压与总电流之间的相位差角 φ。给感性负载并一适当大小的电容可以达到这一目的。试结合例 5-8 中的相量图分析其原理。

第六节　谐振电路

【导读】　电感、电容是交流电路中性质相反的两种电抗元件。正因为这样，在调节 LC 电路的参数或电源频率时，电路两端的电压和其中的电流会出现同相的情况，这种现象称为谐振，这样的 LC 电路叫做谐振电路。谐振电路在无线电工程中应用很广，例如收音机、振荡器等。

谐振分为两种：串联谐振和并联谐振。研究谐振，主要是研究谐振发生的条件、谐振时的特征以及谐振电路的选频特性。

一、串联谐振

1. 谐振条件与谐振频率

例 4-23 中曾经提到，当 $X_L = X_C$ 时，图 5-22a 所示 RLC 串联电路的电流与端电压同相，这时电路中发生谐振现象。因为发生在串联电路中，所以称为串联谐振。

$X_L = X_C$ 是发生串联谐振的条件。根据 $\omega L = \dfrac{1}{\omega C}$ 可

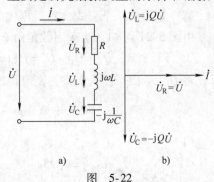

图　5-22

得出谐振频率

$$\omega_0 = 2\pi f_0 = \frac{1}{\sqrt{LC}} \tag{5-11}$$

由式（5-11）可知，串联电路谐振频率 ω_0（或 f_0）仅由电路本身的储能元件的参数 L 和 C 所确定，因此 ω_0 又称为电路的固有频率。若电路的 L、C 均为定值，则电路的谐振频率 ω_0 为一定值。调节电源频率 ω 使它和电路的谐振频率相等时，就满足 $X_L = X_C$ 的条件，电路便发生谐振。若电源频率 ω 为一定值，则调节电路参数 L、C，从而调节电路的固有频率 ω_0，当二者相等时，也能使电路达到谐振状态。

串联谐振时，电路中的感抗和容抗相等，且

$$\omega_0 L = \frac{1}{\omega_0 C} = \frac{1}{\sqrt{LC}} L = \sqrt{\frac{L}{C}} = \rho$$

ρ 只与电路的 L、C 有关，叫做特性阻抗，单位为 Ω。谐振时，电路的电抗与电阻之比

$$\frac{\rho}{R} = \frac{1}{R}\sqrt{\frac{L}{C}} = Q$$

Q 只与电路参数 R、L、C 有关，称为谐振回路的品质因数。Q 是一个没有量纲的量。

例 5-17　一个线圈（$R = 50\Omega$，$L = 4\text{mH}$）与电容器（$C = 160\text{pF}$）串联。问它的 f_0、ρ 及 Q 各是多少？当 ρ 一定时，改变 R，问 Q 将如何变化？

解　谐振频率 f_0 和特性阻抗 ρ 只取决于 L 和 C。

$$f_0 = \frac{\omega_0}{2\pi} = \frac{1}{2\pi} \frac{1}{\sqrt{LC}} = \frac{1}{2 \times 3.14 \sqrt{4 \times 10^{-3} \times 160 \times 10^{-12}}}\text{Hz} = 2 \times 10^5 \text{Hz} = 200\text{kHz}$$

$$\rho = \sqrt{\frac{L}{C}} = \sqrt{\frac{4 \times 10^{-3}}{160 \times 10^{-12}}}\Omega = 5000\Omega$$

品质因数 Q 还与耗能参数 R 有关

$$Q = \frac{\rho}{R} = \frac{5000}{50} = 100$$

Q 与 R 成反比，R 越小，电能损耗越少，因而 Q 值就越高。

在无线电工程中，实用谐振电路的 Q 值一般在 $50 \sim 200$ 之间，有些甚至超过 200。下面即将看到，谐振时的各种特征都与 Q 值有密切的联系。

2. 串联谐振的特点

1）串联谐振时，电路的阻抗最小，在一定的电压下，电路中的电流有效值最大。

由电路阻抗

$$z = \sqrt{R^2 + \left(\omega L - \frac{1}{\omega C}\right)^2}$$

可知，当 $X_L = X_C$ 时，串联谐振的阻抗 $z_0 = R$。当 $X_L \neq X_C$ 时，阻抗 $z > R$。可见谐振时的阻抗最小。由于电路电流 $I = \dfrac{U}{z}$，它与阻抗成反比，当电压一定时，谐振时电流为最大，用 I_0 表示，$I_0 = \dfrac{U}{R}$。

2）串联谐振时，电感与电容的电压有效值相等，都是端电压的 Q 倍。

如上所述，由于 $X_L = X_C$，谐振时的复阻抗 $Z = R$，从而端电压 $\dot{U}$ 和电阻 R 上的电压 $\dot{U}_R$

相等，即 $\dot{U}_R = \dot{U}$。这是否说，电感和电容上此时就没有电压呢？不是，恰恰相反，谐振时 U_L 和 U_C 往往远大于总电压 U，只是由于谐振时 $U_L = U_C$，而 $\dot{U}_L$ 和 $\dot{U}_C$ 反相位，因而彼此完全抵消而已，如相量图 5-22b 所示。

谐振时的 U_L 和 U_C 分别为

$$U_L = \omega_0 L I_0 = \rho \frac{U}{R} = \frac{\rho}{R} U = QU$$

$$U_C = \frac{1}{\omega_0 C} I_0 = \rho \frac{U}{R} = \frac{\rho}{R} U = QU$$

也就是说 $U_L = U_C = QU$，即谐振时电感和电容上的电压有效值都是总电压的 Q 倍。在例5-18 中将会看到，$Q = 100$ 时，若 $U = 25V$，则谐振时电感和电容电压有效值将高达 2500V！Q 值愈高，谐振时的 U_L 和 U_C 也就愈高。

因为串联谐振时 U_L 和 U_C 可能超过总电压许多倍，所以串联谐振也称为电压谐振。电压谐振产生的高电压在无线电工程上是十分有用的，因为接收信号非常微弱，通过电压谐振可把信号电压升高几十乃至几百倍。但电压谐振在电力系统中有时会击穿线圈和电容器的绝缘，造成设备损坏事故，因此，在电力系统中应尽量避免电压谐振。

3. 谐振电路的频率选择性

由串联谐振电路的电流

$$I = \frac{U}{z} = \frac{U}{\sqrt{R^2 + (\omega L - \frac{1}{\omega C})^2}}$$

可知，若 R、L、C 及 U 都不改变而频率改变时，电流 I 将随之发生变化。根据上式可以作出电流随频率而变化的曲线，这就是电路的电流谐振曲线，如图 5-23a 所示。

由电流谐振曲线可以看出，当电源频率 f 刚好等于电路的谐振频率 f_0 时，电流有一谐振峰值 $I_0 = \frac{U}{R}$。当电源频率 f 高于谐振频率 f_0 且 $f \to \infty$ 时，$z \to \infty$，因而电流 $I \to 0$，谐振曲线呈单调减的趋势。反之，当电源频率低于谐振频率 f_0 且 $f \to 0$ 时，$z \to \infty$，因而电流 $I \to 0$，谐振曲线随着频率的下降也呈单调减的趋势。这说明只有在谐振频率附近，电路中的电流才有较大的值，而其他频率的电流则很小。这种能把谐振频率附近的电流选择出来的性能就称为电路的频率选择性，简称选择性。

谐振电路的频率选择性常用通频带 Δf 来衡量。按照规定，在谐振频率两侧，当电流 I 下降到谐振电流 I_0 的 $\frac{1}{\sqrt{2}} = 70.7\%$ 时所覆盖的频率范围，就是通频带宽度，即

$$\Delta f = f_2 - f_1$$

如图 5-23a 所示。通频带宽度越小，表明谐振曲线越尖锐，电路的选择性就越强。

谐振曲线的尖锐或平坦与 Q 值有关，如图 5-23b 所示。设电路的 L、C 不变，只改变 R 的大小。这时谐振频率 f_0 不变，减小 R，则 Q 值增大，谐振曲线越尖锐，也就是选择性越强。分析表明：

$$\Delta f = \frac{f_0}{Q}$$

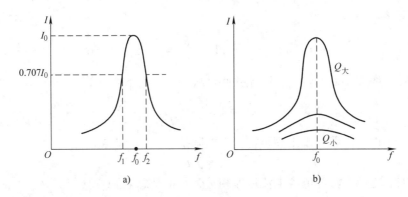

图　5-23

Q 值越高，通频带 Δf 越小，选择性越强。

例 5-18　在例 5-17 中，若取外加电压 $U = 25\text{V}$，（1）当 $f_0 = 200\text{kHz}$ 时发生谐振，求电流 I_0 及电容电压 U_C；（2）当频率增加 10% 时，重求电流 I 与电压 U_C。

解　（1）谐振时

$$X_L = X_C = \rho = 5000\Omega$$

$$I_0 = \frac{U}{R} = \frac{25}{50}\text{A} = 0.5\text{A}$$

$$U_C = X_C I_0 = (5000 \times 0.5)\text{V} = 2500\text{V}(>U)$$

（2）当频率增加 10% 时

$$X_L = 5500\Omega$$

$$X_C = 4545\Omega$$

$$z = \sqrt{50^2 + (5500 - 4545)^2}\,\Omega \approx 956\Omega(>R)$$

$$I = \frac{U}{z} = \frac{25}{956}\text{A} = 0.026\text{A}\quad(<I_0)$$

$$U_C = X_C I = (4545 \times 0.026)\text{V} = 119\text{V}(<2500\text{V})$$

可见，偏离谐振频率仅 10% 时，电流由 0.5A 锐减到 0.026A，下降了 95%！电容电压由 2500V 剧跌到 118.9V，下降了 95.5%！这是由于谐振回路的 Q 值较高的缘故。

二、并联谐振

并联谐振电路如图 5-24a 所示。并联谐振电路的性质，有些与串联谐振电路差不多，有些性质刚好相反。这里我们仅通过与串联谐振电路的对比，简单地介绍一下并联谐振电路的性质。

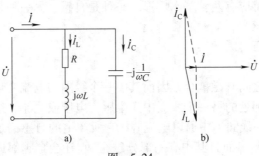

图　5-24

1. 谐振频率

$$\omega_0 = 2\pi f_0 = \frac{1}{\sqrt{LC}}\sqrt{1-\frac{CR^2}{L}} = \frac{1}{\sqrt{LC}}\sqrt{1-\frac{1}{Q^2}}$$

实际谐振电路的 Q 值都较高，因此并联谐振频率可按下式计算：

$$\omega_0 = 2\pi f_0 \approx \frac{1}{\sqrt{LC}}$$

2. 并联谐振时，电路呈现出高阻抗。谐振阻抗

$$Z_0 = Q^2 R$$

3. 谐振时，电感电流与电容电流近似相等，且都是总电流的 Q 倍。

$$I_L \approx I_C = QI$$

Q 值越高，线圈和电容中的电流将远远大于总电流，所以并联谐振又称为电流谐振。谐振时的电流相量图如图5-24b所示。

练习与思考

5-6-1 一串联谐振电路中，$R=10\Omega$，$L=10\text{mH}$，$C=0.01\mu\text{F}$，试求谐振频率 f_0 和电路的品质因数 Q。

5-6-2 在例5-17中，若电感量增至原值的十倍，要维持原谐振频率不变，则电容值应如何改变？这时品质因数将如何变化？

5-6-3 能否给感性负载串联电容来提高功率因数？为什么？

5-6-4 在 RLC 串联电路中，$R=5\Omega$，感抗 $X_L=\omega L=50\Omega$，电路处于谐振状态。试确定容抗与总阻抗。

5-6-5 串联 RLC 电路中，若在原电容器两端并入一个电容，则电路的谐振频率将_____。

A. 不受影响　　B. 升高　　C. 维持不变　　D. 降低

5-6-6 串联 RLC 正弦电路中，若 $U_L=150\text{V}$，$U_C=150\text{V}$，$U_R=50\text{V}$，则电源电压等于_____。

A. 150V　　B. 300V　　C. 50V　　D. 350V

5-6-7 某串联谐振电路通频带是1kHz。若将线圈换成一个 Q 值较低的线圈，则通频带将_____。

A. 增加　　B. 减少　　C. 保持不变　　D. 选择性更好

5-6-8 在图5-24所示的并联谐振电路中，谐振时测得 $I_L=15\text{mA}$、$I=12\text{mA}$，问 $I_C=?$

第七节　含互感的交流电路

【问题引导】 一台变压器的一次绕组由两个完全相同且彼此有互感的线圈组成，各线圈额定电压均为110V。当交流电源电压为220V和110V两种情况下，一次侧两个线圈应分别如何联接？如果接错会产生什么后果？

电工技术中的电磁感应有两种基本情形，一种是自感，另一种是互感。第四章已研究了自感，这一节将讨论互感。

一、互感与互感电压

1. 互感系数

由于两个相邻线圈之间有磁耦合，因而其中一个线圈的电流变化时，它不仅在本线圈中产生自感电压，还会在邻近的另一个线圈中产生感应电压或电流，这种现象简称互感。

在图5-25a中，如在线圈1中通以电流 i_1，它所产生的自感磁通 Φ_{11} 不仅穿过本线圈而形成自感磁链 $\Psi_{11}=N_1\Phi_{11}$，而且其中有一部分磁通 Φ_{21} 还会穿越邻近的线圈2而形成互感磁链 $\Psi_{21}=N_2\Phi_{21}$。如果线圈附近没有铁磁物质，则 Ψ_{21} 与 i_1 成正比，比例系数

$$M_{21} = \frac{\Psi_{21}}{i_1}$$

简称为线圈 1 对线圈 2 的互感。

若线圈 2 通以电流 i_2，它所产生的自感磁通 Φ_{22} 不仅形成自感磁链 $\Psi_{22} = N_2 \Phi_{22}$，其中有一部分磁通 Φ_{12} 还穿越线圈 1 而形成互感磁链 $\Psi_{12} = N_1 \Phi_{12}$，如图 5-25b 所示。同样地，在附近没有铁磁材料时，比例系数

$$M_{12} = \frac{\Psi_{12}}{i_2}$$

简称为线圈 2 对线圈 1 的互感。

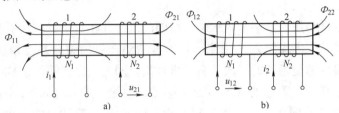

图 5-25

实践证明，$M_{21} = M_{12} = M$，今后就称 M 为 1、2 两个线圈之间的互感。互感的 SI 单位是亨利，其符号是 H。

互感是两个线圈的固有参数，其大小不仅与线圈的匝数、几何尺寸以及磁介质有关，还与两个线圈的相对位置有关。如果两个线圈靠得很近，或是绕在一起，如图 5-26a 所示，则互感磁通几乎等于自感磁通，这种情况称为紧耦合。电力变压器各绕组之间就属于这种情况。相反，如果两个线圈相隔很远，或者它们的轴线相互垂直，如图 5-26b 所示，互感磁通只是自感磁通中很少一部分，两线圈之间的磁耦合非常微弱，这种情况称为松耦合。在电信系统中，一般采取垂直架设的方法来减少输电线对电信线路的电磁干扰。

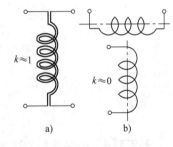

图 5-26

为了能定量地表征两个线圈之间磁耦合的紧密程度，人们引入了耦合系数 k，它定义为

$$k = \frac{M}{\sqrt{L_1 L_2}}$$

当两个线圈的轴向互相垂直时，$k \approx 0$，属于松耦合；当两个线圈绕在同一轴上时，$k \approx 1$，属于紧耦合，例如电力变压器的 $k \approx 0.95$；理想情况下，$k = 1$，称为全耦合；一般情况下，$0 < k < 1$。

2. 互感电压

当图 5-25a 中电流 i_1 与互感磁通 Φ_{21} 的参考方向符合右手螺旋关系时

$$\Psi_{21} = Mi_1$$

如果将线圈 2 中的互感电压 u_{21} 的参考方向与互感磁通 Φ_{21} 的参考方向也选得符合右手螺旋关系，那么，由于电流 i_1 的变化而在线圈 2 中产生的互感电压为

$$u_{21} = \frac{\mathrm{d}\Psi_{21}}{\mathrm{d}t} = M \frac{\mathrm{d}i_1}{\mathrm{d}t}$$

类似地，在图 5-25b 中，因 i_2 的变化而在线圈 1 中产生的互感电压为

$$u_{12} = \frac{\mathrm{d}\Psi_{12}}{\mathrm{d}t} = M\frac{\mathrm{d}i_2}{\mathrm{d}t}$$

值得注意的是： 运用以上两式计算互感电压时，必须使互感电压与互感磁通的参考方向符合右手螺旋关系。而要判断互感电压与互感磁通的关系，仅仅规定电流的参考方向是不够的，还需要知道线圈各自的绕向以及两个线圈的相对位置。那么，能否像确定自感电压那样，在选定了电流的参考方向后，就可直接运用上式计算互感电压，而无须每次都考虑线圈的绕向及相对位置？这个问题已有肯定的答复，下面引入同名端的概念。

二、同名端及其应用

1. 同名端

在电路中，通常是用同名端来表示两个线圈的绕向和相对位置的。所谓**同名端，是指当两个线圈的电流都从同名端流入（或流出）时，它们产生的磁通是互相加强的，因而同名端上电压的实际极性总是相同的，故又名同极性端。** 同名端以相同的符号标出。根据以上定义，图 5-27a 中标有"∗"号的 A 与 B 是同名端，当然 X 与 Y 也是同名端；图 5-27b 中标有"Δ"号的 A 与 Y 是同名端，当然 X 与 B 也是同名端。不是同名端的两个端子叫异名端。

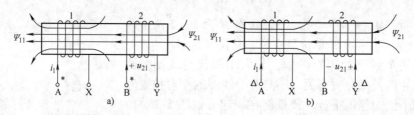

图 5-27

采用了标记同名端的方法后，图 5-27a、b 所示的两组线圈就可不画出绕向和相对位置，可简画为图 5-28 所示的样子，并且只标出一对同名端。

2. 同名端的应用

对于通有电流的互感线圈来说，每个线圈中的磁链都由两部分组成：一部分是自感磁链，另一部分是互感磁链。当电流变化时，自感磁链产生了自感电压，互感磁链产生了互感电压。前已述及，在选择自感电压与电流的参考方向一致时，自感电压仍按式 (4-12) 计算。在确定出互感线圈的同名端之后，也可以较方便地确定互感电压的方向，

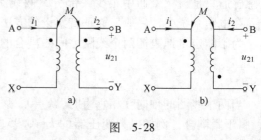

图 5-28

即：如果选取互感电压与引起这个电压的另一线圈电流的参考方向对同名端一致的情况下，互感电压可按下式计算：

$$u_{12} = M\frac{\mathrm{d}i_2}{\mathrm{d}t}$$

$$u_{21} = M\frac{\mathrm{d}i_1}{\mathrm{d}t}$$

在正弦电路中，各电压、电流均是同频率的正弦量，互感电压与引起它的电流的相量关系为

$$\dot{U}_{12} = \mathrm{j}\omega M\dot{I}_2$$

$$\dot{U}_{21} = j\omega M \dot{I}_1$$

三、互感电路的计算

一般地说，当两个线圈之间具有磁耦合时，每一线圈两端既有自感电压，又有互感电压，计算时不应把互感电压遗漏掉。同时注意正确标出互感电压的参考方向，其余的就与一般电路的计算方法完全相同。下面举例说明一些应注意之点。

例 5-19 图 5-29 所示电路中，同名端已经标出，两线圈之间的互感 $M = 0.025H$，电流 $i_1 = 1.41\sin1200t$ A，试求互感电压 u_{21}。

解 本例中，电流 i_1 是从同名端流入线圈的，因此，应选互感电压 u_{21} 的方向也是从同名端指向另一端，并将参考方向标在图中。于是

$$u_{21} = M\frac{di_1}{dt} = \left[0.025 \times \frac{d}{dt}(1.41\sin1200t) \right]V = 42.4\cos1200t \text{ V}$$

也可用相量来计算如下：

$$j\omega M = (j1200 \times 0.025)\Omega = j30\Omega$$

$$\dot{I}_1 = 1\underline{/0°}\text{A}$$

$$\dot{U}_{21} = j\omega M \dot{I}_1 = (j30 \times 1\underline{/0°})V = 30\underline{/90°}\text{V}$$

所以

$$u_{21} = 30\sqrt{2}\sin(1200t + 90°)V = 42.4\cos1200t \text{ V}$$

例 5-20 在图 5-30a 的正弦交流电路中，端子 1、1′间加一电压 $U_1 = 10V$，电路的参数是 $\omega L_I = \omega L_{II} = 4\Omega$，$\omega M = 2\Omega$，试求端子 2、2′间的开路电压 U_2。

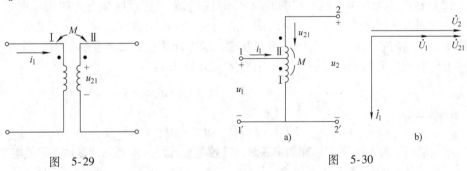

图 5-29

图 5-30

解 2、2′开路时，线圈II中没有电流，因而线圈I中没有互感电压。取 $\dot{U}_1 = 10\underline{/0°}$V，则

$$\dot{I}_1 = \frac{\dot{U}_1}{j\omega L_1} = \frac{10\underline{/0°}}{j4}\text{A} = 2.5\underline{/-90°}\text{A}$$

由于 i_1 从同名端流入线圈 I，因此选取互感电压 u_{21} 的参考方向如图所示，于是有

$$\dot{U}_{21} = j\omega M \dot{I}_1 = (j2 \times 2.5\underline{/-90°})V = 5\underline{/0°}\text{V}$$

由 KVL 得

$$\dot{U}_2 = \dot{U}_{21} + \dot{U}_1 = (5\underline{/0°} + 10\underline{/0°})V = 15\underline{/0°}\text{V}$$

注意：输出电压 $U_2 = 15V$。它之所以比输入电压 $U_1 = 10V$ 高，是因为线圈II中有互感电压 u_{21} 且与输入电压 u_1 同相位的缘故，如图 5-30b 所示的相量图。

例 5-21 两线圈的自感分别为 L_1 和 L_2，两者之间的互感为 M，按图 5-31 中两种方式串联时，问等效电感各是多少？

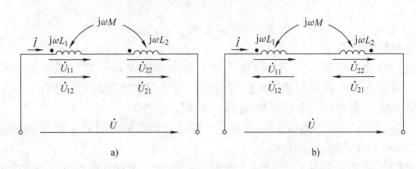

图 5-31

解 (1) 在图 5-31a 中，两个线圈的异名端联接起来，这种联接方式叫做顺向串联。注意，各线圈的端电压包含两项，一项是自感电压，另一项是互感电压。由于电流均从同名端流入两个线圈，根据同名端的定义，互感磁通与自感磁通二者方向一致，互相加强，因而互感电压与自感电压方向相同，如图中所示。图 a 中

自感电压 $\qquad \dot{U}_{11} = j\omega L_1 \dot{I} \qquad \dot{U}_{22} = j\omega L_2 \dot{I}$

互感电压 $\qquad \dot{U}_{12} = j\omega M \dot{I} \qquad \dot{U}_{21} = j\omega M \dot{I}$

由 KVL 可得

$$\dot{U} = (\dot{U}_{11} + \dot{U}_{12}) + (\dot{U}_{22} + \dot{U}_{21}) = j\omega(L_1 + L_2 + 2M)\dot{I}$$

可见，等效电感为

$$L' = L_1 + L_2 + 2M$$

(2) 在图 5-31b 中，两个线圈的同名端联接起来，这种联接方式叫做反向串联。这时，电流从线圈 1 的同名端流入，又从线圈 2 的同名端流出，也就是说，电流是从异名端流入两个线圈的，这时各线圈中的自感磁通与互感磁通方向相反，二者互相抵消，因而互感电压与自感电压的方向必然是相反的，如图中所示。由 KVL 得

$$\dot{U} = (\dot{U}_{11} - \dot{U}_{12}) + (\dot{U}_{22} - \dot{U}_{21}) = j\omega(L_1 + L_2 - 2M)\dot{I}$$

等效电感为

$$L'' = L_1 + L_2 - 2M$$

本例说明，两个线圈：① 顺向串联时，等效电感增大；② 反向串联时，等效电感减小。

了解这些结论是有实际意义的。例如，在图 5-32 所示的变压器中，其每个原绕组的额定电压为 110V，若变压器接到 220V 的交流电源上使用，则应该把两个原绕组串联；当电源电压为 110V 时，则应该把两个原绕组并联。怎样联接呢？正确的接法应该是串联时异名端相联，并联时同名端相联，否则在额定电压下线圈会立即烧坏。这是因为在变压器的情况下，互感很大，在反向串联时其等效电感极小，因而其等效阻抗很小，导致了很大电流通过线

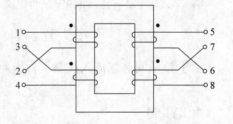

图 5-32

圈，这样会烧坏线圈。此外，本例提示我们，根据有互感的线圈串联时电感随 M 而变化的关系，将两个相对位置可以改变的线圈串联起来，能够制成可变电感器。再者，根据顺向串联时等效电感大，感抗也大，反向串联时等效电感小，感抗也小，若在开口处加一低电压，则可根据电流的大小判断出两线圈的同名端，从而提供了一种测定同名端的方法。

练习与思考

5-7-1　（1）磁耦合线圈的 $L_1 = 0.01\text{H}$，$L_2 = 0.04\text{H}$，$M = 0.01\text{H}$，试求耦合系数 k。（2）磁耦合线圈的 $L_1 = 0.04\text{H}$，$L_2 = 0.06\text{H}$，$k = 0.4$，试求互感 M。

5-7-2　试判断图 5-33a、b、c 中互感线圈的同名端。

5-7-3　在图 5-34 中，求当 S 闭合瞬间两个线圈端电压的真实极性。

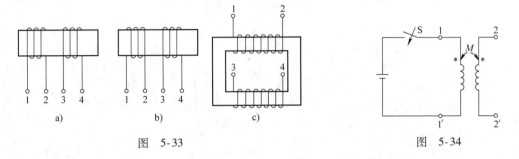

图　5-33　　　　　　　　　　图　5-34

习　　题

5-1　作出图 5-35 所示各电路的相量模型，并求 a、b 端等效复阻抗 Z_{ab}。问 a、b 端正弦电压与电流的相位关系如何？

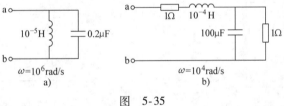

图　5-35

5-2　电路相量模型如图 5-36 所示，试用分压公式求 $\dot{U}_{ab}$ 和 $\dot{U}_{bc}$，并用相量图表明 $\dot{U}$、$\dot{U}_{ab}$、$\dot{U}_{bc}$ 之间的关系。

5-3　电路相量模型如图 5-37 所示，试用分流公式求每一支路的电流相量，并用相量图表明它们之间的关系。

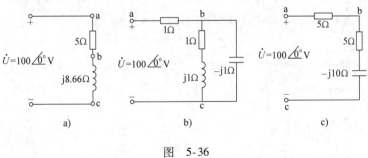

图　5-36

5-4　计算图 5-38a 中电流 $\dot{I}$、各复阻抗元件上的电压 $\dot{U}_1$ 与 $\dot{U}_2$，并作相量图；计算图 5-38b 中各支路电流 $\dot{I}_1$、$\dot{I}_2$ 和电压 $\dot{U}$，并作相量图。

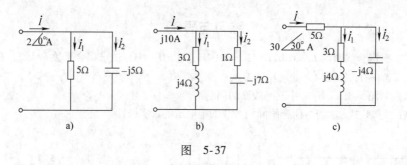

图 5-37

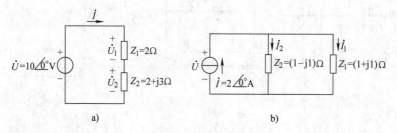

图 5-38

5-5 在图 5-39 中，已知 $R_1 = 3\Omega$，$X_1 = 4\Omega$，$R_2 = 8\Omega$，$X_2 = 6\Omega$，$u = 220\sqrt{2}\sin 314t$ V，试求 i_1、i_2 和 i。

5-6 在图 5-40 所示的电路中，已知 $\dot{U}_C = 1\angle 0°$V，求 $\dot{U}$。

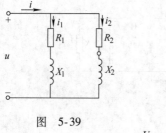

图 5-39

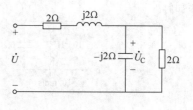

图 5-40

5-7 图 5-41 所示正弦电路中，试求 $\dfrac{U_2}{U_1}$，并求当 R、C 为一定时，频率 ω 为多少可使比值 $\dfrac{U_2}{U_1}$ 最大，此时 $\dfrac{U_2}{U_1}$ 为多少？u_2 与 u_1 的相位关系如何？

5-8 图 5-42 中，R_1、R_2、L、C 具有怎样关系时，两个支路电流的相位差为 90°？

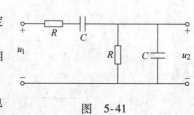

图 5-41

5-9 试证明：图 5-43 所示网络中，当 $L = \dfrac{C}{G^2 + (\omega C)^2}$ 时，其端电压 u 与电流 i 同相。

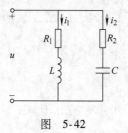

图 5-42

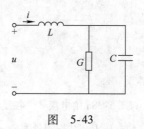

图 5-43

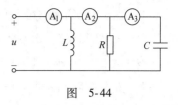

5-10 在图 5-44 中，$X_L = X_C = R$，已知安培计 A_1 的读数为 3A，问 A_2 与 A_3 的读数各是多少？

5-11 在图 5-45 中，安培计 A_1 和 A_2 的读数分别为 $I_1 = 3A$，$I_2 = 4A$。

(1) 设 $Z_1 = R$，$Z_2 = -jX_C$，则安培计 A_0 的读数应为多少？

(2) 设 $Z_1 = R$，问 Z_2 为何种元件才能使安培计 A_0 的读数最大？此读数应为多少？

图 5-44

(3) 设 $Z_1 = jX_L$，问 Z_2 为何种参数才能使安培计 A_0 的读数最小？此读数应为多少？

5-12 在图 5-46 中，$I_1 = 10A$，$I_2 = 10\sqrt{2}A$，$U = 200V$，$R = 5\Omega$，$R_2 = X_L$，试求 I、X_C、X_L、R_2。

5-13 在图 5-47 中，$I_1 = I_2 = 10A$，$U = 100V$，$\dot{U}$ 与 $\dot{I}$ 同相，试求 I、R、X_C、X_L。

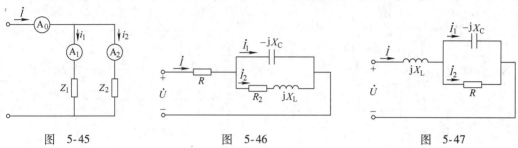

图 5-45   图 5-46   图 5-47

5-14 在图 5-48 中，已知 $u = 220\sqrt{2}\sin 314t$ V，$i_1 = 22\sin(314t - 45°)$ A；$i_2 = 11\sqrt{2}\sin(314t + 90°)$ A，试求各仪表读数及电路参数 R、L 和 C。

5-15 图 5-49 中，$R = 4\Omega$，$X_L = 3\Omega$，电压有效值 $U = U_2$，求 X_C。

5-16 图 5-50 中，$R = 8\Omega$，$X_L = 6\Omega$，且 $I_1 = I_2 = 0.2A$，求 I。

5-17 图 5-51 中，$U = 193V$，$U_1 = 60V$，$U_2 = 180V$，$r_1 = 20\Omega$，$f = 50Hz$，求 R 和 C。

5-18 图 5-52 所示网络中，$U = 20V$，$Z_1 = 3 + j4\Omega$，开关 S 合上前、后 I（有效值）相等，开关合上后的 i 与 u 同相。试求 Z_2，并作相量图。

5-19 图 5-53 所示网络中，$U = 100V$，$U_C = 100\sqrt{3}V$，$X_C = 100\sqrt{3}\Omega$，Z_x 的阻抗角的 $|\varphi_x| = 60°$，试先作相量图决定 φ_x 的正负，再求网络的等效复阻抗。

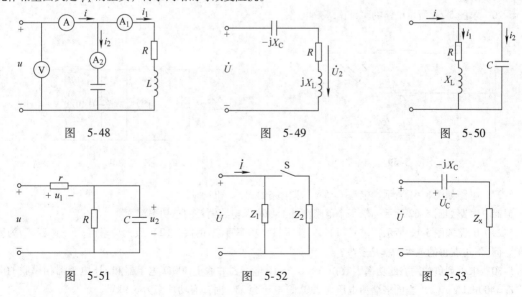

图 5-48   图 5-49   图 5-50

图 5-51   图 5-52   图 5-53

5-20 图 5-54 所示网络在什么条件下 U_{ab} 和 U_{cd}（均指有效值）相等?

5-21 电路相量模型如图 5-55 所示，试用网孔电流法求 $\dot{I}_1$ 和 $\dot{I}_2$。

5-22 试用节点电压法求图 5-56 所示相量模型中的节点电压 $\dot{U}_1$ 和 $\dot{U}_2$。

5-23 在图 5-57 所示电路中，已知 $\dot{U} = 100 \underline{/0^\circ}$ V，$X_C = 500\Omega$，$X_L = 1000\Omega$，$R = 2000\Omega$，求电流 $\dot{I}$。

5-24 在 RC 振荡电路中，常要用到移相电路，它能使输出电压 $\dot{U}_{oc}$ 与输入电压 $\dot{U}_S$ 反相（如图 5-58 所示）。若输出端开路，输入电压的角频率为 ω，试求满足上述条件时 ω 与 R、C 之间应满足的关系。

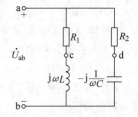

图 5-54

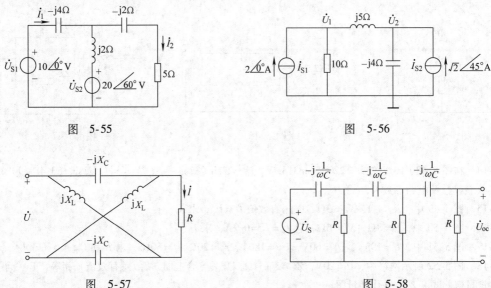

图 5-55　　　　　图 5-56

图 5-57　　　　　图 5-58

5-25 图 5-59 所示电路中，$\dot{U}_{SA} = 120$V，$\dot{U}_{SB} = -j120$V，$\dot{U}_{SC} = j120$ V，$Z_1 = j7\Omega$，$Z_2 = 30 + j9\Omega$，试求各 Z_1 支路电流。

5-26 求图 5-60 所示电路的戴维南等效电路。

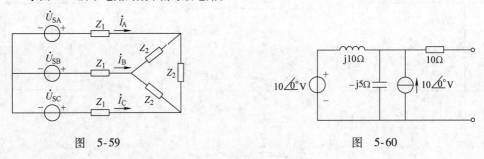

图 5-59　　　　　图 5-60

5-27 电路如图 5-61 所示，电流 $I = 5$A，求电路的 P、S 和 $\cos\varphi$。

5-28 电路如图 5-62 所示，求每个电阻消耗的功率及电路消耗的总功率。

5-29 电路如图 5-63 所示，求：（1）Z_L 获得最大功率时 Z_L 的值；（2）最大功率值；（3）若 Z_L 为纯电阻，问 Z_L 可获得的最大功率是多少?

5-30 求下列负载网络的功率因数：（1）6.25μF 电容器并联上 400Ω 电阻器和 1H 电感器相串联的电路，$\omega = 400$rad/s；（2）当网络端钮电压为 230V，电流为 33A 时，有功功率为 6.9kW。

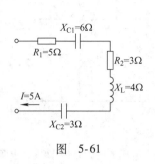

图 5-61

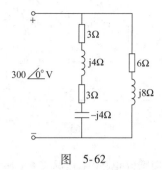

图 5-62

5-31 在图 5-64 中，已知 $U = 220V$，$R_1 = 10\Omega$，$X_L = 10\sqrt{3}\Omega$，$R_2 = 20\Omega$，试求各个电流和平均功率。

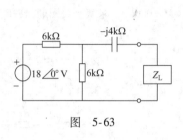

图 5-63

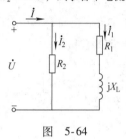

图 5-64

5-32 在例 5-7 中，试证明感性负载消耗的功率为

$$P = \frac{U^2 - U_1{}^2 - U_2{}^2}{2R}$$

5-33 两个复阻抗相并联，其中一个呈感性，功率因数是 0.8，消耗功率 9kW。另一个呈电阻性，消耗功率 7kW。问整个电路的功率因数是多少？

5-34 有一电动机，其输入功率为 1.21kW，接在 220V 的交流电源上，通入电动机的电流是 11A，试计算电动机的功率因数。如果要把电路的功率因数提高到 0.91，应该和电动机并联多大电容的电容器？并联电容器后，电动机的功率因数、电动机中的电流、线路电流及电路的有功功率和无功功率有无改变？

5-35 有一 220V、600W 电炉，不得不用在 380V 的电源上。欲使电炉的电压保持在 220V 的额定值，(1) 应和它串联多大的电阻？或 (2) 应和它串联感抗为多大的电感线圈（其电阻可忽略不计）？试从效率和功率因数上比较上述两种方法。

5-36 某收音机输入电路的电感约为 0.3mH，可变电容器的调节范围为 25～360pF。试问能否满足收听波段 535～1605kHz 的要求。

5-37 在 RLC 串联谐振电路中，$R = 50\Omega$，$L = 400mH$，$C = 0.254\mu F$，电源电压 $U = 10V$。求谐振频率、电路品质因数、谐振时电路中的电流及各元件上的电压。

5-38 有一 RLC 串联电路，它在电源频率 f 为 500Hz 时发生谐振。谐振时电流 I 为 0.2A，容抗 X_C 为 314Ω，并测得电容电压 U_C 为电源电压 U 的 20 倍。试求该电路的电阻 R 和电感 L。

5-39 一个电感为 0.25mH、电阻为 13.7Ω 的线圈与 85pF 的电容并联，求该并联电路的谐振频率及谐振时的阻抗。

5-40 图 5-65 所示并联电路在发生谐振时，电流表 A_1 的读数为 15A，A_3 的读数为 9A，问 A_2 的读数等于多少？

5-41 已知磁耦合线圈的 $L_1 = 5mH$，$L_2 = 4mH$。（1）若 $k = 0.5$，试求互感 M；（2）若互感 $M = 3mH$，求耦合系数 k；（3）若两线圈是全耦合，求 M。

5-42 如图 5-66 所示，有互感的两个线圈同名端已经标出，电压、电流的参考方向也已给出，若 $L_1 = M = 0.01H$，$i_1 = 2\sqrt{2}\sin314t$ A，求电压 u_1、u_{21}。

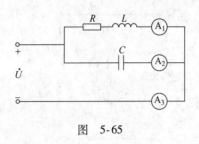

图 5-65

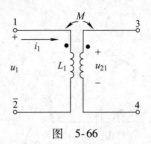

图 5-66

5-43 图 5-67 电路中，电源频率是 50Hz，电流表的读数为 2A，电压表的读数是 220V，求两线圈的互感 M。

5-44 图 5-68 中，已知 $i(t) = 2e^{-4t}A$，求 u_{ac}、u_{ab} 和 u_{bc}。

5-45 图 5-69 中，已知 $L_1 = 0.01H$，$L_2 = 0.02H$，$C = 20\mu F$，$M = 0.01H$。求两个线圈顺向串联和反向串联时电路的谐振角频率。

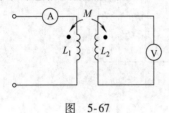

图 5-67

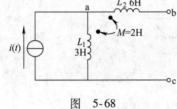

图 5-68

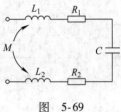

图 5-69

第六章

三 相 电 路

三相电路应用最为广泛，发电、输配电一般都采用三相制。生产中应用最多的是交流电动机，它们多数也是三相的。照明和家电使用的单相电，实际上也是取自于三相电源中的一相。

本章主要介绍：①对称三相正弦电压、电流及其特点；②三相电路的计算。

初学时，应注意遵守三相电路中有关电压、电流参考方向的一些约定。

第一节 对称三相正弦量及其特点

【导读】 用示波器可以观察到对称三相交流电源电压，如图 6-2a 所示。那么，对称三相电压是如何产生的？"对称"二字意味着什么？对称三相电压又有什么特点？

对称三相正弦电压、对称三相正弦电流等物理量统称为对称三相正弦量。

对称三相电压是由三相发电机产生的。三相发电机的主要组成部分是电枢和磁极。图 6-1a 是只有一对磁极的三相发电机的原理图。

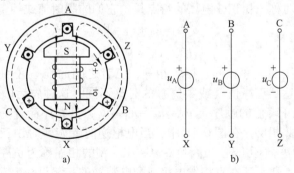

图 6-1

电枢是固定的，亦称定子。定子铁心由硅钢片叠成，其内圆周表面冲有槽，槽中放有三组结构相同、彼此独立的三相绕组。三相绕组的始端（相头）分别标以 A、B、C，末端（相尾）标以 X、Y、Z。三个始端（或末端）彼此之间相隔 120°。

磁极是转动的，亦称转子。转子铁心上绕有励磁线圈，并以直流励磁。选择适当的极面形状和绕组分布，可使磁极与电枢间的空气隙中的磁感应强度按正弦规律分布。

这样，当原动机拖动转子按图示方向匀速旋转时，各相绕组依次切割磁力线而感应出**频**

率相同、振幅相等、相位上彼此相差 120° 的三个正弦电压，这样一组电压就称为对称三相正弦电压。

对称三相正弦电压的参考方向如图 6-1b 所示，规定各相绕组的始端为电压的"＋"极端，末端为"－"极端。A 相、B 相、C 相的电压分别计为 u_A、u_B 和 u_C。

若以 A 相电压 u_A 为参考正弦量，则对称三相正弦电压可以表示为

$$\left.\begin{aligned} u_A &= \sqrt{2}U\sin\omega t \\ u_B &= \sqrt{2}U\sin(\omega t - 120°) \\ u_C &= \sqrt{2}U\sin(\omega t + 120°) \end{aligned}\right\} \tag{6-1}$$

也可用相量表示为

$$\left.\begin{aligned} \dot{U}_A &= U\underline{/0°} \\ \dot{U}_B &= U\underline{/-120°} \\ \dot{U}_C &= U\underline{/120°} \end{aligned}\right\} \tag{6-2}$$

其波形图和相量图分别如图 6-2a、b 所示。

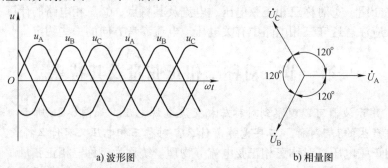

a) 波形图   b) 相量图

图 6-2

由图 6-2 可知，对称三相正弦电压的**特点**是：**它们的瞬时值或相量之和恒为零**，即

$$u_A + u_B + u_C = 0$$

$$\dot{U}_A + \dot{U}_B + \dot{U}_C = 0$$

对称三相正弦电压的频率相同、振幅相等，三者之间的唯一区别是相位不同。相位不同，意味着各相电压达到正峰值（或零值）的时刻不同，这种先后顺序称为相序。在图 6-2a 中，三相电压达到正峰值的顺序是 $u_A \rightarrow u_B \rightarrow u_C \rightarrow u_A$，其相序简计为 A→B→C→A。这样的相序称为正序。与此相反，在图 6-1a 中，当电枢逆时针旋转时，三相电压的正峰值将按 $u_A \rightarrow u_C \rightarrow u_B \rightarrow u_A$ 的顺序循环出现，这种 A→C→B→A 的相序称为负序。一般地说，三相电源都是指正序而言的。通常还在三相发电机或配电装置的三相母线上涂以黄、绿、红三种颜色，以此区分 A 相、B 相、C 相。

在运转三相电动机、三相变压器时，相序非常重要。改变三相电源相序，将改变电动机旋转磁场的方向，电动机转子将反向旋转；当三相变压器并联运行时，如果它们的相序不同，就会发生短路现象。

例 6-1 试证明：对称三相正弦电压的相量之和恒等于零。

证明 引用复常数 $a = 1\underline{/120°} = -\dfrac{1}{2} + j\dfrac{\sqrt{3}}{2}$，则

$$a^2 = a \cdot a = (1\ \underline{/120°}) \times (1\ \underline{/120°}) = 1\ \underline{/240°} = 1\ \underline{/-120°} = -\frac{1}{2} - \mathrm{j}\frac{\sqrt{3}}{2}$$

于是，B 相、C 相正弦电压可简计为 $\dot{U}_\mathrm{B} = a^2 \dot{U}_\mathrm{A}$，$\dot{U}_\mathrm{C} = a\dot{U}_\mathrm{A}$。由于

$$1 + a^2 + a = 1 + \left(-\frac{1}{2} - \mathrm{j}\frac{\sqrt{3}}{2}\right) + \left(-\frac{1}{2} + \mathrm{j}\frac{\sqrt{3}}{2}\right) = 0$$

故

$$\dot{U}_\mathrm{A} + \dot{U}_\mathrm{B} + \dot{U}_\mathrm{C} = \dot{U}_\mathrm{A} + a^2 \dot{U}_\mathrm{A} + a\dot{U}_\mathrm{A} = (1 + a^2 + a)\dot{U}_\mathrm{A} = 0$$

上述关系式也适用于其他对称三相正弦量。

例 6-2 在图 6-3a 规定的参考方向下，已知 i_A、i_B、i_C 构成一组正序对称三相正弦电流，电流有效值为 1.41A。（1）若取 i_A 为参考正弦量，试写出它们的表示式；（2）试求 $\omega t = 30°$ 时的各电流。

图 6-3

解　（1）
$$i_\mathrm{A} = 1.41\sqrt{2}\sin\omega t \ \mathrm{A}$$
$$i_\mathrm{B} = 1.41\sqrt{2}\sin(\omega t - 120°)\ \mathrm{A}$$
$$i_\mathrm{C} = 1.41\sqrt{2}\sin(\omega t + 120°)\ \mathrm{A}$$

注意，正序对称时，i_B 和 i_C 不能写成下面的形式
$$i_\mathrm{B} = 1.41\sqrt{2}\sin(\omega t + 120°)\ \mathrm{A}$$
$$i_\mathrm{C} = 1.41\sqrt{2}\sin(\omega t - 120°)\ \mathrm{A}$$

（2）当 $\omega t = 30°$ 时
$$i_\mathrm{A} = 2\sin30°\ \mathrm{A} = 1\mathrm{A}$$
$$i_\mathrm{B} = 2\sin(30° - 120°)\ \mathrm{A} = 2\sin(-90°)\ \mathrm{A} = -2\mathrm{A}$$
$$i_\mathrm{C} = 2\sin(30° + 120°)\ \mathrm{A} = 2\sin150°\ \mathrm{A} = 2\sin30°\ \mathrm{A} = 1\mathrm{A}$$

故
$$i_\mathrm{A} + i_\mathrm{B} + i_\mathrm{C} = 1 + (-2) + 1 = 0$$

这是三个正弦电流对称的必然结果。

讨论： 在图 6-3a 中，三个电流均流向负载，那么电流从哪里流回去呢？这里有必要结合本例计算结果重提一下参考方向的概念。图 6-3a 所标的只是参考方向，而电流究竟如何分配，则要对不同瞬时的电流加以计算后才能确定。如在 $\omega t = 30°$ 对应的时刻，i_A、i_C 的瞬时值都是正的，因此它们与各自的参考方向相同；而 i_B 的瞬时值为负，说明它的实际流向与图中所标的参考方向相反。这时，A 相和 C 相的电流都以 B 相为回路，如图 6-3b 所示。

练习与思考

6-1-1　已知正序对称三相正弦电压的 B 相电压 $u_\mathrm{B} = 220\sqrt{2}\sin(\omega t - 30°)$ V，试写出其他两相电压的表示式，并绘出它们的相量图。

6-1-2　有一组对称三相正弦电流，其 $\dot{I}_\mathrm{A} = 12 + \mathrm{j}16\mathrm{A}$，试写出 $\dot{I}_\mathrm{B}$ 和 $\dot{I}_\mathrm{C}$，并绘出相量图。

6-1-3　在例 6-2 中，试求当 $\omega t = 120°$、180°时的各电流，并说明电流是如何流动的。

6-1-4 在图6-1a中,当交流发电机的转子逆时针转动时,对称三相电压的相序如何改变?

第二节 三相电源和负载的联接

【问题引导】 如果我们注意观察低压配电线路,就会发现三相供电线路只有四根线,其中三根线俗称"相线"(能使试电笔的氖泡发亮),另一根线称为"中性线"(不能使试电笔的氖泡发亮)。为什么只需要四根导线就够了呢?

一、三相电源的联接方式

三相发电机或三相变压器都有三相独立绕组,每相绕组都有相应的相电压。如果每相绕组分别与负载相联,将构成三个单相供电系统,如图6-4所示。这种输电方式需要六根导线,很不经济,实际上并不被采用。通常总是将三相绕组接成星形(丫);在某些情况下,变压器绕组也有接成三角形(△)的。

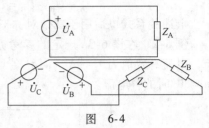

图 6-4

把三相绕组的末端X、Y、Z联在一起的联结方式称为星形联结,如图6-5所示。该联结点称为电源中点,用N表示。从中点引出的导线称为中性线;自始端A、B、C引出的三根导线称为相线,俗称火线。

当发电机或变压器的绕组联成星形时,未必都引出中性线。有中性线的三相电路叫做三相四线制电路,无中性线的三相电路叫做三相三线制电路。

把各相绕组的首尾依次相联,即X与B、Y与C、Z与A相联的方式称为三角形联结,如图6-6所示。三角形联结的电源只有三个端点,而没有中点,因而只能引出三根端线,无法引出中性线,故必为三线制。

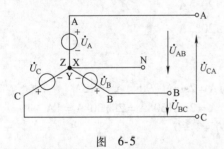

图 6-5

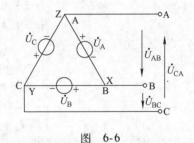

图 6-6

对称三相正弦电压源作三角形联结时,如果联结正确,如图6-7a,则开口三角形A、Z两端的电压应为零,因为

$$\dot{U}_{AZ} = \dot{U}_A + \dot{U}_B + \dot{U}_C = 0$$

因此,当A与Z联结以后,空载时电源每相绕组中都没有电流流过。但是,如有一相(如C相)接反,如图6-7b所示,则开口处A、C两端的电压有效值可高达相电压的二倍。这是因为这时

$$\dot{U}_{AC} = \dot{U}_A + \dot{U}_B + (-\dot{U}_C) = -2\dot{U}_C$$

由于每相绕组的阻抗很小,C、A相联后将形成很大的环流而严重损坏电源。因此,在实际工作中,为了保证联结正确,先把三相绕组联成开口三角形,再用电压表检测一下开口电压,如果电压表读数很小,则说明联结正确;如果电压表的读数是电源电压的两倍,则说明

有一相绕组已接反，应予改接。

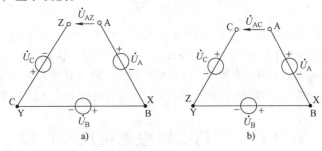

图 6-7

二、三相负载的联结方式

三相电路中的负载也有星形和三角形两种联结方法。图 6-8 的三相负载是星形联结，其中 N′点为负载中点；图 6-9 的三相负载是三角形联结。

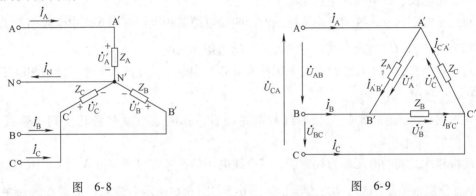

图 6-8   图 6-9

使用交流电的电气设备种类繁多，其中有些设备是需要三相电源才能运行，如三相异步电动机等，这些属于三相负载。还有一些电器设备，它们本身只需要单相电源，如照明用的电灯，这些属于单相负载。多个单相负载适当联接后可以接于三相电源中，对电源来说，这些用电设备的总体也可以看成是三相负载。

每相复阻抗相等的三相负载称为对称三相负载，三相电动机就属于对称三相负载。不满足上述对称条件的三相负载叫做不对称三相负载，照明负载一般是不对称三相负载。

电源对称、负载对称、各相线复阻抗也相等的三相电路叫做对称三相电路。有不对称三相负载的电路属于不对称三相电路。

三、三相电路的连接方式

由于三相电源和三相负载都可以连接成丫或△，因此三相电路有以下四种不同的结构形式，见表6-1。

表6-1 三相电路的连接方式

三相电源接法	三相负载接法	说　明
丫	△	
丫	丫	三线制、亦可四线制
△	△	
△	丫	

练习与思考

6-2-1 图 6-1a 所示交流发电机,若要得到频率为 50Hz 的电压,问原动机转速应为多少?

6-2-2 丫形联结的交流发电机绕组,若将其中某一相始末端接反,则线电压是否对称?为什么?

6-2-3 某对称三相电源每相电压为 380V,每相电源绕组的等效复阻抗为 $0.5 + j1\Omega$。今将此电压源联成三角形,(1)若有一相接反,试求电源回路的电流;(2)若有两相接反,试求电源回路中的电流。

第三节 三相电路中的电压与电流

【问题引导】 从三相四线制供电线路可以取得两种电压,如三相异步电动机需接 380V 的电压,而照明则需接 220V 的电压。电网是如何提供两种电压的呢?这两种电压之间又有什么关系呢?

一、相电压、线电压、中点电压

对三相电源而言,各相绕组两端的电压叫做电源的相电压。图 6-5 中电源相电压的相量分别用 $\dot{U}_A$、$\dot{U}_B$、$\dot{U}_C$ 表示,其正方向规定由始端指向末端。

对负载而言,每相负载两端的电压称为负载的相电压。在图 6-8 中,负载相电压的相量分别以 $\dot{U}'_A$、$\dot{U}'_B$、$\dot{U}'_C$ 表示。

对于图 6-5、图 6-8 的三相四线制电路而言,相电压也就是各相线到中性线之间的电压。

两根相线之间的电压称为线电压,三个线电压的参考方向规定由 A 到 B、由 B 到 C、由 C 到 A,分别以 $\dot{U}_{AB}$、$\dot{U}_{BC}$、$\dot{U}_{CA}$ 表示,如图 6-5、图 6-6 所示。**注意**:线电压脚注字母的顺序表示线电压的正方向,书写时不能任意颠倒,否则将在相位上相差 180°。

丫联结负载的中点 N′ 与 Y 联结电源的中点 N 之间的电压叫做中点电压,其参考方向规定由 N′ 指向 N,并用 $\dot{U}_{N'N}$ 表示。

根据上述有关定义,对于三角形联结的电源或负载而言,各个线电压就是相应的相电压,如图 6-6 和图 6-9 所示。

在丫联结电源或负载中,线电压与相电压则有所不同。以丫联结电源为例,如图 6-5 所示,线电压与相电压之间的关系为

$$\dot{U}_{AB} = \dot{U}_A - \dot{U}_B$$

$$\dot{U}_{BC} = \dot{U}_B - \dot{U}_C \qquad (6-3)$$

$$\dot{U}_{CA} = \dot{U}_C - \dot{U}_A$$

如果三个相电压对称,设其有效值为 U_p,按上述关系式画相量图如图 6-10 所示。由相量图可知,这时三个线电压亦必对称,且线电压有效值 U_l 是相电压的 $\sqrt{3}$ 倍,即

$$U_l = \sqrt{3} U_p \qquad (6-4)$$

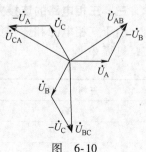

图 6-10

在相位上，$\dot{U}_{AB}$ 比 $\dot{U}_A$、$\dot{U}_{BC}$ 比 $\dot{U}_B$、$\dot{U}_{CA}$ 比 $\dot{U}_C$ 超前30°。

上述结论也适用于星形联结的对称三相负载。

至此，我们可以解答这一节刚开始提出的问题了。由于我国低压配电系统中相电压有效值为 U_p = 220V，因而线电压有效值为 $U_l = (\sqrt{3} \times 220)\text{V} = 380\text{V}$。我国低压供电系统通常采用三相四线制，其优点之一是电源可向负载提供380V 线电压和220V 相电压两种电压。三相三线制供电系统由于省去了中性线，因而在大功率长距离输电时普遍采用。

二、相电流、线电流、中性线电流

三相电路中，流过电源各相绕组或各相负载的电流叫做相电流。在图6-9所示的三角形负载中，$\dot{I}_{A'B'}$、$\dot{I}_{B'C'}$、$\dot{I}_{C'A'}$ 是三个相电流。对三相负载来说，规定相电流与相电压为关联参考方向，如图6-9所示。

三相电路中，各相线中的电流称为线电流，并规定线电流的参考方向由电源流向负载。图6-9中，$\dot{I}_A$、$\dot{I}_B$、$\dot{I}_C$ 是三个线电流。

中性线上的电流称为中性线电流，它是从负载中点 N′ 流向电源中点 N，用 $\dot{I}_N$ 表示，如图6-8所示。

根据上述有关定义，星形联结的电源或负载中，线电流就是相应的相电流，如图6-8所示。

在三角形联结的电源或负载中，线电流与相电流则有所不同。以图6-9的三角形负载为例，线电流与相电流之间的关系为

$$\left.\begin{aligned} \dot{I}_A = \dot{I}_{A'B'} - \dot{I}_{C'A'} \\ \dot{I}_B = \dot{I}_{B'C'} - \dot{I}_{A'B'} \\ \dot{I}_C = \dot{I}_{C'A'} - \dot{I}_{B'C'} \end{aligned}\right\}$$

如果三个相电流对称，设其有效值是 I_p，则按上式画出相量图如图6-11所示。由相量图可知，这时三个线电流亦必对称，且线电流的有效值 I_l 是相电流的 $\sqrt{3}$ 倍，即

$$I_l = \sqrt{3}I_p \qquad (6\text{-}5)$$

在相位上，$\dot{I}_A$ 比 $\dot{I}_{A'B'}$、$\dot{I}_B$ 比 $\dot{I}_{B'C'}$、$\dot{I}_C$ 比 $\dot{I}_{C'A'}$ 均滞后30°。

在三线制中，无论电路对称与否，总有

$$\dot{I}_A + \dot{I}_B + \dot{I}_C = 0$$

在四线制中，由 KCL 得

$$\dot{I}_N = \dot{I}_A + \dot{I}_B + \dot{I}_C$$

三、应用举例

例6-3 一组星形联结的对称三相负载接于对称三相电源上，如图6-12所示。已知 $Z = 20\underline{/30°}\Omega$，电源线电压 $U_l = 380\text{V}$，试求相电流、线电流和中线电流。

解 （1）求负载各相电压：
由式（6-4）计算得

$$U_p = \frac{U_l}{\sqrt{3}} = \frac{380}{\sqrt{3}}\text{V} = 220\text{V}$$

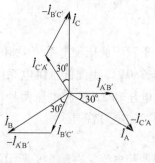

图 6-11

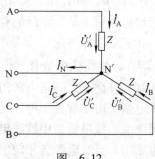

图 6-12

电源相序一般指正序。以 A 相电压为参考相量，则

$$\dot{U}'_A = 220 \underline{/0°} \text{V}$$

$$\dot{U}'_B = 220 \underline{/-120°} \text{V}$$

$$\dot{U}'_C = 220 \underline{/120°} \text{V}$$

（2）求相电流：

$$\dot{I}_A = \frac{\dot{U}'_A}{Z} = \frac{220 \underline{/0°}}{20 \underline{/30°}} \text{A} = 11 \underline{/-30°} \text{A}$$

$$\dot{I}_B = \frac{\dot{U}'_B}{Z} = \frac{220 \underline{/-120°}}{20 \underline{/30°}} \text{A} = 11 \underline{/-150°} \text{A}$$

$$\dot{I}_C = \frac{\dot{U}'_C}{Z} = \frac{220 \underline{/120°}}{20 \underline{/30°}} \text{A} = 11 \underline{/90°} \text{A}$$

可见，三个相电流是对称的，其有效值为 $I_p = 11\text{A}$。

（3）星形联结时，线电流就是相电流，线电流有效值为

$$I_l = I_p = 11\text{A}$$

（4）求中线电流：

$$\dot{I}_N = \dot{I}_A + \dot{I}_B + \dot{I}_C = 11 \underline{/-30°} + 11 \underline{/-150°} + 11 \underline{/90°} = 0$$

注意： 四线制中，由于三相负载对称，中性线上没有电流。

例 6-4 将例 6-3 中负载改为三角形联结，接入同样的三相电源上，如图 6-13 所示，试计算各电流。

解 （1）求负载的相电压：

三角形联结时，相电压就是线电压。因此，负载的相电压分别为

$$\dot{U}'_A = 380 \underline{/30°} \text{V}$$

$$\dot{U}'_B = 380 \underline{/-90°} \text{V}$$

$$\dot{U}'_C = 380 \underline{/150°} \text{V}$$

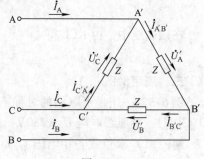

图 6-13

（2）求负载的相电流：

负载中的三个相电流分别为

$$\dot{I}_{A'B'} = \frac{\dot{U}_A{}'}{Z} = \frac{380 \ \underline{/30°}}{20 \ \underline{/30°}} A = 19 \ \underline{/0°} A$$

$$\dot{I}_{B'C'} = \frac{\dot{U}_B{}'}{Z} = \frac{380 \ \underline{/-90°}}{20 \ \underline{/30°}} A = 19 \ \underline{/-120°} A$$

$$\dot{I}_{C'A'} = \frac{\dot{U}_C{}'}{Z} = \frac{380 \ \underline{/150°}}{20 \ \underline{/30°}} A = 19 \ \underline{/120°} A$$

可见，三个相电流是对称的，其有效值为 $I_p = 19A$。

（3）求线电流：

三角形联结时，线电流与相电流是不一样的。线电流有效值应按式（6-5）计算，即

$$I_l = \sqrt{3} I_p = \sqrt{3} \times 19A = 33A$$

比较以上两例所得结果，可以看出：**相同的电源，相同的负载，负载接法不同，线电流也就不同。同一对称负载由丫联结改为△联结后，负载的相电压增至 $\sqrt{3}$ 倍，因而相电流便随之增至 $\sqrt{3}$ 倍；又由于线电流是相电流的 $\sqrt{3}$ 倍，因此负载改为三角形联结后，线电流增至 $\sqrt{3} \times \sqrt{3} = 3$ 倍。**

四、三相负载的接入原则

为适应三相电源的供电方式，三相电路中负载的连接方式也有星形联结和三角形联结两种。负载如何连接，其原则是应视其额定电压而定，即负载接入三相电源后，每一相负载实际承受的电压应等于每一相负载的额定电压。

练习与思考

概念与计算

6-3-1　试写出例 6-4 中三个线电流的相量式，并求它们的和。

6-3-2　一组△联结的对称三相负载接入对称三相电源时，测得线电流为 9A，问负载相电流是多少安培？现将这一组负载改为丫联结后接入同样的电源，问线电流是多少安培？

6-3-3　丫联结的对称三相电源中，如果选取 $\dot{U}_B = 100 \angle 0° V$，试写出 $\dot{U}_A$、$\dot{U}_C$、$\dot{U}_{AB}$、$\dot{U}_{BC}$、$\dot{U}_{CA}$，并绘出相量图。

6-3-4　选取对称△联结负载的 $\dot{I}_{C'A'} = 2 \angle 0° A$，试写出 $\dot{I}_{A'B'}$、$\dot{I}_{B'C'}$、$\dot{I}_A$、$\dot{I}_B$、$\dot{I}_C$，并绘出相量图。

实际应用

6-3-5　三幢同样规格的大楼，用电设备都是额定电压为 220V 的单相负载，欲接在 380/220V 三相四线制的供电线路上，应怎样联结？画出电路图。实际使用时负载对称吗？

6-3-6　一台三相感应电动机，铭牌上标明电压 380/220V、接法丫/△，如接在线电压为 380V 的对称三相电源上，电动机的 6 个接线端标明有 A、B、C 与 X、Y、Z。应怎样联结？

6-3-7　某三相发电机绕组作星形联结，每一相额定电压为 220V，投入运行时测得相电压 $U_A = U_B = U_C = 220V$，但线电压只有 $U_{AB} = 380V$，而 $U_{BC} = U_{CA} = 220V$，这是什么原因？

第四节 对称三相电路的计算

【问题引导】 图6-14a所示对称三相电路中，三个负载电流均流入中点 N'，经中性线汇集起来流回电源。初学者往往会认为中性线电流就一定比每根相线的电流大，但测量显示中性线电流为零。这是怎么回事？为了回答这个问题，下面我们就来分析一下中性线上电流到底有多大。

从结构上看，对称三相电路属于多电源、多回路的正弦交流电路，因而可以用正弦电路的分析方法来计算。这里需要强调的是，对称三相电路有其自身的特点，利用其特点往往可以简化计算过程。

图6-14a是一个对称三相电路，其中负载的复阻抗为 Z，中性线阻抗为 Z_N。电路只有两个节点，可用弥尔曼定理求得中点电压为

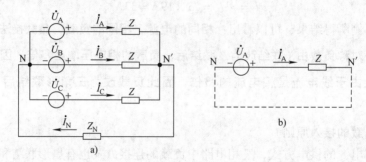

图 6-14

$$\dot{U}_{N'N} = \frac{\dfrac{\dot{U}_A}{Z} + \dfrac{\dot{U}_B}{Z} + \dfrac{\dot{U}_C}{Z}}{\dfrac{1}{Z} + \dfrac{1}{Z} + \dfrac{1}{Z} + \dfrac{1}{Z_N}} = \frac{\dot{U}_A + \dot{U}_B + \dot{U}_C}{3 + \dfrac{Z}{Z_N}}$$

由于三相电源对称，由例6-1可知 $\dot{U}_A + \dot{U}_B + \dot{U}_C = 0$，因而

$$\dot{U}_{N'N} = 0$$

由此可见：在对称三相电路中，负载中点 N' 和电源中点 N 是等电位点，因而负载各相的相电压就等于相应的电源相电压，负载的相电流（即线电流）

$$\dot{I}_A = \frac{\dot{U}_A}{Z}$$

$$\dot{I}_B = \frac{\dot{U}_B}{Z}$$

$$\dot{I}_C = \frac{\dot{U}_C}{Z}$$

由上式可知，三个相电流亦必对称，因而中性线电流

$$\dot{I}_{N} = \dot{I}_{A} + \dot{I}_{B} + \dot{I}_{C} = 0$$

综上所述，对称三相电路的特点是中点电压为零，由此还可得出以下重要结论：

1）在电源与负载均为星形联结时，各相电流仅取决于各相电源和负载，与另外两相无关，也就是说，各相具有"独立性"。例如在计算 $\dot{I}_{A}$ 时，它只与 A 相电源和负载有关，如图 6-14b 所示。

2）各组电压、电流是与电源同相序的一组对称正弦量。例如 $\dot{I}_{A}$、$\dot{I}_{B}$、$\dot{I}_{C}$ 是对称的，相序与电源相同。

3）中性线上没有电流，因而不起作用。中性线可以省去。

由于负载中点与电源中点电位相等，计算时可用一根无阻抗的中性线把负载中点 N′ 与电源中点 N 联结起来，这时电路成为三个独立的单相电路。根据对称关系可将对称三相电路取出一相进行计算，一般取 A 相。计算 A 相电流的电路模型如图 6-14b 所示，其余两相电流可根据对称关系直接写出来。

例 6-5 一组复阻抗 $Z = (76 + j57)\Omega$ 的星形负载接于线电压 $U_l = 380\mathrm{V}$ 的对称三相电源上，已知各相线的复阻抗均为 $Z_l = (4 + j3)\Omega$，试求各相电流。

解 题中既然没有告诉三相电源的具体接法，我们可以设想电源是星形联结，画出电路图如图 6-15a 所示。与图 6-14a 稍有不同的是，这里还考虑了输电线路的复阻抗 Z_l，不过线路阻抗可以和负载阻抗串联进行计算。已知电源的线电压为 380V，根据式（6-4），电源的相电压为 220V。若以电源 A 相电压为参考相量，则有

$$\dot{U}_{A} = 220 \ \underline{/0°}\ \mathrm{V}$$

$$\dot{U}_{B} = 220 \ \underline{/-120°}\ \mathrm{V}$$

$$\dot{U}_{C} = 220 \ \underline{/120°}\ \mathrm{V}$$

取 A 相作为参考相计算 $\dot{I}_{A}$，电路如图 6-15b 所示，得

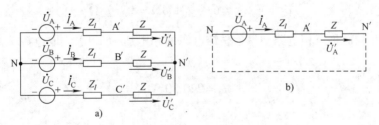

图 6-15

$$\dot{I}_{A} = \frac{\dot{U}_{A}}{Z_l + Z} = \frac{220 \ \underline{/0°}}{(4 + j3) + (76 + j57)}\mathrm{A} = 2.2 \ \underline{/-37°}\ \mathrm{A}$$

根据对称性可以写出

$$\dot{I}_{B} = 2.2 \ \underline{/-157°}\ \mathrm{A}$$

$$\dot{I}_{C} = 2.2 \ \underline{/83°}\ \mathrm{A}$$

负载各相的相电压分别为

$$\dot{U}'_A = Z\dot{I}_A = (95\ \underline{/37°} \times 2.2\ \underline{/-37°})\,V = 209\ \underline{/0°}\,V$$

$$\dot{U}'_B = 209\ \underline{/-120°}\,V$$

$$\dot{U}'_C = 209\ \underline{/120°}\,V$$

注意：由计算结果可知，负载的相电压有效值为 $U'_p = 209V$，略低于电源的相电压 220V，这是由于输电线阻抗 Z_l 上有电压损耗的缘故。**输电线阻抗越小，线路的电压损耗就越小，负载相电压也就越接近于电源相电压。**

例 6-6 一组对称三相负载，其每相复阻抗为 $Z_\triangle = 19.2 + j14.4\Omega$，输电线阻抗为 $Z_l = 3 + j4\Omega$，接在线电压为 380V 的对称三相电源上，如图 6-16a 所示。试求负载的相电流。

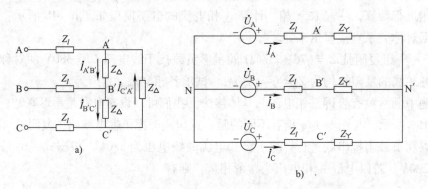

图 6-16

解 本例中的负载是△联结，可以先将△联结的三相负载转换为Y联结，然后按例 6-5 的方法进行计算。仿照式（2-8），Y联结的负载阻抗为

$$Z_Y = \frac{1}{3}Z_\triangle = 6.4 + j4.8\Omega = 8\ \underline{/37°}\,\Omega$$

在图 6-16b 的对称三相电路中，Y联结电源的相电压为 220V。取电源 A 相电压为参考相量，则

$$\dot{U}_A = 220\ \underline{/0°}\,V$$

所以线电流

$$\dot{I}_A = \frac{\dot{U}_A}{Z_l + Z_Y} = \frac{220\ \underline{/0°}}{(3+j4)+(6.4+j4.8)}\,A = \frac{220\ \underline{/0°}}{9.4+j8.8}\,A = \frac{220\ \underline{/0°}}{12.9\ \underline{/43°}}\,A = 17\ \underline{/-43°}\,A$$

线电流有效值为 $I_l = 17A$，△联结负载的相电流有效值为

$$I_p = \frac{I_l}{\sqrt{3}} = \frac{17}{\sqrt{3}}\,A = 9.8\,A$$

A 相负载的相电流为

$$\dot{I}_{A'B'} = 9.8\ \underline{/-13°}\,A$$

其余两相负载中的电流请读者根据对称性自行写出。

练习与思考

6-4-1 写出例6-6中负载 B 相、C 相电流相量 $\dot{I}_{B'C'}$、$\dot{I}_{C'A'}$ 并计算负载端的线电压有效值 U'_l。为什么 $U'_l < 380V$？如果 $Z_l = 0$，问负载的线电压有效值将是多少伏？

6-4-2 一台三相感应电动机每相等效复阻抗为 $(8 + j6)\ \Omega$，其额定电压为220V，接在线电压为380V 的三相三线制电源上，应如何联结？求相电流。

6-4-3 上题中，若电动机每相额定电压为380V，其他条件不变，应如何联结？求相电流和线电流。

6-4-4 在对称三相交流电路中，负载中点与电源中点之间的电压为零是否与中线阻抗的大小有关？为什么？

第五节 不对称三相电路的分析

【问题引导】 某年，一集镇部分居民家用电器被烧，事故是由三相四线低压电缆的中性线螺钉氧化烧结拉弧，使中性线断线引起的。夏季，持续高温，一小区电缆分接箱中性线接头因严重氧化和负荷过大烧断，导致许多居民家用电器不同程度烧坏。中性线断开何以导致事故发生？

许多三相电路中，电源一般是对称的，输电线阻抗也是对称的，不对称主要来自于不对称负载。如某幢大楼的单相用电设备分别接在 A、B、C 三相上，虽然配电时力求使它们均匀地接在三相电源上，但使用时仍然是不平衡的。尤其是当电路中发生如短路这样的故障时，负载的不对称程度将会相当严重。这一节只讨论负载不对称的不对称三相电路。

例6-7 图6-17所示是一个三相四线制照明电路，已知电源相电压是220V，各相负载的额定电压均为 $U_N = 220V$，额定功率分别为 $P_A = 200W$，$P_B = P_C = 1000W$。试求：（1）相电流及中性线电流；（2）A 相负载断开时其他各相电流将有何变化？

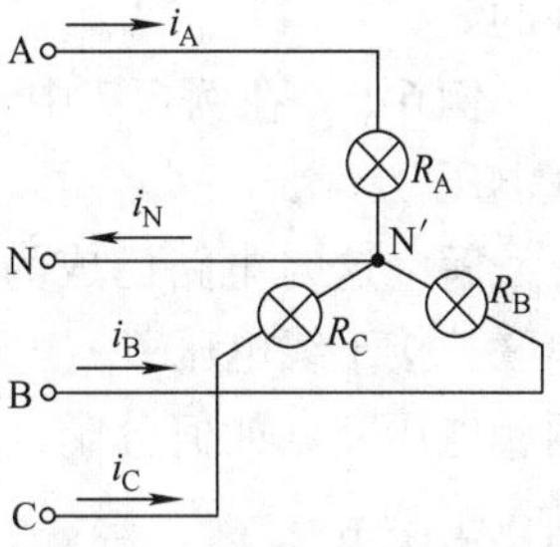

图 6-17

解 A 相白炽灯的电阻为

$$R_A = \frac{U_N^2}{P_A} = \frac{220^2}{200}\Omega = 242\Omega$$

B、C 两相电阻为

$$R_B = \frac{220^2}{1000}\Omega = 48.4\Omega \qquad R_C = \frac{220^2}{1000}\Omega = 48.4\Omega$$

由于是四线制，在不计中性线阻抗时，各相白炽灯的电压是对称的，其有效值为220V。但是，各相功率不等，因而负载是不对称的。图6-17是一个不对称三相电路。

（1）各相负载电流的相量：设 $\dot{U}_A = 220\ \underline{/0°}V$，则

$$\dot{I}_A = \frac{\dot{U}_A}{R_A} = \frac{220\ \underline{/0°}}{242}A = 0.91\ \underline{/0°}A$$

$$\dot{I}_B = \frac{\dot{U}_B}{R_B} = \frac{220\ \underline{/-120°}}{48.4}A = 4.55\ \underline{/-120°}A$$

$$\dot{I}_C = \frac{\dot{U}_C}{R_C} = \frac{220 \underline{/120°}}{48.4} A = 4.55 \underline{/120°} A$$

由 KCL 得中性线电流

$$\dot{I}_N = \dot{I}_A + \dot{I}_B + \dot{I}_C = (0.91 \underline{/0°} + 4.55 \underline{/-120°} + 4.55 \underline{/120°}) A = -3.64A$$

（2）A 相负载断开后，$\dot{I}_A = 0$。由于中性线的存在，负载 B 相、C 相的电压不变，因而 $\dot{I}_B$、$\dot{I}_C$ 不变。但是，中性线电流变为

$$\dot{I}_N = \dot{I}_B + \dot{I}_C = (4.55 \underline{/-120°} + 4.55 \underline{/120°}) A = -4.55A$$

可见，中性线电流上升为 4.55A。

这个例子说明，**负载的不对称程度越小，中性线电流也就越小**。当负载对称时，电路便成为对称三相电路，中性线电流将变为零。

例 6-8 在例 6-7 中，若 A 相短路且中性线断开，如图 6-18 所示，试求各相负载电压的有效值。

解 因 A 相负载已被短路，负载中点 N′ 即为 A 点，因此负载各相电压分别是

$$\dot{U}'_A = 0 \qquad\qquad U'_A = 0$$
$$\dot{U}'_B = \dot{U}_{BA} = -\dot{U}_{AB} \quad U'_B = U_l = 380V$$
$$\dot{U}'_C = \dot{U}_{CA} \qquad\qquad U'_C = U_l = 380V$$

在这种情况下，B 相与 C 相的白炽灯组上所加的电压已达到了线电压，超过了白炽灯的额定电压（220V），这是不允许的。

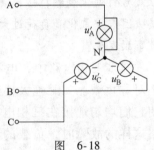

图 6-18

例 6-9 在例 6-7 中，若 A 相负载断开且中性线也断开，如图 6-19 所示，试求各相负载电压。

解 这时电路已成为单回路电路，B 相和 C 相的白炽灯组串联，接于线电压 $U_{BC} = 380V$ 的电源上，两相电流相同。至于两相电压究竟如何分配，这取决于两相等效电阻的大小。本例中，由于 $R_B = R_C$，故 $U'_B = U'_C = \frac{1}{2}U_{BC} = 190V$。

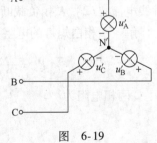

图 6-19

至此，可以看出：

1）负载不对称而又没有中性线时，负载的相电压就不再对称了。负载电压不对称，势必导致有的相的电压过高，超过了负载的额定电压，而有的相的电压过低，低于负载的额定电压。这些都是不允许的。也就是说，三相负载的相电压必须是对称的。

2）中性线的作用就在于使星形联结的不对称负载的相电压对称。为了保证负载上相电压的对称，就不应让中性线断开。**因此，中性线（指干线）上不允许接入熔断器或刀开关，而且要定期检修！**

例 6-10 相序未知时，可以进行测定。图 6-20a 所示是一种相序指示器电路。相序指示器是用来测定电源相序的。它是由一个电容器和两个相同白炽灯联成星形的电路。若以电

容所在相为 A 相，则灯光较亮的便是 B 相。试证明之。

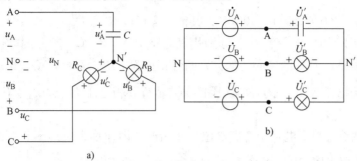

图 6-20

解 图 6-20a 可改画为图 6-20b，其中对称三相电源是星形联结。由弥尔曼定理可得中点电压为

$$\dot{U}_{N'N} = \frac{j\omega C \dot{U}_A + G \dot{U}_B + G \dot{U}_C}{j\omega C + G + G}$$

式中，G 为白炽灯的电导，$j\omega C$ 为电容元件的复导纳。设 $\omega C = G$，并设 $\dot{U}_A = U_p \underline{/0°}$，则 $\dot{U}_B = U_p \underline{/-120°}$，$\dot{U}_C = U_p \underline{/120°}$，代入上式得

$$\dot{U}_{N'N} = \frac{-1+j1}{2+j1}U_p = (-0.2+j0.6)U_p$$

根据 KVL，B 相和 C 相电压为

$$\dot{U}'_B = \dot{U}_B - \dot{U}_{N'N} = (-0.5-j0.866)U_p - (-0.2+j0.6)U_p = (-0.3-j1.466)U_p$$

即

$$U'_B = \sqrt{(-0.3)^2 + (-1.466)^2}U_p = 1.5U_p$$

$$\dot{U}'_C = \dot{U}_C - \dot{U}_{N'N} = (-0.5+j0.866)U_p - (-0.2+j0.6)U_p = (-0.3+j0.266)U_p$$

即

$$U'_C = \sqrt{(-0.3)^2 + (0.266)^2} = 0.4U_p$$

由于 $U'_B > U'_C$，故 B 相白炽灯较亮。

值得注意的是：1）B 相白炽灯的电压为相电压的 1.5 倍，在 380/220V 的供电线路中，此电压为 1.5 × 220V = 330V，因而不能将额定电压为 220V 的灯泡直接联于电源。这时，可用两只 220V 的灯泡串联，分别接在 B、C 两相上。2）实际测定相序时，A 相可以任意指定，但 A 相一经确定，那么比 A 相滞后 120° 的就是 B 相，比 A 相超前 120° 的就为 C 相，这是不可混淆的。

例 6-11 试画出例 6-10 的电压相量图。

解 如取 N 为电位参考点，则电路中 A、B、C、N′点的电位分别是 $\dot{U}_A$、$\dot{U}_B$、$\dot{U}_C$、$\dot{U}_{N'N}$。相量图如图 6-21 所示，作图步骤如下：

（1）取电源 A 相电压为参考相量，画 $\dot{U}_A = U_p \underline{/0°}$，其箭头旁标以字母 A。

（2）画 $\dot{U}_B = U_p \underline{/-120°}$、$\dot{U}_C = U_p \underline{/120°}$，它们的箭头旁分别标

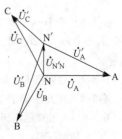

图 6-21

以 B、C。

（3）画 $\dot{U}_{\text{N'N}} = (0.632U_{\text{p}}) \underline{/108.4°}$，其箭头旁标以 N'。

于是，相量图上 A、B、C、N'点分别代表电路中 A、B、C、N'点的电位，电位参考点（电源中点 N）就是△ABC 的中心。如欲判断各相负载电压，就可直接在相量图上进行。图中，N'到 A、N'到 B、N'到 C 的有向线段依次表示负载相电压 $\dot{U}'_{\text{A}}$、$\dot{U}'_{\text{B}}$、$\dot{U}'_{\text{C}}$。从相量图上容易看出：$U'_{\text{B}} > U'_{\text{C}}$。

图 6-21 直观地反映了电路中各点电位分布情况，因而称为位形图。由位形图可知，只有 $\dot{U}_{\text{N'N}} = 0$ 时，位形图中 N'与 N 两点才会重合，使负载相电压对称。一旦 $\dot{U}_{\text{N'N}} \neq 0$，位形图中 N'与 N 就不再重合，这一现象称为中点位移。显然，中点位移势必导致负载相电压不对称，有的相电压降低了，有的相电压变高了，严重时甚至超过电源的线电压。

练习与思考

6-5-1 在三相四线制电路中，为什么中性线上不允许接有开关，也不能接入熔断器？

6-5-2 试画出例6-8、例6-9电路的位形图，并分析负载相电压的分布情况。

6-5-3 三相电路在什么情况下不产生中点位移？有中线阻抗，是否一定会引起中点位移？中点位移对负载的相电压有何影响？

实际应用

6-5-4 照明电路如图6-22所示，各白炽灯泡的瓦数相同，额定电压均为220V。问当中性线在P点断开后，各个灯泡的亮度将如何变化（亮度用正常、较亮、较暗、更亮、更暗、不亮等表示）？

6-5-5 今打算建造一个 12kW 的电阻炉，现买来 6 根电阻丝，其额定电压为220V、额定功率为2kW。甲同学的方案为：单相电源、并联联结，见图6-23a；乙同学的方案为：三相电源、丫联结，见图6-23b；丙同学的方案为：三相电源、△联结，见图6-23c。若三相电源为380/220V系统，问哪个方案正确、合理？为什么？

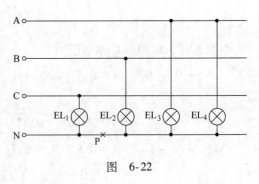

图 6-22

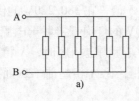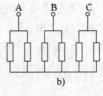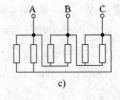

图 6-23

6-5-6 今有 6 个 220V、60W 的白炽灯泡，A 相接 1 个，B 相接 2 个，C 相接 3 个，按三相四线制接入相电压为 220V 电源上，问各灯亮度是否一样？若中性线因故断开，各白炽灯泡亮度会出现什么现象？

6-5-7 室内照明开关 S 一定要接在相线上，若误接在中性线上，如图6-24所示，会有什么问题？

6-5-8 有人将室内配电箱接成图6-25所示接线，有什么问题？

6-5-9 三相额定电压为220V的电热丝接入线电压为380V的三相电源上，最佳的接法是_____。

A. 三角形联结　　B. 星形联结有中性线　　C. 星形联结无中线

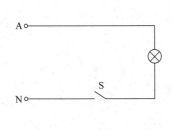

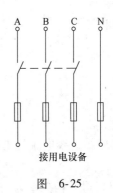

接用电设备

图 6-24   图 6-25

第六节 对称三相电路中的功率

【导读】 三相交流异步电动机为什么运行平稳?

一、三相电路功率的计算

不论负载是星形还是三角形联结,三相电路总的有功功率必然等于每相有功功率之和。在负载对称时,每一相的有功功率一定相等,因此,三相总的有功功率为

$$P = 3U_p I_p \cos\varphi \tag{6-6}$$

式中,φ 是负载相电压与相电流之间的相位差,即负载阻抗角。

当对称三相负载是星形联结时

$$U_l = \sqrt{3}U_p, \quad I_l = I_p$$

当对称三相负载是三角形联结时

$$U_l = U_p, \quad I_l = \sqrt{3}I_p$$

不论对称三相负载是星形还是三角形联结,将以上关系式代入式(6-6)得

$$P = \sqrt{3}U_l I_l \cos\varphi \tag{6-7}$$

值得注意的是,式(6-7)中 φ 仍然是负载相电压与相电流之间的相位差,即负载阻抗角,或称功率因数角,而不是线电压和线电流之间的相位差。

式(6-7)表明,测量或计算对称三相电路的有功功率与负载的联结方式无关,当负载的功率因数 $\cos\varphi$ 已知时,根据测得的线电压、线电流有效值,就可以计算出三相负载的有功功率,不必考虑负载的联结方式。

同理,对称三相电路的无功功率、视在功率分别是

$$Q = 3U_p I_p \sin\varphi = \sqrt{3}U_l I_l \sin\varphi \tag{6-8}$$

$$S = 3U_p I_p = \sqrt{3}U_l I_l \tag{6-9}$$

例 6-12 有一台三相电动机,其每相负载的等效复阻抗 $Z = R + j\omega L = (29 + j21.8)\Omega$,今将三相绕组联成星形后接于线电压为 380V 的对称三相电源上,试求电路的相电流、线电流及负载所取用的有功功率。如果绕组按三角形联结后接入线电压为 220V 的三相电源上,重算以上各量。

解 (1)已知线电压 $U_l = 380$V,相电压应为 $U_p = 220$V。负载阻抗

$$z = \sqrt{R^2 + (\omega L)^2} = \sqrt{29^2 + 21.8^2}\ \Omega = 36.3\Omega$$

负载功率因数

$$\cos\varphi = \frac{R}{z} = \frac{29}{36.3} = 0.8$$

相电流

$$I_{\mathrm{p}} = \frac{U_{\mathrm{p}}}{z} = \frac{220}{36.3}\mathrm{A} = 6.1\mathrm{A}$$

对于星形联结，线电流就是相电流，故

$$I_l = 6.1\mathrm{A}$$

由式(6-7)得三相功率为

$$P = \sqrt{3}U_l I_l \cos\varphi = (\sqrt{3} \times 380 \times 6.1 \times 0.8)\mathrm{W} = 3200\mathrm{W} = 3.2\mathrm{kW}$$

（2）线电压 $U_l = 220\mathrm{V}$。

对于三角形联结，相电压就是线电压，即 $U_{\mathrm{p}} = 220\mathrm{V}$。

相电流为

$$I_{\mathrm{p}} = \frac{U_{\mathrm{p}}}{z} = \frac{220}{36.3}\mathrm{A} = 6.1\mathrm{A}$$

三角形联结时，线电流为

$$I_l = \sqrt{3}I_{\mathrm{p}} = \sqrt{3} \times 6.1\mathrm{A} = 10.5\mathrm{A}$$

故

$$P = \sqrt{3}U_l I_l \cos\varphi = (\sqrt{3} \times 220 \times 10.5 \times 0.8)\mathrm{W} = 3200\mathrm{W} = 3.2\mathrm{kW}$$

比较（1）、（2）的结果，有些电动机有两种额定电压，即 220/380V，这表示当线电压是 220V 时，电动机的三相绕组应按三角形来接；当线电压是 380V 时，电动机应联成星形。在两种接法中，电动机本身的相电压、相电流及功率均未改变，只是供电线路的线电流有所不同而已。

二、对称三相电路中瞬时功率的特点

三相电路的瞬时功率等于各相瞬时功率之和，即

$$p = p_{\mathrm{A}} + p_{\mathrm{B}} + p_{\mathrm{C}}$$

在对称三相电路中，对称负载 A 相的瞬时功率

$$p_{\mathrm{A}} = u_{\mathrm{A}}i_{\mathrm{A}} = \sqrt{2}U_{\mathrm{p}}\sin\omega t \cdot \sqrt{2}I_{\mathrm{p}}\sin(\omega t - \varphi) = U_{\mathrm{p}}I_{\mathrm{p}}\cos\varphi - U_{\mathrm{p}}I_{\mathrm{p}}\cos(2\omega t - \varphi)$$

同理可得

$$p_{\mathrm{B}} = U_{\mathrm{p}}I_{\mathrm{p}}\cos\varphi - U_{\mathrm{p}}I_{\mathrm{p}}\cos(2\omega t + 120° - \varphi)$$

$$p_{\mathrm{C}} = U_{\mathrm{p}}I_{\mathrm{p}}\cos\varphi - U_{\mathrm{p}}I_{\mathrm{p}}\cos(2\omega t - 120° - \varphi)$$

由于

$$\cos(2\omega t - \varphi) + \cos(2\omega t + 120° - \varphi) + \cos(2\omega t - 120° - \varphi) = 0$$

所以

$$p = 3U_{\mathrm{p}}I_{\mathrm{p}}\cos\varphi = P = 常数$$

由此可见，虽然每相瞬时功率都含有两倍频率的脉动成分，但在三相总的瞬时功率中，这三个脉动成分的总和恰好为零，所以瞬时功率 p 就等于有功功率 P，即它是与时间无关的恒定值，不再含有脉动成分。据此，在对称三相电路中，三相电动机的瞬时功率是恒定的，瞬时转矩也是恒定的，不随时间而变化，因而被三相电动机驱动的机械设备的转速也是平稳

的。这种性质叫瞬时功率的平衡性，它是对称三相制的重要优点之一。

练习与思考

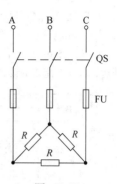

6-6-1 若对称三相负载正常接法是星形联结，但错接成三角形联结，问负载电流和功率将如何变化？会发生什么后果？

6-6-2 若对称三相负载正常接法是三角形联结，但错接成星形联结，问负载电流和功率将如何变化？负载能否正常工作？

6-6-3 要提高对称三相感性负载的功率因数，而且不破坏负载的对称性，至少需要几个电容？这些电容应怎样连接？

实际应用

6-6-4 实验室购置了一台15kW三相电阻炉，三角形联结，使用线电压为380V的三相电源，如图6-26所示。问：应安装额定电流多大的三相刀开关 QS 和熔断器 FU？三相刀开关和熔断器的额定电流取为线电流的2倍。

图 6-26

习　　题

6-1 一对称三相正弦电压源的 $\dot{U}_A = 127 \underline{/90°}$V。（1）试写出 $\dot{U}_B$、$\dot{U}_C$；（2）求 $\dot{U}_B - \dot{U}_C$ 并与 $\dot{U}_A$ 进行比较；（3）求 $\dot{U}_B + \dot{U}_C$ 并与 $\dot{U}_A$ 进行比较；（4）画相量图。

6-2 一组对称三相正弦电流的 $\dot{I}_A = 10 \underline{/-60°}$A。（1）试计算 $\dot{I}_B + \dot{I}_C$；（2）写出 i_A、i_B 和 i_C 的表达式；（3）画相量图；（4）求 $\dot{I}_A + \dot{I}_B + \dot{I}_C$。

6-3 已知对称三相正弦电源的相电压为220V，联结方式如图6-27所示。试画相量图，进而求出各电压表的读数。

6-4 有一台三相发电机，其绕组联成星形，每相额定电压为220V。在一次试验时，用电压表测得相电压 $U_A = U_B = U_C = 220$V，而线电压则为 $U_{AB} = U_{CA} = 220$V，$U_{BC} = 380$V，试问这种现象是如何引起的？

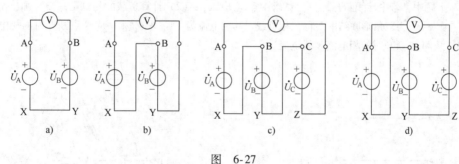

a)　　　　　b)　　　　　c)　　　　　d)

图 6-27

6-5 一三相发电机的绕组联成星形时线电压为6300V。（1）试求发电机绕组的相电压；（2）如将绕组改接成三角形，试求线电压。

6-6 图6-28是两相异步电动机的电源分相电路，D是铁心线圈的中心抽头。试用相量图说明 $\dot{U}_{AB}$ 与 $\dot{U}_{DC}$ 之间的相位差为90°。

6-7 在三相四线制电路中，已知电源线电压 $\dot{U}_{AB} = 380 \underline{/0°}$V，三相负载均为 $Z = 10 \underline{/53°}$Ω，试求各电流。

6-8 额定电压为220V的三个单相负载，其复阻抗均为 $Z = (8.66 + j5)$Ω，今欲接入线电压为380V的对称三相电源上。(1)负载应采用何种接法接入电源?(2)试求各电流;(3)求三相负载消耗的有功功率。

6-9 已知三角形联结的对称三相负载 $Z = (10 + j15)\Omega$,接于线电压为 380V 的对称三相电源上。试求:(1)相电流;(2)线电流;(3)画相量图。

6-10 图 6-29 所示是一组对称三相负载,当开关 S 闭合时,三个电流表的读数均为 5A。当开关 S 断开后,求各电流表的读数。设对称三相电源电压不变。

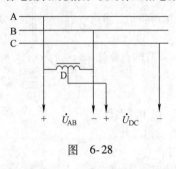

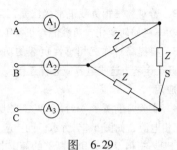

图 6-28   图 6-29

6-11 为了减小三相笼型异步电动机的起动电流,通常把电动机先联结成星形,转起来以后再改成三角形联结(称为 丫 – △ 起动),试求:(1)丫 – △ 起动时的相电流之比;(2)丫 – △ 起动时的线电流之比。

6-12 在三相四线制对称电路中,已知电源线电压为 380V,负载各相的复阻抗 $Z = (18 - j24)\Omega$,相线的复阻抗 $Z_l = (2 + j4)\Omega$,中性线阻抗 $Z_N = (3 + j6)\Omega$,试求线电流和负载的相电压。

6-13 在图 6-30 的三相四线制电路中,电源线电压为 380V。三个电阻性负载联成星形,其电阻 $R_A = 11\Omega$,$R_B = R_C = 22\Omega$。(1)求负载相电压、相电流及中性线电流;(2)若无中性线,试求中点电压及负载的相电压。

6-14 在上题中,若中性线已断开,求下面两种情况下负载的相电压和相电流:(1)A 相负载已被短路;(2)A 相负载已断开。

6-15 在三相四线制电路中,电源电压为 220/380V,不对称三相负载为 $Z_A = 10\Omega$、$Z_B = j10\Omega$、$Z_C = -j10\Omega$。(1)求相电流及中性线电流;(2)求三相有功功率。

6-16 上题中,若中性线断开,(1)试求中点电压 $\dot{U}_{N'N}$;(2)计算负载的相电压;(3)画出位形图。

6-17 图 6-31 为三角形联结的对称三相负载,其相电流为 1A。求:(1)从 N 点断开时的相电流和线电流;(2)从 M 点断开时的相电流和线电流。

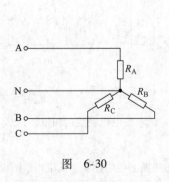

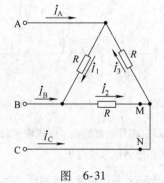

图 6-30   图 6-31

6-18 有一三相异步电动机,其绕组联成三角形,接在线电压为 $U_l = 380V$ 的三相电源上,从电源所取用的功率为 $P = 11.43kW$,功率因数 $\cos\varphi = 0.87$,试求电动机的相电流和线电流。

6-19 电路如图 6-32 所示,在电压为 380/220V 的三相四线制电源上,接有对称星形联结的白炽灯,总功率为 180W。此外,C 相还接有额定电压为 220V、功率为 40W、功率因数为 0.5 的荧光灯一支。试求各电流表的读数。

6-20 图 6-33 电路可以将单相交流电转换为对称三相电压，其中 $R_1 = \sqrt{3} X_{C1}$，$X_{C2} = \sqrt{3} R_2$。设 $U = 220\text{V}$，求 $\dot{U}_{AB}$、$\dot{U}_{BC}$、$\dot{U}_{CA}$。

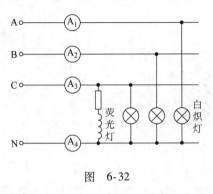

图 6-32

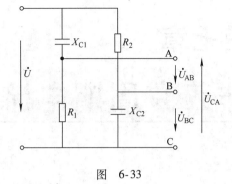

图 6-33

第七章

非正弦周期电流电路

除了正弦交流电路以外，实际应用中还会遇到非正弦周期电流电路。所谓非正弦周期电流电路，是指电路中的电流、电压仍作周期性变化，但不是正弦波。分析这些电路的方法是：利用傅里叶级数将非正弦周期量分解为一系列不同频率的正弦量之和，然后按照直流电路和正弦电路的计算方法，分别计算在直流和单个正弦信号作用下的电路响应，再根据线性电路叠加原理将所得结果相加。这种方法称为谐波分析法。

本章主要介绍：①非正弦周期电流的产生；②周期量和正弦量之间的关系；③非正弦周期电流电路的计算。

第一节　非正弦周期电流的产生

【导读】　实际电路中出现非正弦周期电压、电流的原因有二：①电源是非正弦周期电源；②电路中有非线性元器件。

一、电源电压是非正弦周期电压

即使在一个线性电路中，如果电源电压本身是一个非正弦周期波，那么这个电源在电路中所产生的电流也将是非正弦周期电流。

一般地说，交流发电机所产生的电压波形，虽然力求使电压按正弦规律变化，但由于制造方面的原因，其电压波形与正弦波相比总有一些畸变。此外，电信工程、计算机中传输的各种信号，大多也是按非正弦规律而周期性变化的，常见的有方波、三角波、锯齿波、脉冲波等，如图7-1所示。

还有另一种情形是，当电路中有两个以上不同频率的正弦电源作用时，由于电路中的总电压不再是一个正弦波，因此电路中的电流也不再是正弦波。例如，将角频率为 ω 的正弦电压源和角频率为 3ω 的另一正弦电压源串联起来，如图7-2a所示，那么，从1、2两端用示波器可以观察到，这两端的总电压 $u = u_1 + u_3$ 是一个非正弦周期波，其波形如图7-2b所示。如果把这样的电源作用于线性电路，则电路中将会出现非正弦周期电流。

二、电路中存在非线性元件

从负载方面讲，如果电路中含有非线性元件时，即使电源电压是正弦波，电路中的电流也将是非正弦周期电流。图7-3a是一个二极管半波整流电路，虽然电源电压 u 是正弦波，

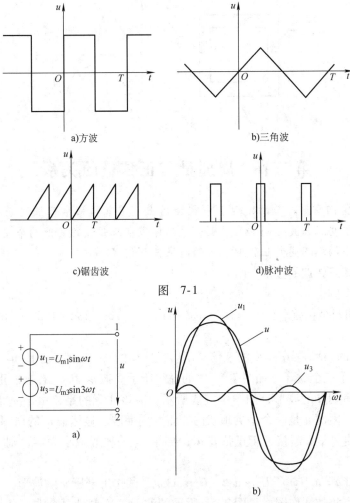

a)方波

b)三角波

c)锯齿波

d)脉冲波

图 7-1

图 7-2

但由于二极管 VD 具有单向导电性，在电源电压正半周时二极管导通，负半周时二极管截止，使得电流只能沿一个方向流通，在另一方向上被阻断，得到图 7-3b 所示的电流波形。又如图 7-4a 是含有铁心线圈的电路，由于非线性的影响，即使当正弦电压作用于该线圈两端时，也会产生图 7-4b 所示的非正弦周期电流。

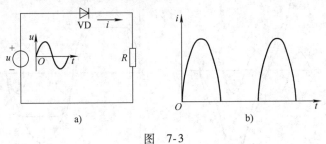

图 7-3

上述电压、电流的波形虽然各不相同，但它们都按一定规律周期性地变化，故称为非正弦周期波。

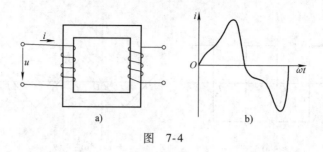

图 7-4

第二节 周期量与正弦量的关系

【导读】 在第四章第七节的定理1中曾经指出,几个同频率正弦波叠加的结果是一个同频率正弦波;这些正弦波之间如有差别,也只体现在正弦量的其他两个要素,即初相与振幅上。那么,几个频率不同的正弦波叠加的结果又如何呢?

一、不同频率正弦波的叠加

我们先看两个例子。

例 7-1 已知两个正弦电压 $u_1 = U_{m1}\sin\omega t$ 和 $u_3 = U_{m3}\sin(3\omega t - 180°)$,试作出 $u = u_1 + u_3$ 的波形。

解 由于 u_3 的频率是 u_1 频率的三倍,所以在同样的 $0 \sim 2\pi$ 弧度内,u_1 只经历了一个循环,而 u_3 则经历了三个循环,如图7-5a中的虚线所示。把 u_1 和 u_3 各自的正弦波形画出后,逐点相加就可以得到 u 的波形,如图中实线所示。应该注意的是,由于 u_1 出现峰值时,u_3 也刚好出现峰值,因而 u 是一个呈尖顶状的非正弦周期波。显然,u_3 的振幅越大,u 的顶部越尖;u_3 的振幅越小,u 越接近于正弦波 u_1;如果 u_3 的振幅减小为零,则 u 就变成一个纯正弦波了。

例 7-2 已知 $u = u_1 + u_3 = U_{m1}\sin\omega t + U_{m3}\sin 3\omega t$,试作出电压 u 的波形。

解 仍用逐点相加法作图,得图7-5b所示的波形。这也是一个非正弦周期波。因其顶部较平坦,故称为平顶波。

这两个例子说明,两个(可推广到多个)频率不同的正弦波叠加的结果,已经不再是一个正弦波,但仍然具有周期性,即是一个非正弦周期波。

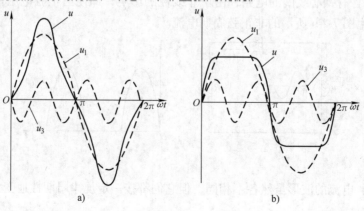

图 7-5

二、非正弦周期波的分解

综上所述，一些频率不同的正弦波之和是一个非正弦周期波。既然如此，那么反过来一个非正弦周期波能否分解为一些频率不同的正弦波呢？这一问题在数学中已有肯定的答复，这就是：凡满足狄里赫利条件的周期函数都可以展开为傅里叶级数。

一般地说，电工技术中所遇到的周期函数 $f(t)$ 都能满足狄里赫利条件，因而可以分解为下列的傅里叶级数：

$$\begin{aligned}
f(t) &= A_0 + A_1\cos\omega t + A_2\cos2\omega t + A_3\cos3\omega t + \cdots \\
&\quad + B_1\sin\omega t + B_2\sin2\omega t + B_3\sin3\omega t + \cdots \\
&= A_0 + \sum_{k=1}^{\infty}(A_k\cos k\omega t + B_k\sin k\omega t)
\end{aligned} \tag{7-1}$$

式中，$\omega = \dfrac{2\pi}{T}$，T 为 $f(t)$ 的周期，k 为正整数。上式中的 A_0、A_k 及 B_k 称为傅里叶系数，可用下列公式来确定：

$$\left.\begin{aligned}
A_0 &= \frac{1}{T}\int_0^T f(t)\,\mathrm{d}t = \frac{1}{2\pi}\int_0^{2\pi} f(\omega t)\,\mathrm{d}(\omega t) \\
A_k &= \frac{2}{T}\int_0^T f(t)\cos k\omega t\,\mathrm{d}t = \frac{1}{\pi}\int_0^{2\pi} f(\omega t)\cos k\omega t\,\mathrm{d}(\omega t) \\
B_k &= \frac{2}{T}\int_0^T f(t)\sin k\omega t\,\mathrm{d}t = \frac{1}{\pi}\int_0^{2\pi} f(\omega t)\sin k\omega t\,\mathrm{d}(\omega t)
\end{aligned}\right\} \tag{7-2}$$

若将式（7-1）中的同频率正弦项与余弦项合并，则傅里叶级数还可以写成

$$f(t) = C_0 + \sum_{k=1}^{\infty} C_k\sin(k\omega t + \Psi_k) \tag{7-3}$$

式中

$$\left.\begin{aligned}
C_0 &= A_0 \\
C_k &= \sqrt{A_k^2 + B_k^2} \\
\Psi_k &= \operatorname{arctg}\frac{A_k}{B_k}
\end{aligned}\right\} \tag{7-4}$$

式（7-3）给出了各次谐波的振幅和初相，因而在电工技术中使用更为广泛。其中的第一项 C_0 是非正弦周期函数在一周期内的平均值，这是一个与时间无关的常数，因而称为直流分量。第二项 $C_1\sin(\omega t + \Psi_1)$ 的频率与周期函数 $f(t)$ 相同，称为基波或一次谐波。其余各项的频率是周期函数的频率的整数倍，称为高次谐波，例如 $k = 2$、3、…的各项，分别称为二次谐波、三次谐波等等。此外，人们还常常把 k 为奇数的各次谐波统称为奇次谐波，k 为偶数的各次谐波统称为偶次谐波。

例7-3 求图7-6所示方波的傅里叶级数。

解 由式（7-1）可知，只要计算出傅里叶系数 A_0、A_k、B_k，就可以写出周期函数的傅里叶级数。

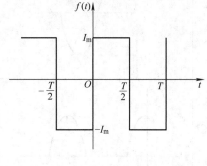

图 7-6

这些系数可由式（7-2）计算积分而求得。为此，首先应该写出方波在一个周期内的解析式，即

$$f(t) = \begin{cases} +I_\mathrm{m} & 0 < t < \dfrac{T}{2} \\ -I_\mathrm{m} & \dfrac{T}{2} < t < T \end{cases}$$

（1）求 A_0

从数学上讲，A_0 是周期函数在一个周期内的平均值。对图 7-6 所示的方波，在一周期 T 内，其横轴上部的正面积与下部的负面积完全抵消，因而一周期内的平均值为零，即 $A_0 = 0$。

（2）求 A_k

由式（7-2）得

$$A_k = \frac{2}{T}\left[\int_0^{\frac{T}{2}} I_\mathrm{m}\cos k\omega t \mathrm{d}t - \int_{\frac{T}{2}}^{T} I_\mathrm{m}\cos k\omega t \mathrm{d}t \right] = 0$$

（3）求 B_k

由式（7-2）得

$$B_k = \frac{2}{T}\left[\int_0^{\frac{T}{2}} I_\mathrm{m}\sin k\omega t \mathrm{d}t - \int_{\frac{T}{2}}^{T} I_\mathrm{m}\sin k\omega t \mathrm{d}t \right] = \frac{2I_\mathrm{m}}{k\pi}(1 - \cos k\pi)$$

当 $k = 1，3，5，\cdots$ 奇数时，$B_k = \dfrac{4I_\mathrm{m}}{k\pi}$

当 $k = 2，4，6，\cdots$ 偶数时，$B_k = 0$

于是，图 7-6 所示方波的傅里叶级数为

$$f(t) = \frac{4I_\mathrm{m}}{\pi}\left(\sin\omega t + \frac{1}{3}\sin 3\omega t + \frac{1}{5}\sin 5\omega t + \cdots + \frac{1}{k}\sin k\omega t + \cdots \right) \quad (k \text{ 为奇数})$$

其中只有奇次谐波，且只有正弦项。

几种常见周期函数的傅里叶级数列于表 7-1 中。

表 7-1

名称	函数的波形	傅里叶级数	有效值	整流平均值
正弦波		$f(t) = A_\mathrm{m}\sin\omega t$	$\dfrac{A_\mathrm{m}}{\sqrt{2}}$	$\dfrac{2A_\mathrm{m}}{\pi}$
半波整流波		$f(t) = \dfrac{2}{\pi}A_\mathrm{m}\left(\dfrac{1}{2} + \dfrac{\pi}{4}\cos\omega t + \dfrac{1}{1\times 3}\times \cos 2\omega t - \dfrac{1}{3\times 5}\cos 4\omega t + \dfrac{1}{5\times 7}\times \cos 6\omega t - \cdots \right)$	$\dfrac{A_\mathrm{m}}{2}$	$\dfrac{A_\mathrm{m}}{\pi}$

（续）

名称	函数的波形	傅里叶级数	有效值	整流平均值
全波整流波		$f(t) = \dfrac{4}{\pi}A_m\left(\dfrac{1}{2} + \dfrac{1}{1\times3}\cos2\omega t - \dfrac{1}{3\times5}\cos4\omega t + \dfrac{1}{5\times7}\cos6\omega t - \cdots\right)$	$\dfrac{A_m}{\sqrt{2}}$	$\dfrac{2A_m}{\pi}$
方波		$f(t) = \dfrac{4A_m}{\pi}\left(\sin\omega t + \dfrac{1}{3}\sin3\omega t + \dfrac{1}{5}\sin5\omega t + \cdots + \dfrac{1}{k}\sin k\omega t + \cdots\right)$ （k 为奇数）	A_m	A_m
锯齿波		$f(t) = A_m\left[\dfrac{1}{2} - \dfrac{1}{\pi}\left(\sin\omega t + \dfrac{1}{2}\sin2\omega t + \dfrac{1}{3}\sin3\omega t + \cdots\right)\right]$	$\dfrac{A_m}{\sqrt{3}}$	$\dfrac{A_m}{2}$
梯形波		$f(t) = \dfrac{4A_m}{\omega t_0 \pi}\left(\sin\omega t_0 \sin\omega t + \dfrac{1}{9}\sin3\omega t_0 \sin3\omega t + \dfrac{1}{25}\sin5\omega t_0 \sin5\omega t + \cdots + \dfrac{1}{k^2}\sin k\omega t_0 \sin k\omega t + \cdots\right)$ （k 为奇数）	$A_m\sqrt{1 - \dfrac{4\omega t_0}{3\pi}}$	$A_m\left(1 - \dfrac{\omega t_0}{\pi}\right)$
三角波		$f(t) = \dfrac{8A_m}{\pi^2}\left(\sin\omega t - \dfrac{1}{9}\sin3\omega t + \dfrac{1}{25}\sin5\omega t \cdots + \dfrac{(-1)^{\frac{k-1}{2}}}{k^2}\sin k\omega t + \cdots\right)$ （k 为奇数）	$\dfrac{A_m}{\sqrt{3}}$	$\dfrac{A_m}{2}$

例 7-4　图 7-7a 所示是半波整流电压的波形，图 7-7b 是锯齿电流的波形。试计算它们各自的直流分量。

解　（1）可运用式（7-2）计算图 7-7a 中半波整流电压的直流分量。为了方便，设 $x = \omega t$，周期相应地取 2π。则

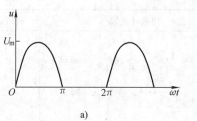
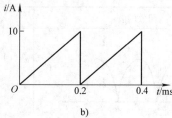

图 7-7

$$U_0 = \frac{1}{2\pi}\int_0^\pi U_m \sin x \, dx = \frac{U_m}{2\pi}\left[-\cos x\right]_0^\pi = \frac{U_m}{\pi}$$

（2）图 7-7b 中电流的直流分量除了可用式（7-2）计算外，还可以这样计算：

$$直流分量 = \frac{一周期内的面积}{周期}$$

$$I_0 = \frac{\frac{1}{2}\times 0.2 \times 10}{0.2}A = 5A$$

例 7-5 试写出图 7-7b 所示锯齿波电流的傅里叶级数。

解 锯齿波电流的周期、角频率分别为

$$T = 0.2ms = 0.0002s$$

$$\omega = \frac{2\pi}{T} = \frac{2\times 3.14}{0.0002}rad/s = 31400rad/s$$

查表 7-1 并计算得

$$i = 5 - 3.18\sin 31400t - 1.59\sin 62800t - 1.06\sin 94200t - \cdots A$$

练习与思考

7-2-1 如图 7-8 所示，已知 $U_0 = 5V$，$u_1 = 7\sin 314tV$，试作出负载两端电压 u_{ab} 的波形。

7-2-2 用逐点相加作图法画出下列电压波形。

（1）$u = (10\sin\omega t + 3\cos\omega t)$ V

（2）$u = (10 + 3\cos 3\omega t)$ V

7-2-3 设 $u_{BE} = (0.6 + 0.02\sin\omega t)$ V，$u_{CE} = [6 + 3\sin(\omega t - \pi)]$ V，试分别画出它们的波形，并说明其中两个同频率正弦分量的大小和相位关系。

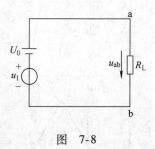

图 7-8

第三节 具有对称性的周期波

【导读】 工程中遇到的周期波往往具有某种对称性，掌握这些对称性，不仅能减少计算量，更重要的是可以根据波形的对称性预先判断非正弦周期波的谐波成分。

一、奇函数

如果函数满足 $f(t) = -f(-t)$，就说它是奇函数。正弦电流 $i = I_m \sin\omega t$ 是奇函数；表7-1 中的方波、三角波、梯形波也都是奇函数。

根据上述定义，奇函数的波形对称于坐标原点，因而一周期内的积分为零。当 $f(t)$ 是奇

函数时，$f(t)\cos k\omega t$ 也是一个奇函数，因而有

$$A_0 = \frac{1}{T}\int_0^T f(t)\,\mathrm{d}t = 0$$

$$A_k = \frac{2}{T}\int_0^T f(t)\cos k\omega t\mathrm{d}t = 0$$

这就是说，奇函数的傅里叶级数中仅有正弦项分量（这些都是奇函数），而没有直流分量和余弦分量。即

$$f(t) = \sum_{k=1}^{\infty} B_k\sin k\omega t \qquad (7\text{-}5)$$

二、偶函数

如果函数满足 $f(t)=f(-t)$，就说它是偶函数。余弦函数就是偶函数；表 7-1 中的全波整流波就是偶函数。

根据这个定义，偶函数的波形对称于纵轴。当 $f(t)$ 为偶函数时，$f(t)\sin k\omega t$ 则是奇函数，因此

$$B_k = \frac{2}{T}\int_0^T f(t)\sin k\omega t\mathrm{d}t = 0$$

可见，偶函数的傅里叶级数中没有正弦项。因此

$$f(t) = A_0 + \sum_{k=1}^{\infty} A_k\cos k\omega t \qquad (7\text{-}6)$$

三、奇谐波函数

如果函数满足 $f(t) = -f\left(t \pm \frac{T}{2}\right)$，就说它是奇谐波函数。根据这个定义，当 k 为奇数时，$\sin k\omega t$ 和 $\cos k\omega t$ 都是奇谐波函数。这是因为

$$\sin k\omega\left(t+\frac{T}{2}\right) = \sin\left(k\omega t + k\frac{\omega T}{2}\right) = \sin(k\omega t + k\pi) = -\sin k\omega t$$

同理可得

$$\cos k\omega\left(t+\frac{T}{2}\right) = -\cos k\omega t$$

从波形上来看，奇谐波函数具有这样的对称性：将其正半波沿时间轴移动半周，便移到负半波的上方，即表现为镜象对称关系，如图 7-9 所示。可以证明：奇谐波函数的傅里叶级数中只有奇次谐波，即

$$f(t) = \sum_{k=1}^{\infty} (A_k\cos k\omega t + B_k\sin k\omega t) \qquad (k\text{ 为奇数}) \qquad (7\text{-}7)$$

而没有直流分量和偶次谐波（它们都不是奇谐波函数）。

例 7-6 已知周期函数 $f(t)$ 如图 7-10 所示，试判断其中所含的谐波成分，并求其傅里叶级数。

解 （1）图中方波以纵轴为对称，因而是偶函数。因此，它的傅里叶级数中没有正弦项，而只有余弦项。即

$$f(t) = \sum A_k\cos k\omega t$$

（2）此外，如将 $f(t)$ 的波形沿时间轴移动半周，如图中虚线所示，两个波形互呈镜像

对称；这就是说，它又是奇谐波函数，因而只含奇次谐波。即

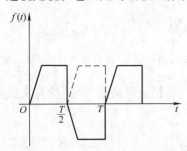 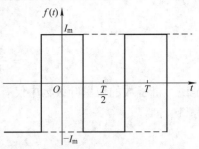

图　7-9　　　　　　　　　　　　　　　　　图　7-10

$$f(t) = A_1\cos\omega t + A_3\cos3\omega t + A_5\cos5\omega t + A_7\cos7\omega t + \cdots$$

（3）综上所述，$f(t)$ 的傅里叶级数中只有奇次余弦项，计算得

$$f(t) = \frac{4I_m}{\pi}\left[\cos\omega t - \frac{1}{3}\cos3\omega t + \frac{1}{5}\cos5\omega t - \frac{1}{7}\cos7\omega t + \cdots\right]$$

注意：方波中各谐波振幅按 $\frac{1}{k}$ 而衰减。

例7-7　图 7-11 所示的是一个周期电压三角波，试分析其中的谐波成分。

解　（1）图中三角波电压对原点对称，因而是奇函数，只有正弦项。

（2）如将前半周波形后移半个周期，它将与下半周波形对称于横轴，如图中虚线所示，这说明该波形也是奇半波对称，因而只有奇次谐波。

（3）总之，这个三角波电压中只含有奇次正弦项。查表7-1 得

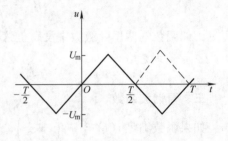

图　7-11

$$u(t) = \frac{8U_m}{\pi^2}\left[\sin\omega t - \frac{1}{3^2}\sin3\omega t + \frac{1}{5^2}\sin5\omega t - \cdots\right]$$

注意：三角波中各谐波振幅是按 $\frac{1}{k^2}$ 而衰减的。显然，它比方波收敛得快一些。

最后指出两点：

1）傅里叶级数是一个无穷级数，因此把一个非正弦周期量分解为傅里叶级数，从理论上说，必须取无穷多项才能准确地代表原函数，但由于各次谐波的振幅随频率增高而衰减，实际上只需取前面几项即可。究竟取几项，应视精确度要求而定。

2）一个函数是奇函数或是偶函数，这与计时起点的选择有关。

练习与思考

7-3-1　偶函数的傅里叶级数中是否一定有直流分量？为什么？试举例说明。

7-3-2　任一周期函数，若将其波形向上（或向下）平移某一数值，它的傅里叶级数中哪些分量将有所变化？哪些分量无变化？

第四节　非正弦周期电流电路的计算

【导读】 技术人员常根据电容器在电路中的实际作用，把电容器分成耦合电容、旁路电容、滤波电容等。那么，电容器是如何实现耦合、旁路、滤波的呢？

把非正弦周期波分解为直流分量和一系列谐波分量以后，非正弦线性电路就可以用叠加原理来计算，其计算步骤如下：

1）分别计算电源的直流分量和各次谐波单独作用时在电路中产生的电压与电流。

2）将1）中所得属于同一支路或元件的电压、电流以瞬时值叠加。

此外，具体计算中还应注意以下几点：

1）在直流分量单独作用的直流电路中，电容相当于开路，电感相当于短路。在标明参考方向以后，可以用直流电路的方法求解各电压与电流。

2）在基波作用下的正弦交流电路中，$X_{L1} = \omega L$，$X_{C1} = \dfrac{1}{\omega C}$，在标明参考方向后，可用相量法求解。

3）在 k 次谐波作用下的正弦电路中，$X_{Lk} = k\omega L = kX_{L1}$，$X_{Ck} = \dfrac{1}{k\omega C} = \dfrac{X_{C1}}{k}$，仍可用相量法求解。

4）由于各次谐波频率不同，在用叠加原理计算最后结果时，不能把相量相加，只能将它们的瞬时值相加。

例 7-8　有一 RC 并联电路如图 7-12a 所示，已知 $R = 1\text{k}\Omega$，$C = 50\mu\text{F}$，$i = I_0 + i_1 = 1.5\text{mA} + \sin(6280t)\text{mA}$，电流的波形如图 7-12b 所示，试求端电压 u 及电容电流 i_C。

解　设电压 $u = U_0 + u_1$，其中的 U_0 为直流分量，u_1 是交流（基波）分量。如图7-13所示，可运用叠加原理进行计算。

（1）计算 i 的直流分量 $I_0 = 1.5\text{mA}$ 单独作用时所产生的端电压 U_0：

在图 7-13a 的直流电路中，电容相当于开路，电流 i 中的直流分量 I_0 只能流过电阻 R，因而直流压降为

$$U_0 = RI_0 = (1 \times 1.5)\text{V} = 1.5\text{V} = 1500\text{mV}$$

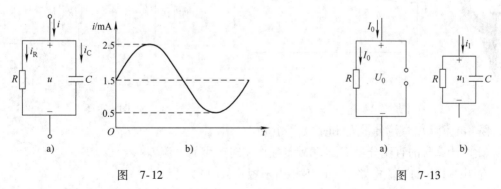

图　7-12　　　　　　　　　　　　　　　　图　7-13

（2）计算 i 的基波分量 $i_1 = \sin 6280t$ mA 单独作用时产生的端电压 u_1：

在图 7-13b 的正弦电路中

$$X_{C1} = \frac{1}{\omega C} = \frac{1}{6280 \times 50 \times 10^{-6}} \Omega \approx 3\Omega$$

$$Z_1 = \frac{R(-jX_{C1})}{R - jX_{C1}} = \frac{1000 \times (-j3)}{1000 - j3} \Omega = 3 \underline{/-89.9°} \Omega$$

电压的基波分量为

$$\dot{U}_{m1} = Z_1 \dot{I}_{m1} = [(3\underline{/-89.9°}) \times 1\underline{/0°}] \text{mV} = 3\underline{/-89.9°} \text{mV}$$
$$u_1 = 3\sin(6280t - 89.9°) \text{mV}$$

（3）将已算出的直流电压和交流电压瞬时值叠加得

$$u = U_0 + u_1 = [1500 + 3\sin(6280t - 89.9°)] \text{mV}$$

电容支路的电流为

$$i_C = C\frac{du}{dt} \approx \sin(6280t + 0.1°) \text{mA}$$

其中没有直流分量。

通过这个例子说明两个问题：

1）由于容抗（3Ω）远远小于电阻（1kΩ），这就使得总电流中的交流分量 i_1 有捷径可走，**并联电容器对交流分量起到了旁路作用**，如图7-14a所示。并联电容的这一旁路作用在电子技术中得到了广泛应用。

2）电流中基波的振幅是电流直流分量的 $\frac{1}{1.5} = 67\%$，而电压中基波振幅只是其直流分量的 $\frac{3}{1500} = 0.2\%$，因而**电压的脉动大为减小，滤波效果好**，如图7-14b所示（图中有所夸大）。

例7-9 在图7-15a中，$R = 100\Omega$，$L = 1H$，输入电压中除含有50V的直流电压外，还有正弦交流分量，即 $u = U_0 + u_1 = 50 + 63.7\sin(314t)$ V。试求电流 i 及输出电压 u_R。

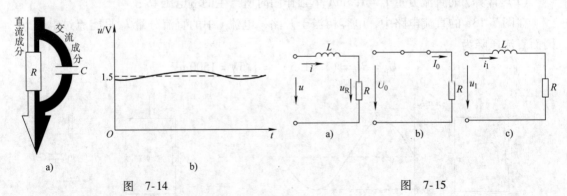

图 7-14　　　　　　　　　　　图 7-15

解 电流 i 由直流分量 I_0 和基波 i_1 组成。

（1）计算 u 的直流分量 $U_0 = 50V$ 单独作用时产生的电流 I_0：

在图7-15b的直流电路中，电感相当于短路，因此

$$I_0 = \frac{U_0}{R} = \frac{50}{100} \text{A} = 0.5\text{A}$$

（2）计算 u 的交流分量 $u_1 = 63.7\sin(314t)$ V 单独作用时产生的电流 i_1：

在图 7-15c 的正弦电路中

$$Z_1 = R + jX_L = (100 + j314)\Omega = 330\ \underline{/72.3°}\ \Omega$$

$$\dot{I}_{m1} = \frac{\dot{U}_{m1}}{Z_1} = \frac{63.7\ \underline{/0°}}{330\ \underline{/72.3°}}A = 0.193\ \underline{/-72.3°}\ A$$

$$i_1 = 0.193\sin(314t - 72.3°)\ A$$

（3）将电流的直流分量和交流分量瞬时值叠加，得

$$i = I_0 + i_1 = 0.5A + 0.193\sin(314t - 72.3°)\ A$$

由欧姆定律得

$$u_R = Ri = 50V + 19.3\sin(314t - 72.3°)\ V$$

值得注意的是，输入电压中基波振幅是其中直流分量的 $\frac{63.7}{50} = 1.27$ 倍，但输出电压的

基波振幅只有其直流分量的 $\frac{19.3}{50} = 38.6\%$。可见**输出电压的脉动大为减小**。

例 7-10　RLC 并联电路如图 7-16a 所示，$R = 100\Omega$，$L = 0.159H$，$C = 40\mu F$，端电压 $u = u_1 + u_3 = (45\sin\omega t + 15\sin3\omega t)V$，$\omega = 314rad/s$。试求各元件中的电流。

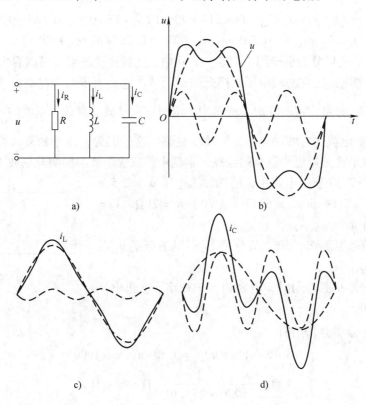

图　7-16

解　（1）电阻支路：

$$\dot{I}_{Rm1} = \frac{\dot{U}_{m1}}{R} = \frac{45\ \underline{/0°}}{100}A = 0.45\ \underline{/0°}\ A$$

即

$$i_{R1} = 0.45\sin\omega t\ A$$

$$\dot{I}_{Rm3} = \frac{\dot{U}_{m3}}{R} = \frac{15\underline{/0°}}{100}A = 0.15\underline{/0°}A$$

即
$$i_{R3} = 0.15\sin 3\omega t \, A$$

故
$$i_R = i_{R1} + i_{R3} = (0.45\sin\omega t + 0.15\sin 3\omega t)A$$

（2）电感支路：
$$Z_{L1} = j\omega L = (j314 \times 0.159)\Omega = j50\Omega$$

$$\dot{I}_{Lm1} = \frac{\dot{U}_{m1}}{Z_1} = \frac{45\underline{/0°}}{j50}A = 0.9\underline{/-90°}A$$

$$Z_{L3} = j3\omega L = 3Z_{L1} = j150\Omega$$

$$\dot{I}_{Lm3} = \frac{\dot{U}_{m3}}{Z_{L3}} = \frac{15\underline{/0°}}{j150}A = 0.1\underline{/-90°}A$$

所以
$$i_L = i_{L1} + i_{L3} = [0.9\sin(\omega t - 90°) + 0.1\sin(3\omega t - 90°)]A$$

（3）电容支路：
$$\dot{I}_{Cm1} = j\omega C\,\dot{U}_{m1} = j314 \times 40 \times 10^{-6} \times 45\underline{/0°}A = 0.565\underline{/90°}A$$

$$\dot{I}_{Cm3} = j3\omega C\,\dot{U}_{m3} = j3 \times 314 \times 40 \times 10^{-6} \times 15\underline{/0°}A = 0.565\underline{/90°}A$$

故
$$i_C = i_{C1} + i_{C3} = [0.565\sin(\omega t + 90°) + 0.565\sin(3\omega t + 90°)]A$$

u、i_L 及 i_C 的波形分别示于图 7-16b、c、d 中。比较这些波形，可以看出：

1）电感中的电流比它的端电压更接近于正弦波。这是由于频率越高，感抗越大，因而电感电流中以基波分量为主的缘故。本例中，电流三次谐波分量仅占基波的 $\frac{0.1}{0.9} = \frac{1}{9}$。

2）电容中的电流比它的端电压波形畸变更甚。这是因为，频率越高，容抗越小，使得电容电流中三次谐波分量更为显著的缘故。本例中，三次谐波的振幅与基波一样大。

例 7-11 图 7-17 所示电路中，已知输入电压 $u_1 = 2.5 + 3.18\sin(6280t) + 1.06\sin(3 \times 6280t)$（V），$R = 2k\Omega$、$C = 25\mu F$。试求输出电压 u_2。

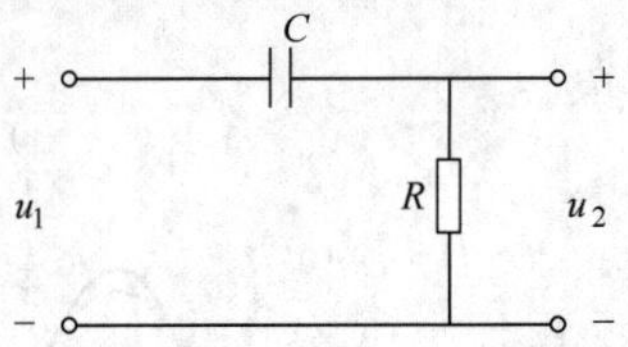

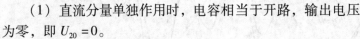

图 7-17

解 输入信号电压 u_1 含有直流分量 U_{10}、基波分量 u_{11} 及三次谐波分量 u_{13}。

（1）直流分量单独作用时，电容相当于开路，输出电压为零，即 $U_{20} = 0$。

（2）基波分量单独作用时
$$u_{11} = 3.18\sin(6280t)V = 3.18\sin(2\pi \times 1000)t \, V$$

$$X_{C1} = \frac{1}{6280 \times 25 \times 10^{-6}}\Omega = 6.37\Omega$$

$$Z_1 = R_1 - jX_{C1} = (2000 - j6.37)\Omega = 2000\underline{/-0.18°}\Omega$$

输出电压中的基波分量为
$$\dot{U}_{21} = \frac{R}{Z_1}\dot{U}_{11} = \frac{2000}{2000\underline{/-0.18°}} \times 3.18\underline{/0°}V = 3.18\underline{/0.18°}V$$

$$u_{21} = 3.18\sin(6280t + 0.18°)V$$

（3）三次谐波分量单独作用时

$$u_{13} = 1.06\sin(3 \times 6280t)\,\text{V}$$

$$X_{C3} = \frac{1}{3 \times 6280 \times 25 \times 10^{-6}}\Omega = 2.12\,\Omega$$

$$Z_3 = R_1 - \mathrm{j}X_{C3} = (2000 - \mathrm{j}2.12)\,\Omega = 2000\,\underline{/-0.06°}\,\Omega$$

输出电压中的三次谐波分量为

$$\dot{U}_{23} = \frac{R}{Z_3}\dot{U}_{13} = \frac{2000}{2000\,\underline{/-0.06°}} \times 1.06\,\underline{/0°}\,\text{V} = 1.06\,\underline{/0.06°}\,\text{V}$$

$$u_{23} = 1.06\sin(3 \times 6280t + 0.06°)\,\text{V}$$

（4）将三个分量叠加，可得输出电压为

$$u_2 = U_{20} + u_{21} + u_{23} = [0 + 3.18\sin(6280t + 0.18°) + 1.06\sin(3 \times 6280t + 0.06°)]\,\text{V}$$

讨论： 比较输出和输入电压表达式可见，输出电压中**不包含直流分量**，但谐波分量基本上**与输入信号相同**。这个电路就是晶体管放大电路中**阻容耦合电路**，其作用就是将输入信号中的直流分量隔断，而以尽可能小的损失使谐波分量都通过。

练习与思考

7-4-1 在一个 RLC 串联电路中，已知 $R = 100\,\Omega$，$L = 2.26\,\text{mH}$，$C = 10\,\mu\text{F}$，基波的角频率 $\omega = 314\,\text{rad/s}$，试求对应于基波、三次谐波的复阻抗 Z_1 和 Z_3。

7-4-2 上题中，当电路两端电压 $u = (10 + 40\sqrt{2}\sin\omega t + 20\sqrt{2}\sin 3\omega t)\,\text{V}$，试求电流 i。

7-4-3 已知某电感元件的端电压

$$u = [200\sqrt{2}\sin(\omega t + 30°) + 150\sqrt{2}\sin(3\omega t + 10°)]\,\text{V}$$

且知 $\omega L = 100\,\Omega$，计算其电流如下：

$$\dot{I} = \frac{200\,\underline{/30°}}{\mathrm{j}100} + \frac{150\,\underline{/10°}}{\mathrm{j}300} = (2\,\underline{/-60°} + 0.5\,\underline{/-80°})\,\text{A} = 2.475\,\underline{/-64°}\,\text{A}$$

然后由此写出 $i(t)$，这样计算对吗？如不对，应如何计算？

第五节 非正弦周期电流电路的有效值和平均功率

【导读】 电工测量仪表有磁电系仪表、电磁系仪表、电动系仪表和全波整流磁电系仪表。非正弦周期电压（电流）的有效值应该用哪种仪表测量？整流电路输出电压的直流分量用哪种仪表测量？

一、有效值

非正弦周期量的有效值仍根据第四章中交流电有效值的公式

$$I = \sqrt{\frac{1}{T}\int_0^T i^2\,\mathrm{d}t} \tag{7-8}$$

进行计算。

设非正弦周期电流

$$i = I_0 + \sum_{k=1}^{\infty} I_{mk}\sin(k\omega t + \varPsi_k)$$

则其有效值

$$I = \sqrt{\frac{1}{T}\int_0^T \left[I_0 + \sum_{k=1}^{\infty} I_{mk}\sin(k\omega t + \Psi_k) \right]^2 \mathrm{d}t}$$

方括号里的多项式可归纳为以下四类:

1) I_0^2

2) $I_{mk}^2 \sin^2(k\omega t + \Psi_k)$

3) $2I_0 I_{mk}\sin(k\omega t + \Psi_k)$

4) $2I_{mk} I_{mq}\sin(k\omega t + \Psi_k)\sin(q\omega t + \Psi_q) \ (k \neq q)$

根号中各项的值为

1) $\dfrac{1}{T}\int_0^T I_0^2 \mathrm{d}t = I_0^2$

2) $\dfrac{1}{T}\int_0^T I_{mk}^2 \sin^2(k\omega t + \Psi_k)\mathrm{d}t = \left(\dfrac{I_{mk}}{\sqrt{2}}\right)^2 = I_k^2$

3) $\dfrac{1}{T}\int_0^T 2I_0 I_{mk}\sin(k\omega t + \Psi_k)\mathrm{d}t = 0$

4) $\dfrac{1}{T}\int_0^T 2I_{mk} I_{mq}\sin(k\omega t + \Psi_k)\sin(q\omega t + \Psi_q)\mathrm{d}t = 0 \quad k \neq q$

因此,非正弦周期电流的有效值与它的各次谐波分量有效值的关系为

$$I = \sqrt{I_0^2 + I_1^2 + I_2^2 + I_3^2 + \cdots} \tag{7-9}$$

由于各次谐波均为正弦量,所以 $I_k = \dfrac{1}{\sqrt{2}}I_{mk}$。式 (7-9) 中 I_1、I_2、I_3 等分别为基波、二次谐波、三次谐波等的有效值。

类似地,非正弦周期电压的有效值为

$$U = \sqrt{U_0^2 + U_1^2 + U_3^2 + \cdots} \tag{7-10}$$

例7-12 计算非正弦周期电压

$$u(t) = U_0 + u_1 + u_3 = 50 + 282\sin\omega t + 141\sin(3\omega t + 45°) \text{ V}$$

的有效值。

解 用式 (7-10) 计算。

基波 u_1 的有效值 $\qquad\qquad U_1 = \dfrac{282}{\sqrt{2}}\text{V} = 200\text{V}$

三次谐波 u_3 的有效值 $\qquad\qquad U_3 = \dfrac{141}{\sqrt{2}}\text{V} = 100\text{V}$

所以 $\qquad\qquad U = \sqrt{U_0^2 + U_1^2 + U_3^2} = \sqrt{50^2 + 200^2 + 100^2}\text{ V} = 229\text{V}$

例7-13 某周期电压为 $u = [10 + 5\sin(t - 30°) + 3\sin(2t + 60°) - 2\sin 3t]$ V,试求该电压的有效值。

解 电压表达式第四项前面的负号是初相的一部分。

$$U = \sqrt{(10)^2 + \left(\frac{5}{\sqrt{2}}\right)^2 + \left(\frac{3}{\sqrt{2}}\right)^2 + \left(\frac{2}{\sqrt{2}}\right)^2}\ \text{V} = 10.9\text{V}$$

例7-14 某周期电流 $i = [10 + 8\sin(2t + 100°) + 6\cos(4t - 100°) - 4\sin 6t]$ A,试求该电

流的有效值。

解 第三项中，余弦函数与正弦函数的区别仅在于初相不同。

$$I = \sqrt{(10)^2 + \left(\frac{8}{\sqrt{2}}\right)^2 + \left(\frac{6}{\sqrt{2}}\right)^2 + \left(\frac{4}{\sqrt{2}}\right)^2}\, A = 12.6A$$

例 7-15 图 7-18 是一个可控半波整流电压的波形，它在 $\left(\frac{\pi}{3},\ \pi\right)$ 之间是正弦波，试求其有效值。

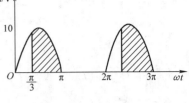

图 7-18

解 本例说明也可以仿照定义式（7-8）计算电压有效值。为了计算方便，设 $x = \omega t$，则

$$U = \sqrt{\frac{1}{2\pi}\int_{\frac{\pi}{3}}^{\pi} 10^2 \sin^2 x\, dx}\ V = 4.49V$$

二、平均值

非正弦周期电流的平均值定义为

$$I_{av} = \frac{1}{T}\int_0^T |\,i\,|\ dt \tag{7-11}$$

即一周期内函数绝对值的平均值称为该周期函数的平均值。

例 7-16 计算正弦电压 $u = U_m \sin\omega t$ 及图 7-18 所示电压的平均值。

解 正弦电压的平均值为

$$U_{av} = \frac{1}{T}\int_0^T |\,U_m \sin\omega t\,|\ dt = \frac{2}{\pi}U_m$$

图 7-18 中电压的平均值为

$$U_{av} = \frac{1}{2\pi}\int_{\frac{\pi}{3}}^{\pi} 10\sin x\, dx = 2.39V$$

非正弦周期电流的直流分量、有效值及平均值可以用不同的仪表来测量。用磁电系仪表（直流仪表）可以测量直流分量，这是因为磁电系仪表的偏转角正比于 $\frac{1}{T}\int_0^T i\, dt$。用电磁系或电动系仪表测量时，所得结果是有效值。因为这两种仪表的偏转角正比于 $\frac{1}{T}\int_0^T i^2\, dt$。用全波整流磁电系仪表测量时，所得结果是电流的平均值，因为这种仪表的偏转角正比于电流的平均值。

三、平均功率

非正弦周期电路同正弦电路一样，电路的平均功率也可用下式计算：

$$P = \frac{1}{T}\int_0^T p\, dt = \frac{1}{T}\int_0^T ui\, dt \tag{7-12}$$

设非正弦周期电压、电流分别为

$$u = U_0 + \sum_{k=1}^{\infty} U_{mk}\sin(k\omega t + \Psi_{uk})$$

$$i = I_0 + \sum_{k=1}^{\infty} I_{mk}\sin(k\omega t + \Psi_{ik})$$

将 u 和 i 代入式（7-12）并展开，可得出下列五项：

1）$\dfrac{1}{T}\displaystyle\int_0^T U_0 I_0\,\mathrm{d}t$

2）$\dfrac{1}{T}\displaystyle\int_0^T U_0 I_{mk}\sin(k\omega t+\Psi_{ik})\,\mathrm{d}t$

3）$\dfrac{1}{T}\displaystyle\int_0^T I_0 U_{mk}\sin(k\omega t+\Psi_{uk})\,\mathrm{d}t$

4）$\dfrac{1}{T}\displaystyle\int_0^T U_{mk}\sin(k\omega t+\Psi_{uk})I_{mk}\sin(k\omega t+\Psi_{ik})\,\mathrm{d}t$

5）$\dfrac{1}{T}\displaystyle\int_0^T U_{mk}\sin(k\omega t+\Psi_{uk})I_{mq}\sin(q\omega t+\Psi_{iq})\,\mathrm{d}t\quad k\neq q$

其中第2）、3）、5）中含有不同频率的两个分量的乘积，其积分结果为零；第1）项的积分结果为

$$P_0=U_0 I_0$$

它是电路中的直流功率；第4）项的积分结果为

$$\frac{1}{2}U_{mk}I_{mk}\cos(\Psi_{uk}-\Psi_{ik})=UI\cos(\Psi_{uk}-\Psi_{ik})=P_k$$

这是各次谐波的功率。因此

$$P=P_0+\sum_{k=1}^{\infty}P_k=U_0 I_0+\sum_{k=1}^{\infty}U_k I_k\cos(\Psi_{uk}-\Psi_{ik})\qquad(7\text{-}13)$$

即非正弦周期电流电路中的平均功率，等于直流分量和各正弦谐波分量的平均功率之和。

例7-17　某线性二端网络在关联参考方向下的电压、电流分别为

$$u=(100+100\sin\omega t+50\sin2\omega t+30\sin3\omega t)\,\mathrm{V}$$

$$i=[10\sin(\omega t-60°)+2\sin(3\omega t-135°)]\,\mathrm{A}$$

试求网络的平均功率。

解　（1）直流分量的功率：

由于 $I_0=0$，所以

$$P_0=0$$

（2）基波的功率：

$$P_1=U_1 I_1\cos(\Psi_{u1}-\Psi_{i1})=\frac{100}{\sqrt{2}}\times\frac{10}{\sqrt{2}}\cos(60°)\,\mathrm{W}=250\,\mathrm{W}$$

（3）二次谐波的功率：

$$P_2=0$$

（4）三次谐波的功率：

$$P_3=U_3 I_3\cos(\Psi_{u3}-\Psi_{i3})=\frac{30}{\sqrt{2}}\times\frac{2}{\sqrt{2}}\cos135°\,\mathrm{W}=-21.2\,\mathrm{W}$$

（5）总功率为：　　$P=P_1+P_3=(250-21.2)\,\mathrm{W}=228.8\,\mathrm{W}$

练习与思考

7-5-1　一个15Ω电阻两端的电压为 $u=[100+22.4\sin(\omega t-45°)+4.11\sin(3\omega t-67°)]$ V，试求：

（1）电压的有效值；（2）电阻消耗的平均功率。

7-5-2　某周期电流 $i = [10 + 8\sin(10t + 10°) + 6\sin(20t - 20°)]$A。甲同学认为，该电流的有效值为 $I = (10 + 8 + 6)$A $= 24$A；乙同学认为应该用下式计算：

$$I = \sqrt{\left(\frac{10}{\sqrt{2}}\right)^2 + \left(\frac{8}{\sqrt{2}}\right)^2 + \left(\frac{6}{\sqrt{2}}\right)^2}\text{A}$$

你认为以上算法对吗？若不对，应该如何计算？

7-5-3　一非正弦周期电压 $u = (10 + 4\sin10t - 3\cos10t)$V，其中第二、三两项具有相同的频率。有人按下式计算该电压的有效值，你认为正确吗？

$$U = \sqrt{(10)^2 + \left(\frac{4}{\sqrt{2}}\right)^2 + \left(\frac{3}{\sqrt{2}}\right)^2}\text{V}$$

习　题

7-1　用逐点相加作图法画出下列电压波形：

（1）$u = (10\sin\omega t + 3\cos\omega t)$V；

（2）$u = (10\sin\omega t + 3\cos3\omega t)$V。

7-2　已知方波电流的 $I_m = 10$mA，试查表计算其基波和各次谐波的振幅 I_{m1}、I_{m3} 和 I_{m5}（至 5 次谐波）。

7-3　已知三角波电流的 $I_m = 100$mA，试查表计算 I_{m1}、I_{m3} 和 I_{m5}。

7-4　已知全波整流电流波形的 $I_m = 10$A，试查表写出其傅里叶级数的展开式（取前三项）。

7-5　求图 7-19 所示波形的直流分量。（1）$\theta = 30°$；（2）$\theta = 150°$。

7-6　一滤波电路如图 7-20 所示，$R = 1000\Omega$，$L = 10$H，$C = 30\mu$F，外加电压为

$$u = (160 + 250\sin314t)\text{V}$$

试求 R 中的电流 i_R。

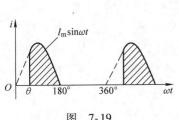

图　7-19

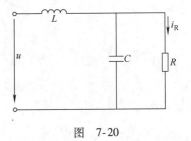

图　7-20

7-7　已知 $u = [20\sqrt{2}\sin(\omega t + 15°) + 10\sqrt{2}\sin(3\omega t + 30°)]$V，求该电压的有效值。

7-8　在图 7-21 所示电路中，已知 $u = [10 + 80\sin(\omega t + 30°) + 18\sin3\omega t]$V，$R = 6\Omega$，$\omega L = 2\Omega$，$\frac{1}{\omega C} = 18\Omega$，试求电压表与电流表的读数（有效值）及电路的有功功率。

7-9　图 7-22 所示电路中，$R = 50\Omega$，$\omega L = 5\Omega$，$\frac{1}{\omega C} = 45\Omega$，$u = (200 + 100\sin3\omega t)$V。试求电压表、电流表的读数（均指有效值）。

7-10　若 RC 串联电路的电流为 $i = (2\sin314t + \sin942t)$A，总电压的有效值为 155V，且总电压中不含直流分量，电路消耗的功率为 120W，试求：（1）电流的有效值；（2）电阻 R 和电容 C。

7-11　在图 7-23 中，输入信号电压含有 $f_1 = 50$Hz、$f_2 = 500$Hz、$f_3 = 5000$Hz 三种频率的分量，但各分量电压的有效值均为 20V。试估算从电容两端输出的电压中各种频率的分量为多少？

7-12　图 7-24 所示二端网络的电流、电压为

$$i = \left[5\sin t + 2\sin(2t + 45°) \right] \text{A}$$
$$u = \left[\sin(t + 90°) + \sin(2t - 45°) + \sin(3t - 60°) \right] \text{V}$$

（1）求网络对各频率的输入阻抗；

（2）求网络消耗的有功功率。

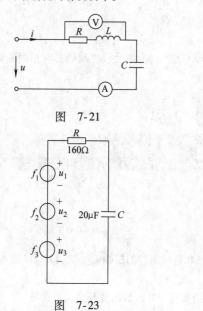

图　7-21

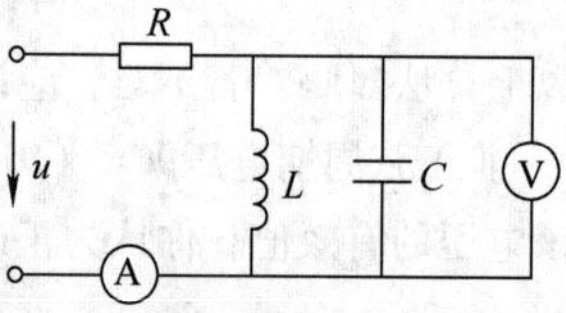

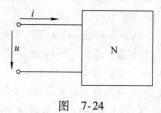

图　7-22

图　7-23

图　7-24

第八章

电路的暂态分析

本章首先介绍过渡过程的基本概念、一般分析方法及电路初始值的计算，然后详细介绍一阶电路的零输入响应、零状态响应和全响应以及三要素法，最后简要介绍二阶电路的自由振荡现象。

第一节　电路的过渡过程

【导读】　在一定的条件下，事物的运动会处于一定的稳定状态。当条件改变时，其状态就会发生变化，过渡到另一种新的稳定状态。譬如，飞机起飞前停在地面上处于一种稳定状态；起飞后逐渐加速，最后在某一高度以一定速度飞行，这是另一种新的稳定状态。飞机降落时，也要经过逐渐减速，速度为零时，重新停在地面。又如，对工件进行热处理时，通电后电热炉的温度渐渐升高，经过一段时间后才能稳定在所需温度上。可见，事物从一种稳定状态转到另一种新的稳定状态，往往不能跃变，而是要经过一个过程，这个物理过程称为过渡过程。

一、过渡过程

下面的演示说明，电路中也存在着过渡过程。在图8-1a中，开关S闭合前电容两端电压 $u_C = 0$，电路处于一种稳定状态。在 $t = 0$ 瞬间将S闭合，结果发现微安计的指针先摆动到某个刻度，随后便逐渐回到零值。若用示波器观察电容电压 u_C，其波形则是按指数规律渐增到外加电压 U_S，这时电路过渡到另一种新的稳定状态，其间电容电压、电路电流的变化规律如图8-1b、c所示。

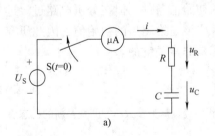
a)

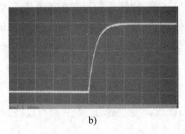
b)

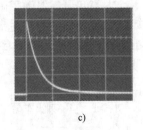
c)

图　8-1

前面各章研究的是直流或周期电流电路，当激励恒定或按周期规律变化时，各支路电流或电压也都是恒定的或作周期性变化。电路的这种工作状态称为稳定状态，简称稳态。在图 8-1 的演示电路中，产生过渡过程的内因是电路中含有电容这样的储能元件，外因则是发生了所谓"换路"，即电源的突然接通、断开、联接方式或内部参数的改变等变化。与稳态相比，过渡过程是很短暂的$^{\ominus}$，故过渡过程也称为暂态，对过渡过程的研究也叫暂态分析。

暂态虽然为时短暂，但其应用却很广泛。示波器、CRT 显示器等电子设备就是利用 RC 电路的暂态特性获得所需的锯齿波扫描电压的；在计算机和各种脉冲数字设备中，电路经常工作在暂态之中。但电路的暂态过程也有其不利的一面，电路在过渡过程中可能产生比稳态时大得多的电压或电流，即出现所谓过电压、过电流现象。过高的电压、电流会损害电气设备的安全运行。因此，研究过渡过程，从而掌握电路在这一过程中的变化规律，用其利而避其害，在电工技术中具有重要的实际意义。

二、研究过渡过程的一般方法

研究过渡过程的方法有很多，本书只介绍经典的时域分析法，其主要步骤是：

1）根据电路的两类约束，对换路后的电路列写出以所求响应为变量的微分方程。

2）确定出所求响应在换路后的初始值。

3）根据初始值确定出积分常数，从而得到电路所求响应的时间函数。

如欲求图 8-1a 所示电路中的 u_C，根据基尔霍夫电压定律有

$$u_R + u_C = U_S \qquad (t \geqslant 0) \tag{8-1}$$

在关联参考方向下，电阻、电容元件的电压电流关系为

$$u_R = Ri$$

$$i = C\frac{du_C}{dt}$$

将以上两式代入式（8-1）得

$$RC\frac{du_C}{dt} + u_C = U_S \tag{8-2}$$

这是一个一阶线性常系数微分方程。当电路中有电容和电感这些储能元件时，由于这些元件的电压和电流的约束关系是微分或积分关系，所以电容和电感又称为动态元件。含有动态元件的电路称为动态电路。一般来说，当动态电路只有一个或等效为一个储能元件时，列出的电路方程是一阶微分方程，称为一阶电路；含有两个独立储能元件时，电路方程将是二阶微分方程，相应的电路称为二阶电路；其余依次类推。对于微分方程，高等数学中有经典的解法，因此上述方法称为经典法。

大家知道，要确定微分方程的解，还需知道待求量的初始值条件，但在分析电路过渡过程时，我们知道的往往是换路前电路的状态，而初始条件应该是换路后的初始值，因此研究电路在换路前后瞬间各电压、电流的关系及初始值的计算是非常关键的。

练习与思考

8-1-1 当一列火车匀速行驶时，突然制动，是否也有过渡过程？速度 v 为什么不能跃变？新的稳态值

（速度 v）是多少？

8-1-2　不含储能元件的电路在换路后是否产生过渡过程？虽含有储能元件，但换路后其上能量不发生变化的电路，是否产生过渡过程？

第二节　电压和电流初始值的计算

【导读】　在实际工作中，当切断感性负载（如继电器、电动机等）时，开关触头两端会出现尖峰高压，引发火花或电弧，烧蚀或熔化开关触头。工程上是如何防止此类现象的发生呢？

一、换路定律

含有储能元件的电路在换路后，一般都要经历一段过渡过程，这是什么原因呢？下面以图 8-2 所示的两个电路为例讨论这个问题。

在图 8-2a 中，S 闭合前电感无储能，电感电流 $i_L = 0$；当 S 闭合后，线圈通电，电路的稳态电流 $I_L = \dfrac{U_S}{R}$，那么在 S 闭合瞬间线圈电流是否会从零跃变到稳态值 $\dfrac{U_S}{R}$ 呢？显然不能。如果这样，电流变化率 $\dfrac{di}{dt}$ 趋于无穷大，电感产生的感应电压将趋于无穷大，这时电源必须供给无穷大的电压，而电源电压是有限的。因此电感中的电流 i_L 在开关 S 闭合后只能从闭合前的稳态值零"渐增"到新稳态值 $I_L = \dfrac{U_S}{R}$。

同样，在图 8-2b 中，开关 S 闭合瞬间，电容电压 u_C 也不会从零跃变为 $u_C = U_S$ 这个稳态值，需要有一个过渡过程。否则，电容电流 $i_C = C\dfrac{du_C}{dt}$ 将为无穷大，这时电阻电压将为无穷大，这也是不可能的。因此，在图 8-2b 中，开关 S 闭合后，电容电压将只能是逐渐地、连续地从闭合前的数值变化到 $u_C = U_S$ 这个稳态值。

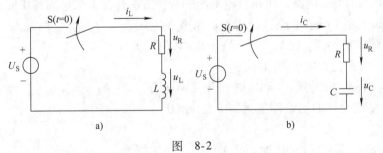

图　8-2

电容上的电压和电感中的电流在换路时不能跃变，从物理本质上看，是与电路周围的电磁场密切相关的。电路中电压、电流的建立或数值的变化必然伴随着周围电磁场的建立或电磁场强度的变化，因此也就有电磁能量的建立、改变及与其他形式能量的相互转换。众所周知，能量的变化（积累或衰减）是需要时间的，也就是说，能量只能连续变化，而不能突变。否则会导致能量的变换速率即功率 $p = \dfrac{dw}{dt}$ 成为无限大，这实际上是不可能的。在任意瞬间电容储存的电场能量和电感储存的磁场能量分别为

$$W_C = \frac{1}{2}Cu_C{}^2$$

$$W_L = \frac{1}{2}Li_L{}^2$$

由于换路时能量不能跃变，故电容上的电压和电感中的电流一般都不能跃变。

综上所述，无论产生过渡过程的原因是什么，只要换路瞬间电容中的电流或电感上的电压为有限值，则在换路后的一瞬间，**电感中的电流和电容上的电压都应当保持换路前一瞬间的数值而不能跃变**，换路后就以此为起始值而连续变化直到新的稳态值。这个规律称为**换路定律**。这是过渡过程中确定电路初始值的主要依据。为用数学语言对其进行描述，约定以下符号：

$t=0$——表示换路瞬间。

$t=0_-$——表示换路前一瞬间。

$t=0_+$——表示换路后一瞬间。

注意：0、0_-、0_+ 实质上是"三点合一，但有区别"。所谓三点合一，是指 0_-、0_+ 在数值上都等于0，三者的区别在于 0_- 指时间 t 是从负值趋近于零，而 0_+ 则指 t 从正值趋近于零，换路瞬时可用时间 t "从 0_- 到 0_+"来描述。这样，换路定律可表示如下：

$$\begin{cases} u_C(0_+) = u_C(0_-) \\ i_L(0_+) = i_L(0_-) \end{cases} \tag{8-3}$$

二、确定初始值的方法和步骤

根据换路定律确定电路初始值的步骤是：

1）作出 $t=0_-$ 时的等效电路，求 $u_C(0_-)$ 和 $i_L(0_-)$。

2）根据换路定律确定 $u_C(0_+)$ 和 $i_L(0_+)$ 的值。

3）电路中其他元件的电压、电流及电容电流与电感电压等初始值，可用如下方法求得：把电容用电压源代替，其电压为 $u_C(0_+)$；把电感用电流源代替，其电流为 $i_L(0_+)$，然后画出 $t=0_+$ 时刻的等效电路，再用直流电路的分析方法计算各个量的初始值。

例8-1 如图8-3所示电路原已稳定。求开关刚闭合时各电压、电流的初始值。已知 $U_S=12\mathrm{V}$，$R=100\Omega$，$r=10\Omega$。设电容、电感初始储能均为零。

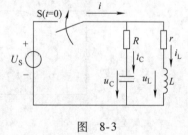

图 8-3

解 （1）如图8-4a所示，$t=0_-$ 时，开关未闭合，原电路已稳定且储能元件的初始储能为零，故 $u_C(0_-)=0$，$i_L(0_-)=0$。

（2）如图8-4b所示，$t=0_+$ 时，开关已闭合，根据换路定律

$$u_C(0_+) = u_C(0_-) = 0$$
$$i_L(0_+) = i_L(0_-) = 0$$

（3）其他各电压、电流的初始值可根据 $t=0_+$ 时的等效电路求得。此时，因为 $u_C(0_+)=0$，$i_L(0_+)=0$，所以在等效电路中电容相当于短路，电感相当于开路，如图8-4b所示。故有

$$i_C(0_+) = \frac{U_S}{R} = \left(\frac{12}{100}\right)\mathrm{A} = 0.12\mathrm{A}$$

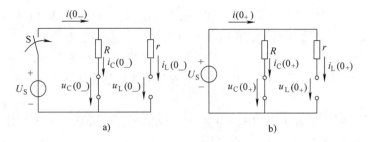

图 8-4

$$i(0_+) = i_C(0_+) + i_L(0_+) = i_C(0_+) = 0.12A$$

$$u_L(0_+) = U_S - i_L(0_+)r = 12V$$

例8-2 电路如图 8-5 所示，开关 S 闭合前电路已稳定，已知 $U_S = 10V$，$R_1 = 30\Omega$，$R_2 = 20\Omega$，$R_3 = 40\Omega$。$t = 0$ 时开关 S 闭合，试求 $u_L(0_+)$ 及 $i_C(0_+)$。

解 （1）首先求 $u_C(0_-)$ 和 $i_L(0_-)$

S 闭合前电路已处于直流稳态，故电容相当于开路，电感相当于短路，据此可画出 $t = 0_-$ 时的等效电路，如图 8-6a 所示。

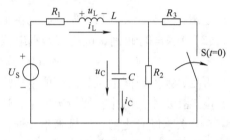

$$i_L(0_-) = \frac{U_S}{R_1 + R_2} = \left(\frac{10}{30 + 20}\right)A = 0.2A$$

$$u_C(0_-) = \frac{R_2}{R_1 + R_2}U_S = \left(\frac{20}{30 + 20} \times 10\right)V = 4V$$

图 8-5

（2）根据换路定律，有

$$i_L(0_+) = i_L(0_-) = 0.2A$$

$$u_C(0_+) = u_C(0_-) = 4V$$

（3）将电感用0.2A 电流源替代，电容用4V 电压源替代，可得 $t = 0_+$ 时刻的等效电路，如图 8-6b 所示。故

$$u_L(0_+) = U_S - i_L(0_+)R_1 - u_C(0_+)$$

$$= (10 - 0.2 \times 30 - 4)V = 0$$

$$i_C(0_+) = i_L(0_+) - i_2(0_+) - i_3(0_+)$$

$$= i_L(0_+) - \frac{u_C(0_+)}{R_2} - \frac{u_C(0_+)}{R_3}$$

$$= (0.2 - 0.2 - 0.1)A = -0.1A$$

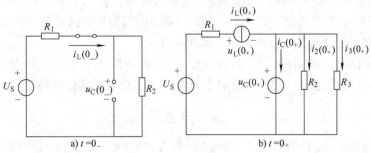

图 8-6

由以上两例的求解可知：在零初始条件下，即 $u_C(0_+)=u_C(0_-)=0$ 和 $i_L(0_+)=i_L(0_-)$ $=0$，电路在换路后的初始时刻，电容相当于短路，而电感相当于开路。这与直流稳态下电容相当于开路、电感相当于短路是截然不同的。在非零初始条件下，由于 $u_C(0_+)=u_C(0_-)$，$i_L(0_+)=i_L(0_-)$，所以在 $t=0_+$ 时，电容相当于电压源 $u_C(0_+)$，电感相当于电流源 $i_L(0_+)$。

例 8-3 图 8-7a 所示电路中，电路已稳定，$U_S=100V$，$R=20\Omega$，电压表内阻 $R_g=5k\Omega$，求开关断开瞬间电压表两端电压。

解 （1）$t=0_-$ 时，由于电路原已稳定，电感相当于短路

$$i_L(0_-)=\frac{U_S}{R}=\left(\frac{100}{20}\right)A=5A$$

（2）$t=0_+$ 时，开关断开，根据换路定理有

$$i_L(0_+)=i_L(0_-)=5A$$

注意：由于开关 S 已经断开，电感电流 $i_L(0_+)$ 只能经过电压表才能形成回路。

（3）在 $t=0_+$ 瞬间，电压表两端电压

$$U_V(0_+)=i_L(0_+)R_g=25000V$$

可见，换路瞬间电压表两端的电压高达两万多伏，这对仪表的绝缘会产生破坏作用。因此，电工技术中为防止类似情况发生，通常在线圈两端反向并联一个二极管，如图 8-7b 所示。在开关未断开之前，二极管不导通，对回路无影响；开关断开后，二极管导通，为线圈提供放电回路，从而避免在线圈两端产生高压现象。这种二极管常称为续流二极管。

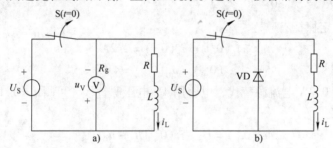

图 8-7

通过上面几个例题可以得出如下结论：

1）换路定律仅指出 u_C 和 i_L 不能跃变，但电容电流、电感电压及电阻电压与电流都有可能发生跃变。

2）电路初始值应根据 $t=0_+$ 时的等效电路进行计算，但在求 $u_C(0_+)$ 和 $i_L(0_+)$ 时，需先求出 $u_C(0_-)$ 和 $i_L(0_-)$ 的值。而 $u_C(0_-)$ 和 $i_L(0_-)$ 的值要根据换路前的电路计算。

3）$t=0_+$ 时的等效电路只在换路后一瞬间有效。

在结束本节以前，必须提醒一点：初学者往往将**不能跃变**误解为**不变**！这里"跃变"一词用来表示一种**跳跃性的突变**。不能跃变并非不变，而是指连续性地变化。

练习与思考

8-2-1 如图 8-8 所示实验电路，当开关闭合后，灯泡 EL_1 立刻正常发光；灯泡 EL_2 闪亮后就不再亮了；灯泡 EL_3 是逐渐亮起来的。试解释所发生的现象。

8-2-2 在图 8-5 中，设开关 S 闭合后，电路达到新的稳定状态，电容相当于短路还是开路？电感呢？你能否画出此时的等效电路？

8-2-3 图 8-3 的电路中，若 S 已闭合很久，再将 S 断开，求此时各电压、电流的初始值。

8-2-4 确定图 8-9 所示电路中各电流及电感电压的初始值。换路前电路已处于稳态。已知 $U_S = 6V$，$R_1 = 2\Omega$，$R_2 = 4\Omega$。

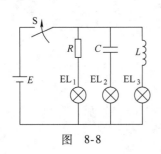

图 8-8

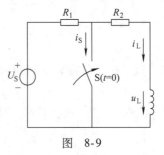

图 8-9

第三节 零输入响应

【问题引导】 电容储能焊接技术在许多工业领域得到广泛应用，其基本原理是利用电容器组的储能（达数万焦耳），通过快速放电（电流达几万安培）产生电弧热，使焊件接触面熔化，实现快速（3～16ms）焊接。那么，最简单的电容放电电路是什么？电容放电过程有何规律？放电快慢又与哪些参数有关？

储能元件的初始值 $u_C(0_+)$ 和 $i_L(0_+)$ 表征了电路在初始时刻的能量分布，称为初始状态。我们把换路后，在没有外加激励的条件下，仅由电路的初始状态产生的响应，称为零输入响应。

一、RC 电路的零输入响应

1. RC 电路的放电过程

分析 RC 电路的零输入响应，也就是分析它的放电过程。图 8-10a 所示电路中，开关 S 在位置 1 时，设电容已充电到 $u_C = U_0$ [下标⊖]。当 $t = 0$ 时，开关 S 由位置 1 切换到 2，使电路脱离电源，输入信号为零。根据换路定律，电容电压不能突变，即 $u_C(0_+) = u_C(0_-) = U_0$，换路后 RC 形成回路，电容 C 将通过 R 放电，从而在电路中引起电压、电流的变化。由于电阻 R 是耗能元件，电容在放电开始后不断地释放电荷，在零输入条件下又得不到能量补充，所以电容电压将逐渐下降，放电电流也将逐渐减小，直到电容器极板上的电荷释放完，u_C 衰减到零，u_R 及 i 也衰减到零。至此，放电过程结束，电路达到新的稳态。

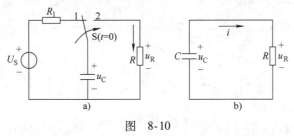

图 8-10

⊖ 若换路前电路已处于稳态，则 $U_0 = U_S$。

下面对电容放电过程进行定量分析，以求得 u_C、i 及 u_R 的变化规律。

在图 8-10b 中，根据基尔霍夫电压定律，有

$$u_C - u_R = 0$$

将 $u_R = iR$ 与 $i = -C\dfrac{\mathrm{d}u_C}{\mathrm{d}t}$ 代入上式，整理得

$$RC\frac{\mathrm{d}u_C}{\mathrm{d}t} + u_C = 0 \tag{8-4}$$

这是线性常系数齐次微分方程，其通解为

$$u_C = Ae^{Pt}$$

其中，P 为特征根，A 为待定的积分常数。将 $u_C = Ae^{Pt}$ 代入式（8-4）后，有

$$(RCP + 1)Ae^{Pt} = 0$$

相应的特征方程为

$$RCP + 1 = 0$$

其特征根为

$$P = -\frac{1}{RC}$$

于是，式（8-4）的通解为

$$u_C = Ae^{-\frac{1}{RC}t} \qquad (t \geq 0)$$

积分常数 A 可由电路的初始值来确定。根据换路定律，在 $t = 0_+$ 时

$$u_C(0_+) = u_C(0_-) = U_0$$

所以

$$U_0 = Ae^{-\frac{0}{RC}} = A$$

从而

$$u_C = U_0 e^{-\frac{t}{RC}} \qquad (t \geq 0) \tag{8-5}$$

由式（8-5）可知，换路后电容电压 u_C 从初始值 U_0 开始按指数规律随时间增长而逐渐趋近于零。u_C 随时间 t 而衰减的波形如图 8-11a 所示。

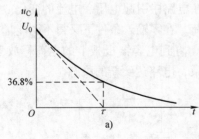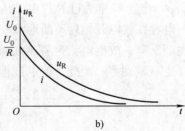

图 8-11

放电电流

$$i = -C\frac{\mathrm{d}u_C}{\mathrm{d}t} = -C\frac{\mathrm{d}(U_0 e^{-\frac{t}{RC}})}{\mathrm{d}t} = \frac{U_0}{R}e^{-\frac{t}{RC}} \qquad (t \geq 0) \tag{8-6}$$

电阻电压

$$u_R = iR = U_0 e^{-\frac{t}{RC}} \qquad (t \geqslant 0) \qquad\qquad (8\text{-}7)$$

注意：与电容电压不同的是，i 与 u_R 在 $t=0$ 时发生了跃变，其波形如图 8-11b 所示。

由图 8-11 及式（8-5）、式（8-6）和式（8-7）可以看出，电压 u_C、u_R 和电流 i 都是按同样的指数规律变化的。由于 $P = -\dfrac{1}{RC}$ 是负值，电压和电流均随着时间的推移而衰减，最终均趋于零。电容电压是从 U_0 开始衰减到零，而 u_R 和 i 则由零跃变到最大值 U_0 和 $\dfrac{U_0}{R}$ 之后按指数规律随时间逐渐衰减到零。

2. 时间常数

电路过渡过程的快慢，可用时间常数来衡量，它是一个重要的物理量。从式（8-5）可知，电容电压的衰减快慢取决于衰减系数 $\dfrac{1}{RC}$。

令

$$\tau = RC \qquad\qquad (8\text{-}8)$$

τ 是具有时间的量纲，故称 τ 为 RC 电路的时间常数。当 R 的单位为欧姆，C 的单位为法拉时，则时间常数的单位为

$$欧 \cdot 法 = \frac{伏}{安} \cdot \frac{库}{伏} = \frac{库}{安} = \frac{安 \cdot 秒}{安} = 秒$$

为了进一步说明时间常数的意义，由式（8-5）将不同时刻电容电压 u_C 的数值计算后列于表 8-1 中。

表 8-1

t	0	τ	2τ	3τ	4τ	5τ	$\cdots$	∞
$e^{-t/\tau}$	1	0.368	0.135	0.050	0.018	0.007	$\cdots$	0
u_C	U_0	$0.368U_0$	$0.135U_0$	$0.050U_0$	$0.018U_0$	$0.007U_0$	$\cdots$	0

由表 8-1 可知，当 $t = \tau$ 时，电容电压 $u_C = 0.368U_0$，即时间常数可以认为是电压（或电流）衰减到其初始值的 36.8% 所需的时间。

理论上讲，当 $t \to \infty$ 时，u_C 才能衰减到零。但是，由于指数曲线开始衰减较快，经过 $t = 5\tau$ 以后，u_C 已衰减到其初始值的 0.7% 以下，工程中认为这时电路已经达到新的稳态，过渡过程已基本结束，如图 8-12a 所示。

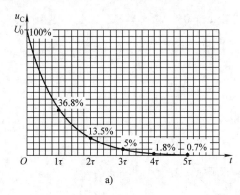

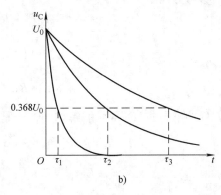

图　8-12

在 RC 电路中，τ 是 R 和 C 的乘积，说明 τ 仅取决于电路参数，与电路的初始状态及电源无关。当 U_0 一定时，R 和 C 越大，则 τ 越大，过渡过程越长。这是因为，在一定的初始电压 U_0 下，电容 C 越大，电容的电场储能越多，而电阻 R 越大，则放电电流越小。这些都使得放电过程缓慢，放电时间加长。所以，改变电路的 R、C 参数，就能改变电容放电的快慢。图 8-12b 是几个不同时间常数下的放电曲线。

3. 能量关系

电容放电过程实质上就是电容器中的初始储能被电阻变成热能而消耗的过程。放电初始时刻，电容储存的电场能量为

$$W_C = \frac{1}{2}CU_0^2$$

而在整个放电过程中，电阻 R 所消耗的能量为

$$W_R = \int_0^\infty i^2 R \mathrm{d}t = \int_0^\infty \frac{U_0^{\ 2}}{R}\mathrm{e}^{-\frac{2}{RC}t}\mathrm{d}t = \left[-\frac{RC}{2}\frac{U_0^{\ 2}}{R}\mathrm{e}^{-\frac{2}{RC}t} \right]_0^\infty = \frac{1}{2}CU_0^2$$

其值恰好等于电容的初始储能。可见，电容的全部储能在放电过程中被电阻耗尽。这符合能量守恒定律。

例 8-4 在图 8-13a 中，开关 S 长期合在位置 1 上，如在 $t=0$ 时把它合到位置 2，试求电容上电压 u_C 及放电电流 i。已知 $R_1 = 1\text{k}\Omega$，$R_2 = 2\text{k}\Omega$，$C = 1\mu\text{F}$，$U_S = 6\text{V}$。

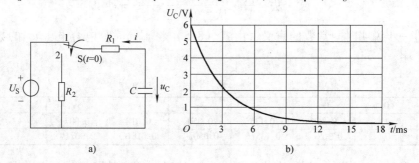

图 8-13

解 在 $t=0_-$ 时，$u_C(0_-) = 6\text{V}$
由换路定律得

$$u_C(0_+) = u_C(0_-) = 6\text{V}$$

在图示的参考方向下

$$i(R_1 + R_2) - u_C = 0$$

$$i = -C\frac{\mathrm{d}u_C}{\mathrm{d}t}$$

$$(R_1 + R_2)C\frac{\mathrm{d}u_C}{\mathrm{d}t} + u_C = 0$$

此微分方程的解与式（8-4）的解相同，于是得

$$u_C = U_0\mathrm{e}^{-\frac{t}{(R_1+R_2)C}} = 6\mathrm{e}^{-\frac{t}{3\times10^{-3}}}\text{V} = 6\mathrm{e}^{-3.3\times10^2 t}\text{V}$$

$$i = -C\frac{\mathrm{d}u_C}{\mathrm{d}t} = 2\times10^{-3}\mathrm{e}^{-\frac{t}{3\times10^{-3}}}\text{A} = 2\mathrm{e}^{-3.3\times10^2 t}\text{mA}$$

电容电压波形见图 8-13b。

例 8-5 电路如图 8-14a 所示，开关 S 闭合前电路已处于稳态。在 $t=0$ 时将开关闭合，试求 $t \geqslant 0$ 时的电压 u_C 和电流 i_C、i_1 及 i_2。

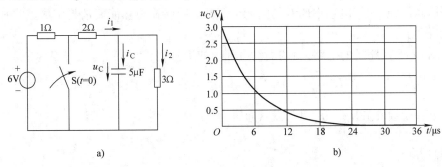

图 8-14

解 电容电压的初始值是

$$U_0 = u_C(0_-) = \left(\frac{6}{1+2+3} \times 3\right) V = 3V$$

换路后，6V 电压源与 1Ω 电阻串联的支路被开关 S 短路，对右边电路不起作用。这时电容器经 2Ω、3Ω 两电阻支路放电，放电的等效电阻为

$$R = \left(\frac{2 \times 3}{2+3}\right) \Omega = 1.2 \Omega$$

放电的时间常数为

$$\tau = RC = (1.2 \times 5 \times 10^{-6}) \, s = 6 \times 10^{-6} \, s$$

由式（8-5）可得

$$u_C = U_0 e^{-\frac{t}{\tau}} = \left(3e^{-\frac{t}{6 \times 10^{-6}}}\right) V = 3e^{-1.7 \times 10^5 t} V$$

并由此得

$$i_C = C \frac{\mathrm{d}u_C}{\mathrm{d}t} = -2.5 e^{-1.7 \times 10^5 t} A$$

$$i_2 = \frac{u_C}{3} = e^{-1.7 \times 10^{-5} t} A$$

$$i_1 = i_2 + i_C = -1.5 e^{-1.7 \times 10^5 t} A$$

电容电压波形见图 8-14b。

通过以上两例可以看出，在求解 RC 电路的零输入响应时，只要计算出电容电压初始值与电路的时间常数，就可以利用式（8-5）直接写出结果。但应注意，当电路换路后不是简单 RC 串联联接时，电路时间常数中的 R 应该是从电容元件两端看进去的等效电阻。

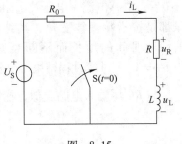

图 8-15

二、RL 电路的零输入响应

RL 电路的零输入响应与 RC 电路的零输入响应类似。如图 8-15 所示电路已经处于稳态，此时

$$i_L(0_-) = I_0 = \frac{U_S}{R_0 + R}$$

在 $t=0$ 时将开关 S 闭合，$i_L(0_+) = i_L(0_-) = I_0$，此时，电感元件储有能量。随着时间的推移，由于电阻 R 不断地消耗电感中的储能，电感中的磁场储能越来越少，电流也逐渐衰减，当电路到达新的稳态时，电感中原有的储能全部被电阻转换成热能而消耗殆尽。此时，电路中的电流、电压均为零。

对于图 8-15 换路后的电路，由两类约束列出如下方程

$$L \frac{di_L}{dt} + Ri_L = 0$$

这也是一个一阶线性齐次微分方程，设其通解为

$$i_L = Ae^{Pt}$$

相应的特征方程

$$LP + R = 0$$

其特征根为

$$P = -\frac{R}{L}$$

微分方程的通解

$$i_L = Ae^{-\frac{R}{L}t} \qquad (t \geq 0) \tag{8-9}$$

将 $i_L(0_+) = I_0$ 代入式（8-9）得

$$A = I_0$$

于是 RL 电路放电电流

$$i_L = I_0 e^{-\frac{R}{L}t} \qquad (t \geq 0) \tag{8-10}$$

电阻电压

$$u_R = i_L R = RI_0 e^{-\frac{R}{L}t} \qquad (t \geq 0) \tag{8-11}$$

电感电压

$$u_L = L \frac{di_L}{dt} = -RI_0 e^{-\frac{R}{L}t} \qquad (t \geq 0) \tag{8-12}$$

所求 i_L、u_R 及 u_L 随时间变化的曲线如图 8-16 所示。从图 8-16 可以看出，$t=0_+$ 时，$i_L(0_+) = I_0$，而电阻电压 u_R 则由零跃变到 RI_0，电感电压 u_L 由零跃变到 $-RI_0$。$t>0$ 后，电感电流、电压及电阻电压都是按指数规律变化，其绝对值均随时间的增长而不断衰减。当 $t \to \infty$ 时，过渡过程结束，电流、电压均为零。

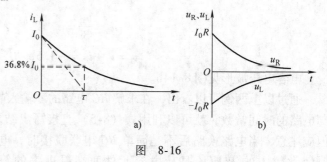

图 8-16

与 RC 零输入电路类似，指数曲线衰减的快慢取决于衰减系数 $\frac{R}{L}$。若令

$$\tau = \frac{L}{R} \tag{8-13}$$

并称为 RL 电路的时间常数。当 R 的单位为欧姆（Ω），L 的单位为亨利（H）时，τ 的单位为秒（s）。

电流、电压的衰减过程，实质上也是磁场能量逐渐消失的物理过程。放电初始时刻，储存在电感中的磁场能量为

$$W_L = \frac{1}{2}LI_0^2$$

在过渡过程中，消耗在电阻 R 上的能量为

$$W_R = \int_0^\infty i^2R\,\mathrm{d}t = \int_0^\infty (I_0\mathrm{e}^{-\frac{R}{L}t})^2 R\,\mathrm{d}t = \left[-\frac{L}{2}I_0^2\mathrm{e}^{-\frac{2R}{L}t}\right]_0^\infty = \frac{1}{2}LI_0^2$$

恰与储存在电感中的能量相等，这说明在过渡过程结束时，磁场能量全部转换为电阻的热能而消耗掉。

例8-6 图8-17a 所示为某电机励磁电路，RL 为励磁绕组，$R = 40\Omega$，$L = 1.5\mathrm{H}$。电源电压 $U_S = 120\mathrm{V}$，电压表内阻 $R_V = 10\mathrm{k}\Omega$，VD 为理想二极管。求：（1）开关 S 断开后的绕组电流 i_L、电压表电压 u_V 及其最大值 U_V；（2）不接 VD 时重求以上各量。

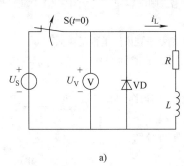
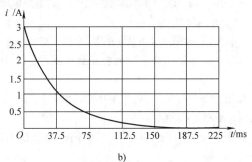

a)   b)

图 8-17

解 （1）换路前，理想二极管 VD 反偏，故不导通；直流稳态下，电感相当于短路。

$$i_L(0_-) = I_0 = \frac{U_s}{R} = \left(\frac{120}{40}\right)\mathrm{A} = 3\mathrm{A}$$

依据换路定律，有

$$i_L(0_+) = i_L(0_-) = 3\mathrm{A}$$

换路以后，VD 将励磁绕组短接，则时间常数为

$$\tau_1 = \frac{L}{R} = \left(\frac{1.5}{40}\right)\mathrm{s} = 0.0375\mathrm{s}$$

依换路定律，有

$$i_L(0_+) = i_L(0_-) = 3\mathrm{A}$$

根据式（8-10）得

$$i_L = I_0\mathrm{e}^{-\frac{t}{\tau_1}} = 3\mathrm{e}^{-\frac{t}{0.0375}}\mathrm{A} = 3\mathrm{e}^{-26.7t}\mathrm{A}$$

此时电压表被 VD 短接，所以其电压 $u_V = 0$。电感电流波形见图8-17b。

（2）不接 VD 时，换路前 $i_L(0_-)$ 同（1）；换路后 i_L 以电压表为回路流通，时间常数为

$$\tau_2 = \frac{L}{R + R_V} = \frac{1.5}{40 + 10 \times 10^3}\mathrm{s} = 1.5 \times 10^{-4}\mathrm{s}$$

$$i_L = i_L(0_+)e^{-\frac{t}{72}} = 3e^{-6.7 \times 10^3 t}A$$

$$u_V = -R_V i_L = -10 \times 10^3 \times 3e^{-\frac{t}{72}}V = -30e^{-6.7 \times 10^3 t}kV$$

而
$$|U_V| = |u_V(0_+)| = 30kV$$

电压表上这么高的电压足以使电压表的绝缘击穿而损坏电表。可见，VD 起到了为 i_L 提供通路并保护电压表的作用。若图中没有电压表及二极管，则 i_L 在开关打开瞬间被强迫为零，L 中所储存的磁能被迫在瞬间释放，会在开关触头间形成电弧，出现火花，常常会烧毁触头。因此，在电力工程上断开通有较大电流的电感电路时，一般都要采取措施防止出现过电压而损坏设备。

练习与思考

8-3-1 图 8-10b 中，若 $R = 20k\Omega$、$C = 20\mu F$，则 $\tau =$ ____ s；若 $R = 20\Omega$、$C = 0.02\mu F$，则 $\tau =$ ____ s。

8-3-2 在图 8-10b 中，当时间常数一定时，若电阻值增大一倍，则电容应 _____ 一倍，如果电容不变，那么，电路的放电速度将 _____。

8-3-3 设有两个如图 8-10b 所示的 RC 电路，初始电压不同。判断下列说法是否正确。

（1）如果 $\tau_1 > \tau_2$，那么它们的电压衰减到同一个电压值所需的时间必然是 $t_1 > t_2$，与初始电压的大小无关。

（2）如果 $\tau_1 > \tau_2$，那么它们的电压衰减到各自初始电压同一百分比所需的时间，必然是 $t_1 > t_2$。

（3）如果 $\tau_1 = \tau_2$，两个电压衰减到同一电压值所需的时间必然是 $t_1 = t_2$。

8-3-4 已充电电容器放电时，怎样可以延长放电过程？为什么？

8-3-5 电路如图 8-18 所示，S 闭合前电路已稳定，已知 $U_S = 100V$，$R_0 = R = 1M\Omega$，$C = 10\mu F$。试求 S 闭合后的 u_C 和流经 R 的电流 i。

8-3-6 一个线圈的电感 $L = 0.1H$，通有直流 $I = 5A$，现将此线圈在 $t = 0$ 时短路，经过 $t = 0.01s$ 时，线圈电流已减至初始值的 36.8%。试求线圈的电阻。

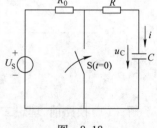

图　8-18

8-3-7 一组 $40\mu F$ 的电容器从高压线路断开时的电压为 2.2kV，之后通过自身漏电电阻放电，假设电容器漏电阻为 $800M\Omega$，问断开后大约经过几小时电容电压衰减到 1kV？

第四节 零状态响应

【问题引导】 在电容储能焊接设备中，电容器是用来储存能量的，其电容量可达数万微法，充电后储存的能量可达数万焦耳。使用闪光相机拍照后一定要等候一段时间使电容器充电，为下次放电做准备。那么，最简单的电容充电电路是什么？充电期间电容电压如何变化？影响充电速度的因素有哪些？充电效率如何？

零状态响应是指储能元件初始储能为零的条件下，仅由外加激励引起的响应。

一、RC 电路的零状态响应

分析 RC 电路的零状态响应，实际上就是分析它的充电过程。如图 8-19 所示电路，设电容初始储能为零，即 $u_C(0_-) = 0$，在 $t = 0$ 时将开关闭合，电源 U_S 经 R 给 C 充电。开关闭合初始瞬间，由于电容电压不能跃变，$u_C(0_+) = u_C(0_-) = 0$，此时电阻电压 u_R 必然由零

跃变到 U_S，电流 i 也由零跃变到 $\dfrac{U_S}{R}$。以后，电容极板上的电荷越积越多，电容电压也相应地逐渐增大；与此同时，电阻电压 u_R 逐渐减小，电流 i 也随着逐渐减小。随着时间的推移，电容电压 u_C 最终增加到 U_S，电阻电压 u_R 和电流 i 则衰减到零，充电过程结束，电路进入另一新的稳态。

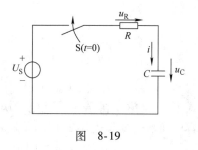

图　8-19

根据基尔霍夫电压定律

$$u_R + u_C = U_S$$

而

$$u_R = Ri \qquad i = C\frac{\mathrm{d}u_C}{\mathrm{d}t}$$

故

$$RC\frac{\mathrm{d}u_C}{\mathrm{d}t} + u_C = U_S \tag{8-14}$$

这是一个一阶线性常系数非齐次微分方程。由数学知识，此方程的解由非齐次微分方程的特解 u_C' 和相应的齐次方程的通解 u_C'' 所组成，即

$$u_C = u_C' + u_C''$$

则

$$RC\frac{\mathrm{d}(u_C' + u_C'')}{\mathrm{d}t} + (u_C' + u_C'') = U_S$$

其中特解 u_C' 应满足

$$RC\frac{\mathrm{d}u_C'}{\mathrm{d}t} + u_C' = U_S \tag{8-15}$$

而 u_C'' 必须满足

$$RC\frac{\mathrm{d}u_C''}{\mathrm{d}t} + u_C'' = 0 \tag{8-16}$$

适合非齐次微分方程的任一个解都可以作为特解。通常取换路后电容电压的新稳态值作为该方程的特解，所以特解又称为电路的稳态解或稳态分量。对图 8-19 所示电路，充电到稳态时，电容相当于开路，电流为零，因此电容电压的稳态解为

$$u_C' = U_S$$

显然，这个解满足式（8-15）

式（8-16）是一个一阶线性齐次微分方程，由本章第三节知道，它的通解为

$$u_C'' = A\mathrm{e}^{-\frac{t}{RC}}$$

这是一个随时间增长而衰减的指数函数，它是电路处于过渡状态期间才存在的一个分量，所以常把 u_C'' 称为电路的暂态解或暂态分量。

于是，式（8-14）的解为

$$u_C = u_C' + u_C'' = U_S + A\mathrm{e}^{-\frac{t}{RC}}$$

将 $u_C(0_+) = u_C(0_-) = 0$ 代入上式得

$$0 = U_S + A\mathrm{e}^{-\frac{0}{RC}}$$

故

$$A = -U_S$$

至此，方程式（8-14）满足零初始条件的解为

$$u_C = U_S - U_S e^{-\frac{t}{RC}} = U_S(1 - e^{-\frac{t}{RC}}) = U_S(1 - e^{-\frac{t}{\tau}}) \qquad (t \geqslant 0) \qquad (8\text{-}17)$$

式中，$\tau = RC$，它表征了充电的快慢程度，是 RC 充电电路的时间常数。现将不同时刻的电容电压数值列于表 8-2 中。u_C 随时间变化的波形如图 8-20a 所示。

从表 8-2 和图 8-20a 可明显看出，零初始条件下的充电过程，电容电压从零按指数规律增至稳态值 U_S。无论充电还是放电过程，电路过渡过程的特点主要反映在暂态分量上。暂态分量是负指数函数，一定会随着时间的增长而消失。暂态分量衰减的快慢也就是充电过程进行的快慢，由时间常数确定。当 $t = \tau$ 时，电容电压的暂态分量衰减到初始值的 36.8%，电容电压则增长到稳态值的 63.2%；$t = 5\tau$ 时，则分别达到 0.7% 和 99.3%，工程上认为，此时电容充电基本结束。

表　8-2

t	0	τ	2τ	3τ	4τ	5τ	...	∞
u_C'	U_S	U_S	U_S	U_S	U_S	U_S	...	U_S
u_C''	$-U_S$	$-0.368U_S$	$-0.135U_S$	$-0.050U_S$	$-0.018U_S$	$-0.007U_S$	...	0
u_C	0	$0.632U_S$	$0.865U_S$	$0.950U_S$	$0.982U_S$	$0.993U_S$	...	U_S

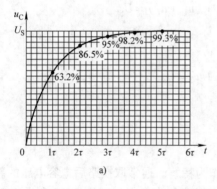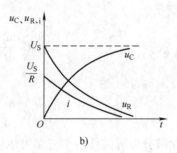

图　8-20

电容充电过程中，电阻电压及充电电流分别为

$$u_R = U_S - u_C = U_S e^{-\frac{t}{RC}} \qquad (t \geqslant 0) \qquad (8\text{-}18)$$

$$i = C \frac{\mathrm{d}u_C}{\mathrm{d}t} = C \frac{\mathrm{d}}{\mathrm{d}t}(U_S - U_S e^{-\frac{t}{\tau}}) = \frac{U_S}{R} e^{-\frac{t}{\tau}} \qquad (t \geqslant 0) \qquad (8\text{-}19)$$

图 8-20b 画出了 u_C、u_R 及 i 随时间变化的曲线。

充电时，电容器从电源吸收电能转换成电场能量储存起来，其数值为

$$W_C = \int_0^\infty u_C i \mathrm{d}t = \int_0^{U_S} C u_C \mathrm{d}u_C = \frac{1}{2}CU_S^2$$

电阻消耗的功率为

$$W_R = \int_0^\infty i^2 R \mathrm{d}t = \int_0^\infty \frac{U_S^2}{R} e^{-\frac{2}{RC}t} \mathrm{d}t = \frac{1}{2}CU_S^2$$

这两部分能量刚好相等，说明零初始条件下的充电过程中，电源供给的能量只有一半转换为电场能量而储存于电容器中，另一半则消耗在电阻元件上，其充电效率为50%。

例8-7　图8-21a所示电路中，已知 $C = 0.5\mu F$，$R = 100\Omega$，$U_S = 220V$，$u_C(0_-) = 0$。求S闭合后，电容电压 u_C、电流 i 及电阻电压 u_R。

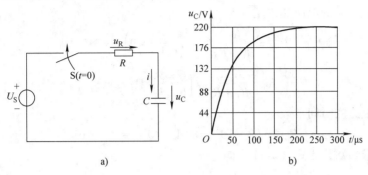

a)　　　　　　　　b)

图　8-21

解　时间常数为

$$\tau = RC = (100 \times 0.5 \times 10^{-6})s = 5 \times 10^{-5}s$$

将时间常数 τ 及电压 U_S 代入式（8-17）得

$$u_C = U_S(1 - e^{-\frac{t}{\tau}}) = 220(1 - e^{-\frac{t}{5 \times 10^{-5}}})V$$
$$= 220(1 - e^{-2 \times 10^4 t})V$$

根据式（8-18）和式（8-19）可得出

$$u_R = U_S e^{-\frac{t}{\tau}} = 220e^{-2 \times 10^4 t}V$$

$$i = C\frac{du_C}{dt} = \frac{U_S}{R}e^{-\frac{t}{\tau}} = 2.2e^{-2 \times 10^4 t}A$$

由本例可知，暂态分量是负指数函数，当 $t \to \infty$ 时，$u_C = U_S$，电路进入新的稳态，暂态消失，过渡过程结束。电容电压波形如图8-21b所示。

例8-8　图8-22a中，$U_S = 9V$，$R_1 = 6k\Omega$，$R_2 = 3k\Omega$，$C = 0.01\mu F$，$u_C(0_-) = 0$。求S接通后的电容电压 u_C。

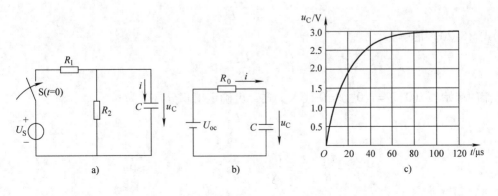

a)　　　　　　　　b)　　　　　　　　c)

图　8-22

解　因电路较为复杂，若直接列写微分方程求解比较麻烦。这时，可以应用戴维南定理将换路后的电路简化成一个简单的 *RC* 串联电路，然后再利用式（8-17）。其具体分析步骤是：

（1）将储能元件划出，其余部分电路看作一个等效电源，组成一个简单电路。如图 8-22b 所示。

（2）求等效电源的电压和内阻

$$U_{OC} = \frac{R_2}{R_1 + R_2} U_S = \left(\frac{3}{6+3} \times 9 \right) V = 3V$$

$$R_0 = \frac{R_1 R_2}{R_1 + R_2} = \left(\frac{6 \times 3}{6+3} \right) k\Omega = 2k\Omega$$

（3）计算电路的时间常数

$$\tau = R_0 C = (2 \times 10^3 \times 0.01 \times 10^{-6}) s = 2 \times 10^{-5} s$$

（4）将所求参数代入式（8-17）得

$$u_C = 3(1 - e^{-\frac{t}{2 \times 10^{-5}}}) V = 3(1 - e^{-5 \times 10^4 t}) V$$

其波形如图 8-22c 所示。

二、*RL* 电路的零状态响应

图 8-23 所示是一个 *RL* 串联电路。开关 S 闭合前，电感初始储能为零，即电路处于零状态。当 $t = 0$ 时，开关 S 闭合。

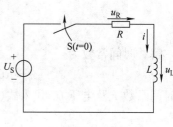

图　8-23

电路换路后，根据 KVL，列出电路的微分方程为

$$L \frac{di}{dt} + Ri = U_S \tag{8-20}$$

式（8-20）是非齐次微分方程，其解由稳态分量 i' 和暂态分量 i'' 构成。显然

$$i' = \frac{U_S}{R}$$

而

$$i'' = Ae^{Pt}$$

其中

$$P = -\frac{R}{L}$$

因此式（8-20）的解为

$$i = i' + i'' = \frac{U_S}{R} + Ae^{-\frac{R}{L}t}$$

将电流的初始值 $i(0_+) = i(0_-) = 0$ 代入上式，可确定出积分常数为

$$A = -\frac{U_S}{R}$$

$$i = \frac{U_S}{R} - \frac{U_S}{R} e^{-\frac{R}{L}t} = \frac{U_S}{R} (1 - e^{-\frac{t}{\tau}}) \qquad (t \geq 0) \tag{8-21}$$

其中，$\tau = \frac{L}{R}$ 是电路的时间常数。

电阻电压

$$u_R = iR = U_S\left(1 - e^{-\frac{t}{\tau}}\right) \qquad (t \geqslant 0) \tag{8-22}$$

电感电压

$$u_L = L\frac{di}{dt} = U_S e^{-\frac{t}{\tau}} \qquad (t \geqslant 0) \tag{8-23}$$

i、u_R、u_L 的曲线如图 8-24 所示。

由以上分析可知：电流 i 由零开始按指数规律逐渐增长到稳态值 $\dfrac{U_S}{R}$；电感电压 u_L 则由零跃变到 U_S 后按同一指数规律逐渐衰减至零。

暂态过程进行的快慢取决于时间常数。在一定的初始条件下，τ 越大，暂态过程越长。这是因为 τ 越大，则 L 越大或 R 越小，而 L 越大，电感储存

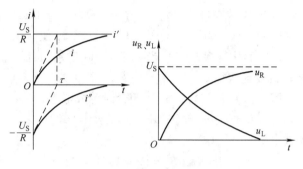

图 8-24

的磁场能量越大，供给电阻消耗的时间越长。R 越小，电阻的功率也小，消耗电磁储能所花费的时间就长。

在过渡过程中，随着电流的建立和不断增长，电感中的磁场能量也由原来的零逐渐增大，到过渡过程结束时，电感中储存的能量为

$$W_L = \frac{1}{2}L\left(\frac{U_S}{R}\right)^2$$

与此同时，电阻也要吸收一部分能量转换成热能，可以证明这一部分能量与电感中储存的能量相等。所以电源供给的能量一半被电阻转换成热能消耗掉，另一半则转换成磁场能量储存于电感中，即充磁效率为 50%。

例 8-9 在图 8-25 所示的电路中，已知 $U_S = 20V$，$R = 20\Omega$，$L = 2H$，当开关 S 闭合后，求：（1）电路的稳态电流及电流到达稳态值的 63.2% 所需的时间；（2）当 $t = 0_+$、$t = 0.2s$ 及 $t = \infty$ 时，线圈两端的电压各是多少？

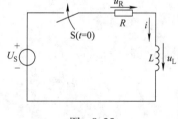

图 8-25

解 （1）当电路达到稳态时，L 相当于短路，稳态电流

$$I = \frac{U_S}{R} = \left(\frac{20}{20}\right)A = 1A$$

电流上升到稳态值的 63.2% 所需要的时间等于电路的时间常数，故

$$\tau = \frac{L}{R} = \left(\frac{2}{20}\right)s = 0.1s$$

（2）由式（8-23）得电感两端电压

$$u_L = U_S e^{-\frac{t}{\tau}} = 20e^{-10t}V$$

当 $t = 0$

$$u_L(0_+) = U_S = 20V$$

当 $t = 0.2s$ 时

$$u_L = U_s e^{-10 \times 0.2} = 20 e^{-2} V \approx 2.7V$$

当 $t = \infty$ 时

$$u_L = 0$$

例 8-10 在图 8-26 中，$R_1 = 2\Omega$，$R_2 = 1\Omega$，$L_1 = 0.01H$，$L_2 = 0.02H$，$E = 6V$。（1）试求 S_1 闭合后电路中电流的变化规律；（2）当 S_1 闭合 1s 后再闭合 S_2，试求 i_2 的变化规律。

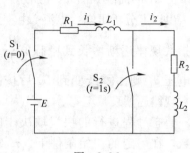

图 8-26

解 （1）S_1 闭合，S_2 未闭合时等效电感为

$$L = L_1 + L_2 = (0.01 + 0.02)H = 0.03H$$

等效电阻

$$R = R_1 + R_2 = (2 + 1)\Omega = 3\Omega$$

时间常数

$$\tau = \frac{L}{R} = \frac{0.03}{3}s = 0.01s$$

根据式（8-21）可得

$$i_1 = i_2 = \frac{E}{R}(1 - e^{-\frac{t}{\tau}}) = \frac{6}{3}(1 - e^{-\frac{t}{0.01}})A$$

$$= 2(1 - e^{-100t})A \qquad (0 \leqslant t \leqslant 1s)$$

（2）$t = 1s$ 时再次换路，换路后的初始值应为换路前一瞬间的值，即

$$i_2(1_+) = i_2(1_-) \approx \frac{E}{R} = \frac{6}{3}A = 2A$$

时间常数

$$\tau_2 = \frac{L_2}{R_2} = \frac{0.02}{1}s = 0.02s$$

根据式（8-10）得

$$i_2 = i_2(1_+)e^{-\frac{t-1}{\tau_2}} = 2e^{-\frac{t-1}{0.02}}A - 2e^{-50(t-1)}A \qquad (t > 1s)$$

练习与思考

8-4-1 RC 串联电路的时间常数 τ 越大，充电的速度越____；τ 越小，充电的速度越____。

8-4-2 RC 串联电路接通直流电源后，当 $t = \tau$ 时，电路中电流 i_C 的瞬时值是初始值的____倍。电容器两端的电压 u_C 是稳态值的____倍。电容通过电阻放电，当 $t = \tau$ 时，i_C、u_C 是初始值的____倍。

8-4-3 常用万用表的欧姆档来检查大容量电容的质量。如在检查时发现下列现象，试解释之，并说明电容器的好坏：

（1）指针满偏转。

（2）指针不动。

（3）指针很快偏转后又返回原刻度（∞）处。

（4）指针偏转后不能返回原刻度处。

（5）指针偏转后返回速度很慢。

8-4-4　在图 8-27 中，开关 S 闭合时电容器充电，S 再断开时电容器放电，试分别求充电和放电时电路的时间常数。

8-4-5　如图 8-28 所示电路，已知 $U_S = 220V$，$R = 0.1k\Omega$，$C = 0.5\mu F$，$u_C(0_-) = 0$。试求开关 S 闭合后：（1）时间常数；（2）电容电压和电流；（3）$t = 150\mu s$ 时的 u_C 和 i 的值。

8-4-6　在图 8-29 电路中，已知 $U_S = 10V$，$R_1 = 5\Omega$，$R_2 = 2\Omega$，$L = 0.2H$，开关 S 在 $t = 0$ 时闭合，试求闭合后 i_L 和 u_L 的变化规律。

8-4-7　有一台直流电动机，其励磁线圈的电阻为 50Ω，当加上额定励磁电压经过 0.1s 后，励磁电流增长到稳态值的 63.2%，试求线圈电感。

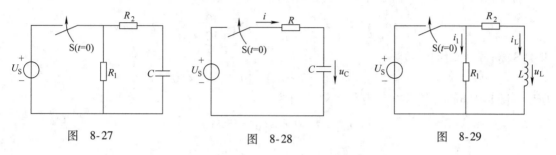

图 8-27　　　　　　　　图 8-28　　　　　　　　图 8-29

第五节　全响应及其分解

【导读】　有些电路中，换路是周期性的，电路工作于暂态，因而出现具有初始储能的电容器、电感器接通直流电源开始新的过渡过程的情形。如何分析这种情形下电压、电流的变化规律？

一、全响应

以上两节分别讨论了只有非零初始状态和只有外加激励作用时一阶电路的响应，即零输入响应和零状态响应。当二者同时作用时所产生的响应称为（完）全响应。

对于线性电路，从电路换路后的能量来源推知：电路的全响应必然是其零输入响应与零状态响应的叠加。下面以 RC 电路为例加以分析。

在图 8-30a 所示电路中，设电容的初始电压为 $u_C(0) = U_0$，开关 S 在 $t = 0$ 时闭合而接通直流电压 U_S。不难看出，换路后该电路可看成零输入条件下的放电过程和零初始条件下的充电过程的叠加，如图 8-30 所示。

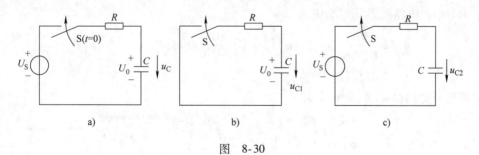

a)　　　　　　　　b)　　　　　　　　c)

图 8-30

在图 8-30b 中，零输入响应为

$$u_{C1} = U_0 e^{-\frac{t}{\tau}}$$

在图 8-30c 中，零状态响应为

$$u_{C2} = U_S\left(1 - e^{-\frac{t}{\tau}}\right)$$

将二者叠加即得全响应

$$u_C = u_{C1} + u_{C2} = U_0 e^{-\frac{t}{\tau}} + U_S\left(1 - e^{-\frac{t}{\tau}}\right) \qquad (t \geqslant 0) \qquad (8-24)$$

例 8-11 图 8-31a 所示电路，$R_1 = R_2 = R_3 = 10\Omega$，$C = 100\mu F$，$U_S = 12V$，开关 S 闭合前电路已处于稳态，S 在 $t = 0$ 时闭合。求 S 闭合后 u_C 的变化规律。

解 在图 8-31a 中，由于开关 S 闭合前电路已处于稳态，故

$$U_0 = u_C(0_-) = \frac{R_3}{R_1 + R_2 + R_3}U_S = \frac{10}{10 + 10 + 10} \times 12V = 4V$$

开关 S 闭合后的时间常数为

$$\tau = (R_2 // R_3)C = 5 \times 100 \times 10^{-6}\text{s} = 5 \times 10^{-4}\text{s}$$

所以，图 8-31b 的零输入响应为

$$u_{C1} = U_0 e^{-\frac{t}{\tau}} = 4e^{-2 \times 10^3 t}V$$

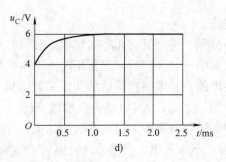

图 8-31

在图 8-31c 中，电路的零状态响应为

$$u_{C2} = \frac{R_3}{R_2 + R_3}U_S(1 - e^{-\frac{t}{\tau}}) = \left[\frac{10}{10 + 10} \times 12(1 - e^{-2 \times 10^3 t})\right]V$$

$$= 6(1 - e^{-2 \times 10^3 t})V$$

将以上两部分叠加得 u_C 的全响应为

$$u_C = u_{C1} + u_{C2} = \left[4e^{-2 \times 10^3 t} + 6(1 - e^{-2 \times 10^3 t})\right]V$$

$$= (6 - 2e^{-2 \times 10^3 t})V$$

其波形如图 8-31d 所示。

二、全响应的分解

若直接对图 8-30a 电路用经典法解 u_C，因该图与图 8-19 的 RC 充电电路相同，唯一区

别是初始值不同，故解为

$$u_C = u_C' + u_C'' = U_S + A\mathrm{e}^{-\frac{t}{\tau}}$$

积分常数 A 需根据初始值 $u_C(0_+) = u_C(0_-) = U_0$ 重新确定如下：

$$U_0 = U_S + A\mathrm{e}^0$$

所以 $\qquad\qquad\qquad\qquad A = U_0 - U_S$

则

$$u_C = u_C' + u_C'' = U_S + (U_0 - U_S)\mathrm{e}^{-\frac{t}{\tau}} \qquad\qquad (8\text{-}25)$$

上式中，稳态分量 u_C' 和暂态分量 u_C'' 是根据微分方程解的物理意义对全响应的又一分解方式。实际上，将式（8-24）稍加变换，即可看出两种分解方式殊途同归。

$$u_C = \underset{\text{零输入响应}}{U_0\mathrm{e}^{-\frac{t}{\tau}}} + \underset{\text{零状态响应}}{U_S(1 - \mathrm{e}^{-\frac{t}{\tau}})}$$

$$= \underset{\text{稳态响应}}{U_S} + \underset{\text{暂态响应}}{(U_0 - U_S)\mathrm{e}^{-\frac{t}{\tau}}}$$

无论是把全响应分解为零输入响应与零状态响应，还是分解为暂态分量与稳态分量，只是分析问题的着眼点不同，本质上是同一响应（用示波器观察到的是全响应）。

在用微分方程求解电路的响应时，人为地将响应分成稳态分量和暂态分量，这是因为稳态响应是电路到达稳定状态时的响应，可以用前面学习过的稳态分析方法来计算。暂态分量则是电路在过渡过程中的响应，其形式为 $A\mathrm{e}^{Pt}$，其中特征根 P 只取决于电路的结构和参数，与外接电源及初始值无关；A 为暂态响应的幅度，它不仅与初始值有关，而且还与稳态响应在 $t = 0$ 时的值有关。

电路过渡过程的特点集中反映在暂态分量上。经过 5τ 的时间后，暂态分量基本上已经消失，电路进入新的稳态。稳态分量与外加激励形式相同。在直流激励下，当电路处于稳态时，电感相当于短路，电容相当于开路。

例 8-12 图 8-32a 所示电路，已知 $U_S = 220\text{V}$，$R_1 = 8\Omega$，$R_2 = 12\Omega$，$L = 0.6\text{H}$，开关 S 在 $t = 0$ 时闭合，试求：（1）开关 S 闭合后 i 的变化规律；（2）开关 S 闭合后要经过多长时间电流才能上升到 15A？

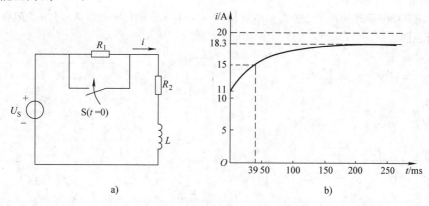

图 8-32

解 （1）在开关 S 闭合前电路已处于稳态，电感相当于短路，故

$$i(0_-) = \frac{U_S}{R_1 + R_2} = \frac{220}{8 + 12}A = 11A$$

S 闭合后，R_1 被短路，电路变为 R_2 与 L 串联电路，时间常数为

$$\tau = \frac{L}{R_2} = \frac{0.6}{12}s = 0.05s$$

电路到达新稳态时，电感仍相当于短路，故直流稳态响应

$$i' = \frac{U_S}{R_2} = \frac{220}{12}A = 18.3A$$

暂态响应

$$i'' = Ae^{-\frac{t}{\tau}}$$

全响应

$$i = i' + i'' = 18.3 + Ae^{-\frac{t}{\tau}}$$

积分常数 A 可由 i 的初始值确定如下：$t = 0_+$ 时，根据换路定律

$$i(0_+) = i(0_-) = 11A$$

$$11 = 18.3 + Ae^0$$

$$A = 11 - 18.3 = -7.3$$

$$i = (18.3 - 7.3e^{-\frac{t}{0.05}})A = (18.3 - 7.3e^{-20t})A$$

（2）电流达到 15A 所需的时间为

$$15 = 18.3 - 7.3e^{-20t}$$

$$t = 0.039s$$

其波形如图 8-32b 所示。

练习与思考

8-5-1　电路如图 8-33 所示，试求换路后的 u_C，设 $u_C(0_-) = 0$。

8-5-2　上题中，如果 $u_C(0_-) = 2V$ 和 8V，分别求 u_C。

8-5-3　电路如图 8-34 所示，已知 $U_S = 120V$，$R = 10\Omega$，$R_0 = 30\Omega$，$L = 0.1H$。电路稳定后，将开关 S 闭合，求电路电流 i 并绘其波形。

8-5-4　电路如图 8-35 所示，已知 $R_1 = R_2 = 1k\Omega$，$L_1 = L_2 = 10mH$，$I = 10mA$。求开关闭合后的电流 i（设线圈间无互感）。

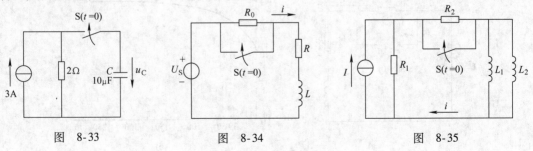

图 8-33　　　　　　图 8-34　　　　　　图 8-35

第六节　一阶线性电路暂态分析的三要素法

【导读】　在电子线路中，经常遇到只含一个独立储能元件（电容或电感）的电路，它的微分方程是一阶的。对多回路的一阶电路，若通过列微分方程逐步求解是比较麻烦的，因此掌握一种实用、快捷的方法是必要的。

由本章第五节对 RC 一阶电路的分析知道，电路的响应是由稳态分量和暂态分量两部分叠加而得［见式（8-25）］。如写成一般式子则为

$$f(t) = f'(t) + f''(t) = f(\infty) + Ae^{-\frac{t}{\tau}}$$

式中，$f(t)$ 是电流或电压，$f(\infty)$ 是稳态响应，$Ae^{-\frac{t}{\tau}}$ 是暂态响应。若初始值为 $f(0_+)$，则得 $A = f(0_+) - f(\infty)$。于是

$$f(t) = f(\infty) + [f(0_+) - f(\infty)]e^{-\frac{t}{\tau}} \tag{8-26}$$

式(8-26)就是一阶线性电路过渡过程中电压、电流的一般公式。只要求得初始值、稳态值和时间常数这三个"要素"，就能直接写出电路的响应。这一方法称为求解一阶电路过渡过程的三要素法。**应当注意式(8-26)只适用于一阶线性电路，对二阶及二阶以上电路不适用。**

下面举例说明三要素法的应用。

例 8-13　图 8-36 所示电路，已知 $U_S = 9V$，$R_1 = 6k\Omega$，$R_2 = 3k\Omega$，$C = 1\mu F$。$t = 0$ 时开关闭合，试用三要素法分别求 $u_C(0_-) = 0$、3V 和 6V 时 u_C 的表达式，并画出相应的波形。

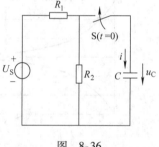

图 8-36

解　先确定三要素

（1）初始值

根据换路定律，S 闭合后电容电压不能突变，分别求出换路后的初始值为

当 $u_C(0_-) = 0V$ 时，$u_C(0_+) = 0$

当 $u_C(0_-) = 3V$ 时，$u_C(0_+) = 3V$

当 $u_C(0_-) = 6V$ 时，$u_C(0_+) = 6V$

（2）稳态值

电路到达稳态后，电容相当于开路，故

$$u_C(\infty) = \frac{R_2}{R_1 + R_2}U_S = \frac{3}{6+3} \times 9V = 3V$$

（3）时间常数

前已述及，时间常数仅与电路的结构和参数有关，而与外加电源及初始值无关。所以，在求电路的时间常数时，可将外加电压源、电流源分别用短路、开路来代替，然后根据电阻的串并联关系求出等效电阻 R_0。

将图 8-36 的电压源用短路代替后，从 C 两端看进去的等效电阻为

$$R_0 = R_1 /\!/ R_2 = \frac{6 \times 3}{6+3}k\Omega = 2k\Omega$$

所以电路的时间常数为

$$\tau = R_0 C = 2 \times 10^3 \times 1 \times 10^{-6} \text{s} = 2 \times 10^{-3} \text{s}$$

将以上三项代入式（8-26）得

$u_C(0_-) = 0$ 时

$$u_C = 3(1 - e^{-500t}) \text{V}$$

$u_C(0_-) = 3\text{V}$ 时

$$u_C = 3\text{V}$$

$u_C(0_-) = 6\text{V}$ 时

$$u_C = 3(1 + e^{-500t}) \text{V}$$

它们的波形如图 8-37 所示。

由本例可知：当 $u_C(\infty) > u_C(0)$ 时，电容按指数规律充电；当 $u_C(\infty) = u_C(0)$ 时，换路后电路立即进入稳态，无过渡过程；当 $u_C(\infty) < u_C(0)$ 时，电容按指数规律放电。总之，只有在电路初始值与稳态值不同时，才有过渡过程发生。

例 8-14 在图 8-38 中，开关 S 长期合在位置 1 上，在 $t = 0$ 时由位置 1 切换到位置 2，试求 i 并绘出它的波形。

解 （1）初始值

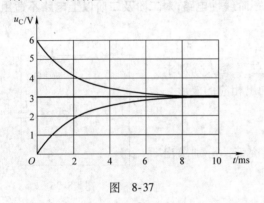

图 8-37　　　　　图 8-38

先由 $t = 0_-$ 的电路（如图 8-39a 所示）求得

$$i(0_-) = \frac{-3}{1 + \frac{2 \times 1}{2 + 1}} \text{A} = -1.8\text{A}$$

$t = 0_+$ 时的电路如图 8-39b 所示，电感元件用一理想电流源代替，其电流为

$$i_L(0_+) = i_L(0_-) = \frac{2}{2 + 1} \times (-1.8) \text{A} = -1.2\text{A}$$

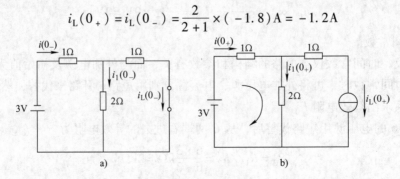

图 8-39

根据 KVL 得

$$3 = i(0_+) \times 1 + \left[i(0_+) - i_L(0_+) \right] \times 2$$
$$3 = 3i(0_+) + 2.4$$
$$i(0_+) = 0.2\text{A}$$

注意：$i(0_+) \neq i(0_-)$。

（2）稳态值

$$i(\infty) = \frac{3}{1 + \dfrac{2 \times 1}{2 + 1}}\text{A} = 1.8\text{A}$$

（3）时间常数

$$\tau = \frac{L}{R_0} = \frac{3}{1 + \dfrac{2 \times 1}{2 + 1}}\text{s} = 1.8\text{s}$$

根据式（8-26）得

$$i = \left[1.8 + (0.2 - 1.8)\mathrm{e}^{-\frac{t}{1.8}} \right]\text{A}$$
$$= \left[1.8 - 1.6\mathrm{e}^{-\frac{t}{1.8}} \right]\text{A}$$

其波形如图 8-40 所示。

从本例可以看出，除了储能元件的电压、电流可用三要素法确定之外，其他支路的电压、电流同样可以用三要素确定出来。

例 8-15　图 8-41a 中，继电器被用作输电线的继电保护，当通过继电器的电流达到 30A 时，继电器动作，使输电线脱离电源，从而起保护作用。若负载

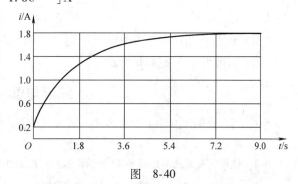

图　8-40

电阻 $R_2 = 20\Omega$，输电线电阻 $R_1 = 1\Omega$，继电器电阻 $R = 3\Omega$，电感 $L = 0.2\text{H}$，电源电压 $U_S = 220\text{V}$。问：负载发生短路时，需经多长时间继电器才动作。

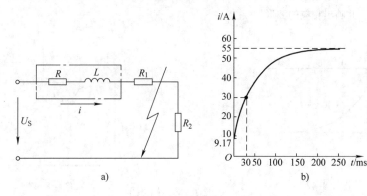

图　8-41

解　（1）确定初始值

$$i(0_+) = i(0_-) = \frac{U_S}{R + R_1 + R_2} = \frac{220}{3 + 1 + 20}\text{A} = 9.17\text{A}$$

（2）稳态值

$t→∞$ 时，R_2 已被短路，故

$$i(∞) = \frac{U_S}{R + R_1} = \frac{220}{3 + 1}A = 55A$$

（3）时间常数

$$\tau = \frac{L}{R + R_1} = \frac{0.2}{3 + 1}s = 0.05s$$

由式（8-26）得电流 i 为

$$i = 55 + (9.17 - 55)e^{-\frac{t}{0.05}}$$
$$= (55 - 45.83e^{-20t})A$$

设 $t = t_1$ 时继电器动作，此时 $i = 30A$，代入上式即得

$$30 = 55 - 45.83e^{-20t_1}$$

解得

$$t_1 = 0.03s$$

可知，负载短路后仅需 $0.03s$ 继电器即切断电源，从而保护了用电设备。

电流 i 的波形如图 8-41b 所示。

练习与思考

8-6-1　用三要素法写出 i 的表达式并画出其波形。　（1）$i(0_+) = -5A, i(∞) = 10A, \tau = 2s$；（2）$i(0_+) = -5A, i(∞) = -15A, \tau = 3s$。

8-6-2　试用三要素法写出图 8-42 所示指数曲线的表达式 u_C。

8-6-3　已知全响应 $u_C = [20 + (5 - 20)e^{-\frac{t}{10}}]V$ 或 $u_C = [5e^{-\frac{t}{10}} + 20(1 - e^{-\frac{t}{10}})]V$，试作出它随时间变化的曲线，并在同一图上分别作出稳态分量、暂态分量和零输入响应与零状态响应。

8-6-4　在图 8-43 所示电路中，已知 $U_S = 6V$，$R_1 = 20k\Omega$，$R_2 = 20k\Omega$，$C = 0.01\mu F$，$u_C(0_-) = 0$。求 $t \geqslant 0$ 时的 u_O 和 u_C，并画出相应的波形。

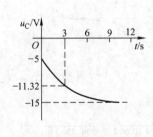

图　8-42

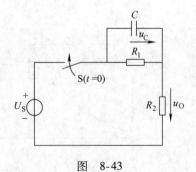

图　8-43

8-6-5　图 8-44 所示电路，开关 S 闭合前电路已处于稳态。在 $t = 0$ 时将 S 闭合，试求 S 闭合后的电流 i_L。已知 $U_{S1} = 10V$，$U_{S2} = 20V$，$R_1 = 50\Omega$，$R_2 = 5\Omega$，$L = 0.5H$。

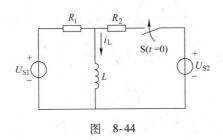

图 8-44

第七节 *LC* 电路中的自由振荡

【导读】 前面讨论了一阶电路的过渡过程。当电路同时含有电容和电感而构成二阶电路时，电路会表现出一些新的特点。

在图 8-45 所示的电路中，电容 C 充电到 U_S 后，在 $t=0$ 时刻与线圈接通（忽略线圈电阻），电感的初始电流为零。这时将发生什么现象呢？

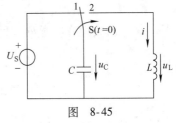

图 8-45

显然，换路初始时刻，能量全部储存于电容中，电感中没有储能。这时电路的电流虽然为零，但是电流的变化率却不为零，这是因为电感电压必须等于电容电压，电容电压不为零，电感电压也就不为零，即电流的变化率 $\dfrac{\mathrm{d}i}{\mathrm{d}t}$ 不为零。因此，电流将开始增长，原来存储于电容中的能量将发生转移。图 8-46a 所示为初始时刻的情况。随着时间的推移，流过电感的电流逐渐增加，电容上的电压逐渐减小，电场能量逐渐转换为磁场能量而储存在电感 L 中。当电容电压降为零时，电感电压也为零，因而 $\dfrac{\mathrm{d}i}{\mathrm{d}t}=0$，电感中的电流达到最大值 I。

至此全部电场能转化成磁场能储存在 L 中，如图 8-46b 所示。这时，虽然电容电压为零，但是它的变化率却不为零，这是因为电容中电流必须等于电感中的电流。同时，由于电感中电流不能跃变，电路中的电流将从最大值逐渐减小，电容在电流作用下又被充电，只是电压的极性相反。当电感中电流下降到零时，能量又全部储存于电容中，电容电压又达到初始值 U_S，如图 8-46c 所示。以后 C 再度对 L 放电，只是电流方向和上次电容放电的方向相反，当电容电压再次下降到零时，能量又全部储存于电感中，电流又达到最大值 I，如图 8-46d 所示。接着，电容被再次充电，充电完毕，电容电压的大小和极性又和初始时刻一样，如此周而复始循环下去。由于回路中没有电阻，因而没有能量的损耗，这一振荡过程将是等幅振荡。由于振荡是在无外加激励下进行的，所以这种振荡称为无阻尼自由振荡。

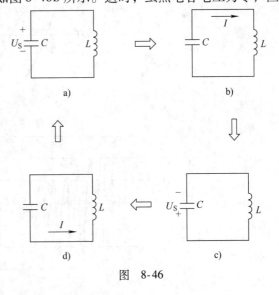

图 8-46

下面定量分析一下振荡电压与电流的变化规律。为简化分析，设换路前 $u_C(0_-) = U$，$i(0_-) = 0$。

在图 8-45 中，当 $t = 0$ 时，S 由位置 1 扳向位置 2，电路发生换路。对换路后的电路，依 KVL 得

$$u_L - u_C = 0$$

将

$$i = -C \frac{\mathrm{d}u_C}{\mathrm{d}t}$$

$$u_L = L \frac{\mathrm{d}i}{\mathrm{d}t}$$

代入上式，得

$$LC \frac{\mathrm{d}^2 u_C}{\mathrm{d}t^2} + u_C = 0 \tag{8-27}$$

这是一个二阶线性齐次微分方程，解此微分方程可得

$$u_C = U_S \cos\omega_o t \tag{8-28}$$

式中

$$\omega_o = \frac{1}{\sqrt{LC}}$$

只与电路参数有关，称为电路的固有频率。

电流可由下式得出：

$$i = -C \frac{\mathrm{d}u_C}{\mathrm{d}t} = CU_S\omega_o \sin\omega_o t \tag{8-29}$$

电压、电流的波形如图 8-47a 所示。

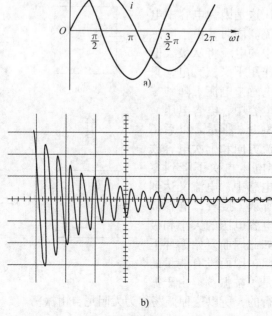

图 8-47

上面所讨论的只是一种理想状况。由于电路中电阻为零，无能量损耗，故电容与电感之间电场能量与磁场能量的交换就会一直持续下去，形成等幅振荡。如果电阻不为零，那么储能逐渐被电阻消耗掉，振荡就不可能是等幅的，而是减幅振荡，幅度将逐渐衰减而趋于零。这种振荡称为有阻尼振荡。可见，在 RLC 串联电路中，电阻的大小将影响到电路的振荡。通过分析，有以下三种情况：

1）当 $R > 2\sqrt{\dfrac{L}{C}}$ 时，u_C 单调下降，电路发生非振荡放电现象。

2）当 $R = 2\sqrt{\dfrac{L}{C}}$ 时，电路处于临界非振荡放电状态，如果电阻 R 再小一点，电路便发生振荡。

3）当 $R < 2\sqrt{\dfrac{L}{C}}$ 时，电路发生振荡放电现象，其中 $R = 0$ 为等幅振荡，$R \neq 0$ 为减幅振荡（见图 8-47b）。

上述 LC 振荡电路在无线电、冶金等领域有广泛应用，可用来进行无线电选频、获得高频电能熔炼金属等。

练习与思考

8-7-1　想一想日常生活中有哪些现象类似本节所讨论的电磁振荡现象。

8-7-2　无阻尼振荡与正弦稳态电路中的谐振有何异同？

8-7-3　由两个同性质储能元件（同为 L 或同为 C）构成任意二阶电路，是否会出现振荡现象？

8-7-4　某收音机输入调谐回路中，$C = 150\text{pF}$，$L = 250\mu\text{H}$。求电路固有频率为多少 kHz？

习　题

8-1　图 8-48 所示电路的各电路原已稳定。已知 $E = 100\text{V}$，$R_1 = 20\Omega$，$R_2 = 80\Omega$，$R = 10\Omega$。求（1）开关闭合瞬时的各支路电流和各元件上电压；（2）开关闭合电路达到新的稳定状态后，各支路电流和各元件上电压。

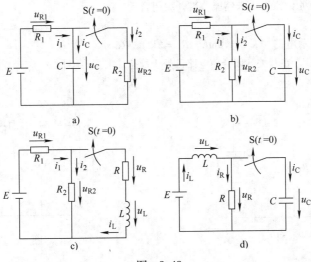

图　8-48

8-2　在图 8-49 所示的电路中，试确定开关 S 刚断开后的电压 u_C 和电流 i_C、i_1、i_2 的初值。S 断开前电路已处于稳态。

8-3　在图 8-50 所示电路中，开关 S 原处于位置 1，电路已达稳态。在 $t=0$ 时将开关 S 合到位置 2，求换路后 i_1、i_2、i_L 及 u_L 的初始值。

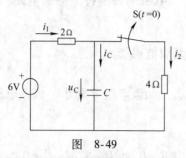

图 8-49

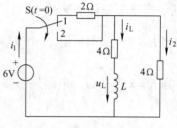

图 8-50

8-4　有一 RC 放电电路如图 8-51 所示，电容元件上电压的初始值 $u_C(0_+) = U_S = 20V$，$R = 10k\Omega$，放电开始经 0.01s 后，测得放电电流为 0.736mA，试问电容值 C 为多少？

8-5　在图 8-52 中，$E = 40V$，$R = 5k\Omega$，$C = 100\mu F$，并设 $u_C(0_-) = 0$，试求：（1）电路的时间常数 τ；（2）当开关闭合后电路中的电流 i 及各元件上的电压 u_C 和 u_R，并作出它们的变化曲线；（3）经过一个时间常数后的电流值。

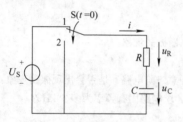

图 8-51

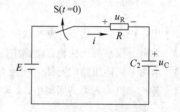

图 8-52

8-6　如图 8-53 所示电路，已知 $U_S = 250V$，$R = 10k\Omega$，$C = 4\mu F$，电容原未充电，试求 S 闭合后要经过多长时间 u_C 才能达到 180V？

8-7　在图 8-54 中，$E = 20V$，$R_1 = 12k\Omega$，$R_2 = 4k\Omega$，$C_1 = 20\mu F$，$C_2 = 20\mu F$。电容元件原先均未储能。当开关闭合后，试求电容元件两端电压 u_C。

8-8　在图 8-55 所示电路中，$I = 10mA$，$R_1 = 3k\Omega$，$R_2 = 3k\Omega$，$R_3 = 6k\Omega$，$C = 2\mu F$。在开关 S 闭合前电路已处于稳态。求在 $t \geq 0$ 时 u_C 和 i_1，并作出它们随时间的变化曲线。

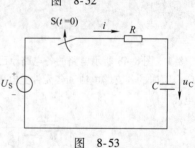

图 8-53

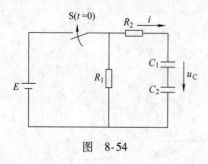

图 8-54

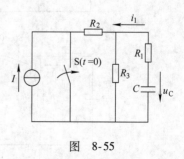

图 8-55

8-9 电路如图 8-56 所示，在开关 S 闭合前电路已处于稳态，求开关闭合后的电压 u_C。

8-10 在图 8-57 中，$R_1 = 2k\Omega$，$R_2 = 1k\Omega$，$C = 3\mu F$，$I = 1mA$。开关长时间闭合。当将开关断开后，试求电流源两端的电压。

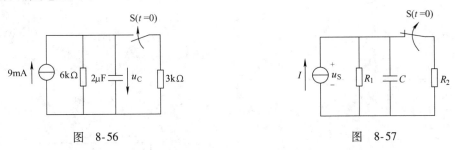

图 8-56   图 8-57

8-11 电路如图 8-58 所示，求 $t \geqslant 0$ 时，（1）电容电压 u_C，（2）B 点电位 φ_B 和 A 点电位 φ_A 的变化规律。

8-12 在图 8-59 中，$U_S = 20V$，$C = 4\mu F$，$R = 50k\Omega$。在 $t = 0$ 时闭合 S_1，在 $t = 0.1s$ 时闭合 S_2，求 S_2 闭合后的电压 u_R。设 $u_C(0_-) = 0$。

8-13 电路如图 8-60 所示，换路前已处于稳态，试求换路后（$t \geqslant 0$）的 u_C。

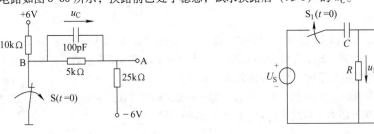

图 8-58   图 8-59

8-14 在图 8-61 中开关 S 先合在位置 1，电路处于稳态。$t = 0$ 时，将开关从位置 1 合到位置 2，试求 $t = \tau$ 时 u_C 之值。在 $t = \tau$ 时，又将开关合到位置 1，试求 $t = 2 \times 10^{-2}s$ 时 u_C 之值。此时再将开关合到 2，作出 u_C 的变化曲线。充电电路和放电电路的时间常数是否相等？

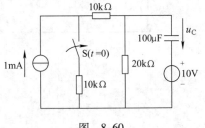

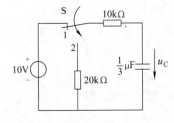

图 8-60   图 8-61

8-15 在图 8-62 中，$R_1 = 1\Omega$，$R_2 = R_3 = 2\Omega$，$L = 2H$，$U_S = 2V$。开关长时间合在 1 的位置。当将开关扳到 2 的位置后，试求电感元件中电流及其两端电压。

8-16 电路如图 8-63 所示，试用三要素法求 $t \geqslant 0$ 时的 i_1、i_2 及 i_L。

8-17 一个电感线圈被短接后，经过 0.1s 线圈中电流减小到初值的 36.8%；如果经过 5Ω 的串联电阻短路时，则经过 0.05s 后电流即减小到初值的 36.8%，试求线圈的电阻。

8-18 图 8-64 中电机励磁绕组的参数为 $R = 30\Omega$，$L = 2H$，接于 $U_S = 220V$ 的直流电源上。图中 VD 为理想二极管。要求断电时绕组电压不超过正常工作电压的三倍且使电流在 0.1s 内衰减至初始值的 5%，试计算并联在绕组上的放电电阻 R_f。

8-19 在图 8-65 的电路中，已知 $U_S = 30V$，$C_1 = 0.2\mu F$，$R_1 = 100\Omega$，$C_2 = 0.1\mu F$，$R_2 = 200\Omega$，换路前

电路处于稳态。试求 $t \geq 0$ 时的 i、u_{C1}、u_{C2}。

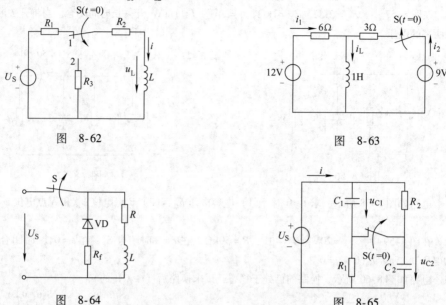

图 8-62

图 8-63

图 8-64

图 8-65

8-20 图 8-66 所示为直流发电机的励磁绕组回路。已知绕组电阻 $R = 20\Omega$，电感 $L = 20H$，外加额定电压为 200V，试求：（1）当开关 S 闭合后励磁电流 i 的变化规律和电流达到稳态值所需的时间；（2）如果将电压提高到 250V，则励磁电流达到额定值所需时间是多少？

8-21 图 8-67 所示电路，已知 $U_S = 80V$，$R_1 = R_2 = 10\Omega$，$L = 0.2H$，先闭合开关 S_1，经过 12ms 再将 S_2 闭合，求 S_2 闭合后再经历多少时间电流才能达到 5.66A？

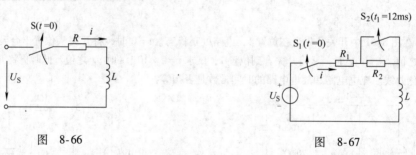

图 8-66

图 8-67

第九章

磁路和铁心线圈电路

在前面几章中，我们讨论了分析与计算各种电路的基本定律和基本方法。电路是电工基础研究的主要对象，用较长的篇幅来讨论电路的基本理论是完全必要的。但在很多电工设备（像电机、变压器、电磁铁、电工测量仪表以及其他铁磁元件）中，不仅有电路问题，而且还有磁路问题。只有同时掌握了电路和磁路的基本理论，才能对各种电工设备作全面的分析。

磁路问题，也是局限于一定路径内的磁场问题，因此本章首先介绍磁场的基本知识。

磁路主要由具有良好导磁性能的铁磁材料构成，因此我们必须对这种材料的磁性能加以研究。

磁路和电路往往是相关联的，因此我们还要研究磁和电的关系，以期解决磁路的计算问题。

最后介绍铁心线圈的电路模型。

第一节 磁路的基本物理量及其相互关系

一、磁感应强度

【导读】 收音机越靠近荧光灯，电磁干扰噪声也就越明显。地球是一个大磁体，磁场无处不有。磁场这种物质看不见、摸不着，如何描述它？磁场有强有弱，又如何衡量呢？

磁感应强度是表示磁场内一点的磁场强弱和方向的物理量，它是一个矢量，用 $\vec{B}$ 表示。

在磁场中一点放一小段长度为 Δl、电流为 I 并与磁场方向垂直的导体，如导体所受磁力为 ΔF，则该点磁感应强度的大小为

$$B = \frac{\Delta F}{I\Delta l}$$

磁感应强度的方向就是该点的磁场方向。

在某一区域内，如果各点的磁感应强度大小相等、方向相同，则这个区域的磁场称为均匀磁场。

在国际单位制 SI 中，力的单位用牛顿（N），电流的单位用安培（A），长度的单位用米（m），则磁感应强度的单位是特斯拉，简称特（T）。在工程计算中，由于特斯拉这一单位太大，也常采用高斯（Gs，为非法定计量单位，不推荐使用）作为磁感应强度的单位。

$$1Gs = 10^{-4}T$$

二、磁通

【导读】 电机和变压器磁路中的主磁场近似于匀强磁场，工程上也常用磁通来描述其中的磁场。什么是磁通？它与磁感应强度之间有何联系？

磁通是磁感应强度矢量通量的简称，用 Φ 表示。在均匀磁场中，磁感应强度与垂直于磁感应强度 $\vec{B}$ 的某一面积的乘积，称为通过该面积的磁通，即

$$\Phi = BS \qquad \text{或} \qquad B = \frac{\Phi}{S} \tag{9-1}$$

由上式可见，磁感应强度在数值上可以看成为与磁场方向相垂直的单位面积所通过的磁通，故又称为磁通密度。

磁通的 SI 单位是韦伯，简称韦（Wb）。在工程计算中，由于韦这一单位太大，也常采用麦克斯韦（简称麦，用 Mx 表示，但为非法定计量单位，不推荐使用）作为磁通的单位，两者的关系是

$$1\text{Mx} = 10^{-8}\text{Wb}$$

实验表明：**磁场中任一闭合面的总磁通恒等于零**。磁场的这一特性叫做磁通的连续性原理。

三、磁导率

【导读】 实际磁路通常由不同的介质构成，如何衡量它们的导磁性能呢？根据导磁性能，介质又分为哪些类型？

处在磁场中的任何物质均会或多或少地影响磁场的强弱，这种影响是介质被磁化后产生的附加磁场所造成的。而影响的程度，则与该物质的导磁性能有关。磁介质对磁场的影响用磁导率 μ 来表征。磁导率的 SI 单位是亨利/米（H/m）。

不同的物质对磁场的影响不同。设电流在真空中产生的磁场为 B_0，介质被磁化而产生的附加磁场为 B'，若 B' 与 B_0 方向一致，使得合成磁场 $B > B_0$，这类物质称为顺磁质，如铝、氧等；若 B' 与 B_0 方向相反，使得 $B < B_0$，这类物质叫反磁质，如铜、氢等。顺磁质和反磁质的 B' 都较 B_0 小得多，B' 对 B_0 的影响很弱，所以顺磁质和反磁质统称为弱磁性物质。还有一类物质，它们的 B' 与 B_0 的方向一致，但 B' 远大于 B_0，这类物质能显著地增强磁场，叫做铁磁性物质，如铁、镍、钴等。

通过实验测定，真空的磁导率 $\mu_0 = 4\pi \times 10^{-7}\text{H/m}$，且为一常数。大多数物质的磁导率和 μ_0 很接近，只有铁磁性物质的磁导率很大，且不是常数。

为了便于比较各种材料的导磁能力，将任一种材料的磁导率 μ 和真空的磁导率 μ_0 进行比较，其比值称为该材料的相对磁导率，用 μ_r 表示，即

$$\mu_r = \frac{\mu}{\mu_0} = \frac{B}{B_0}$$

四、磁场强度

实验指出，磁场中某点的磁感应强度不仅和产生它的电流、导体的几何形状以及位置等有关，而且还与介质的导磁性能有关，这就使磁场的计算变得比较复杂了。为了计算上的方便，需要引入一个计算磁场的辅助物理量。磁场强度就是这样的物理量，它也是矢量，用 $\vec{H}$ 表示。在均匀磁介质中，某一点的磁场强度矢量的大小就等于该点磁感应强度的大小与介质磁导率的比值，即

$$H = \frac{B}{\mu} \tag{9-2}$$

磁场强度的方向就是该点磁场的方向。

在国际单位制中，磁场强度的单位是安/米（A/m），另一单位是安/厘米（A/cm）。

$$1 \text{A/cm} = 10^2 \text{A/m}$$

练习与思考

9-1-1　磁场中有一根短导线长 0.5cm，当它与磁场方向垂直，并通有 0.2A 电流时，所受到的磁力为 3×10^{-4} N，试求该处磁感应强度的大小。

9-1-2　在均匀磁场中有一长 20cm、宽 10cm 的矩形线框，框面与磁场方向垂直，如线框的磁通为 0.016Wb，试求磁场的磁感应强度。如框面的法线方向与磁场方向的夹角为 60°，则线框的磁通为多少？

第二节　安培环路定律

【导读】　把小磁针放在通电导线旁边，小磁针会转动；铁钉绕上导线并通以电流，就能吸住小铁钉。可见电流也能产生磁场，这儿磁场是电流引起的"效应"，而电流是产生磁场的"根源"。那么，电流及其磁场之间有什么联系？

一、磁压

如图 9-1a 所示，在磁场的均匀部分，取与磁场方向一致、长为 l 的线段，如磁场强度为 H，则定义

$$U_m = Hl \tag{9-3}$$

为 l 的磁压。

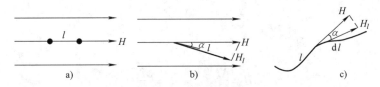

图　9-1

如果所取 l 的方向与磁场方向不一致，而是磁场强度矢量与 l 的方向成 α 角，如图 9-1b 所示，由于磁场强度矢量在 l 方向的分量为 $H_l = H\cos\alpha$，则 l 的磁压

$$U_m = H\cos\alpha \times l = H_l l$$

如果 l 不是直线而是曲线，且磁场又不均匀，如图 9-1c 所示，则可把曲线分成许多微小的长度元 dl，每个 dl 都可看成直线，且它所处的磁场也可看成均匀的。设长度元 dl 与该处磁场方向成 α 角，则该长度元的磁压为

$$dU_m = H\cos\alpha \times dl = H_l dl$$

把各长度元的磁压相加，就得到曲线 l 的磁压

$$U_m = \int_l dU_m = \int_l H_l dl$$

磁压是个代数量，其正、负决定于 dl 的方向的选择。磁压的单位为

$$[U_m] = [H][l] = \frac{A}{m} \times m = A(\text{安})$$

二、安培环路定律

安培环路定律表达了磁场与电流之间的关系，是计算磁场的基本公式。

用 $\oint H_l dl$ 表示一个闭合回线上各段磁压的总和，并称之为"磁场强度矢量的闭合线积

分"。对磁场中的任一回线，实验证明：**磁场强度矢量的闭合线积分等于穿过回线围成的面的所有电流的代数和**，即

$$\oint H_l \mathrm{d}l = \sum I \qquad (9\text{-}4)$$

这就是**安培环路定律**。

应用安培环路定律时，先对回线选定一个环绕方向，电流方向与回线环绕方向符合右手螺旋关系时，对这个电流取正值；反之取负值。

根据安培环路定律，可以求出一些有规则分布的电流所生磁场的磁场强度。

三、载流环形线圈的磁场

在一个磁导率为 μ 的圆环形芯子上，均匀而紧密地绕有 N 匝线圈，如图 9-2 所示。求线圈通有电流 I 时，芯子里面距环心为 r 处一点的磁场强度 H。

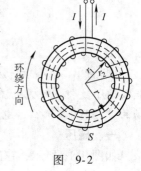

图 9-2

根据环形线圈的对称性可知，磁力线是一些同心圆，且每根磁力线上各点的磁场强度大小相等。选半径为 r 的磁力线为回线，并选回线的环绕方向与磁力线方向相同。应用安培环路定律，于是有

$$H(2\pi r) = NI \qquad H = \frac{NI}{2\pi r}$$

$$B = \mu H = \frac{\mu NI}{2\pi r}$$

如果环的内半径 r_1 和外半径 r_2 相差很少，就可认为芯子里面各点的 H 大小相等，而 r 则按平均半径计算：

$$r_{\mathrm{av}} = \frac{r_1 + r_2}{2} \qquad l_{\mathrm{av}} = 2\pi r_{\mathrm{av}}$$

从而

$$H = \frac{NI}{l_{\mathrm{av}}} \qquad B = \frac{\mu NI}{l_{\mathrm{av}}}$$

载流环形线圈的磁场集中在它的芯子里面。

例 9-1 设图 9-2 中环形螺线管的外径为 32.5cm，内径为 27.5cm，$N = 1500$ 匝，电流 $I = 0.45A$。求芯子为非铁磁材料（$\mu = \mu_0$）时的磁通量。

解 当芯子为非铁磁材料时，螺管线圈内的平均磁感应强度和磁通为

$$B = \mu_0 \frac{NI}{2\pi r_{\mathrm{av}}} = 4\pi \times 10^{-7} \times \frac{0.45 \times 1500}{\pi \dfrac{32.5 + 27.5}{2} \times 10^{-2}} \mathrm{T} = 9 \times 10^{-4}\mathrm{T}$$

$$\Phi = BS = 9 \times 10^{-4} \times \pi \left(\frac{32.5 - 27.5}{4} \right)^2 \times 10^{-4}\mathrm{Wb} = 4.41 \times 10^{-7}\mathrm{Wb}$$

练习与思考

环形线圈内半径为 10cm，外半径为 14cm，匝数 $N = 40$，电流为 2.5A，芯子的 $\mu = \mu_0$，试求芯内的磁感应强度和磁通。

第三节 铁磁材料的磁性能

【导读】 绕在铁心上的线圈，其磁场远比非铁心线圈的磁场强，所以电机、变压器等

电器设备都要采用铁心，这样就可用较小的电流来产生较强的磁场，使线圈的体积、重量都大为减小。因此，铁磁材料在电工技术中获得了极为广泛的应用。

一、铁磁材料的磁化与磁化曲线

1. 铁磁材料的磁化

在铁磁材料内部存在着体积约为 $10^{-9} cm^3$ 的许多小的自然磁化区，称为磁畴，如图 9-3 所示。每个磁畴犹如一个小磁铁一样，在没有外磁场作用时，这些磁畴的排列是杂乱无章的，因而它们的磁场互相抵消，对外就显示不出磁性来，如图 9-3a 所示。一旦有外磁场作用时，这些磁畴便趋向于外磁场的方向，于是便显示出磁性来。随着外磁场的不断增强，磁畴就逐渐转到与外磁场相同的方向上，如图 9-3b 所示，这样便产生了一个很强的并与外磁场同方向的附加磁场，从而使得铁磁材料内部的磁感应强度大大增强。

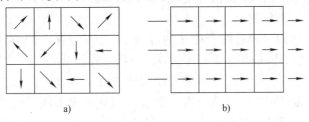

a)   b)

图　9-3

2. 铁磁材料的起始磁化曲线

铁磁材料的磁化过程可以用磁化曲线来表示。磁化曲线即材料的 $B-H$ 曲线，它反映了铁磁材料内部的磁场和外加磁场之间的关系。图 9-4 是研究铁磁材料磁化性能的装置。调节线圈中电流的大小和方向，就可以使铁磁材料的外磁场强度 $\left(H=\dfrac{IN}{l}\right)$ 的大小和方向发生变化。在各个不同磁场强度 H 的磁化下，铁心中便有相应的磁感应强度 B（B 值可由磁通表的读数算出），如此便可绘出磁化曲线，如图 9-5 曲线②所示。这条曲线是在铁磁材料单方向磁化下得到的，称为铁磁材料的起始磁化曲线。而非铁磁性物质（如空气）的磁化曲线如图 9-5 中直线①所示。

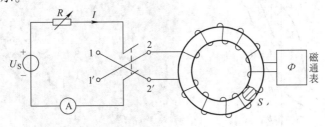

图　9-4

铁磁材料的起始磁化曲线在外磁场较小时（即图 9-5 中 $H<H_1$ 的区域），材料中的磁感应强度随磁场强度的增大而增大，但其增长率并不大，如图中 Oa_1 段所示。随着外磁场的继续增大（$H_1<H<H_2$），铁磁材料中的磁感应强度则急剧增大，如图中 a_1a_2 段所示。在这一段内，铁磁材料中的磁感应强度较真空或空气中（将此镉环铁心抽出以后的情况）大得多，即表现出很强的导磁能力。若外磁场继续增大（$H>H_2$），铁磁材料内磁感应强度的增长率反而变小，如图中 a_2a_3 段所示。当 $H>H_3$ 以后，磁感应强度的增长率就相当于空气中的增长率了，这种现象称为磁饱和，如图 a_3a_4 段所示。由于这条曲线的形状与人腿形状相似，故把 a_1 点称为跗点，a_2 点称为膝点，而 a_3 点称为饱和点，在该点以上的曲线趋近于直线。

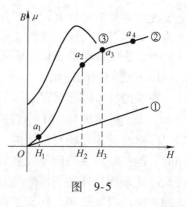

图 9-5

在图 9-5 中，如果按磁感应强度与磁场强度的比值画出磁导率 μ 随磁场强度 H 的变化曲线，则如图中曲线③所示。由图可见，铁磁材料的 μ 并不是一个常量，而与 H 或 B 的大小有关。在 H 趋近于零时，μ 具有一定的起始值；当 H 从零开始增大时，μ 迅速增大并出现一极大值；尔后，再增大 H 时，随着磁饱和的出现，μ 值开始下降。

3. 磁滞回线与基本磁化曲线

（1）磁滞回线　铁磁材料在交变磁化的过程中，其 B–H 曲线将呈现出闭合回线的形状，如图 9-6 所示，而不再是图 9-5 那样的单值曲线。在图 9-6a 中，当磁场强度达到 $+H_m$ 后，如果要减小 H，这一去磁过程并不遵循原磁化曲线反向进行，而是沿着另一条曲线 ab 下降。也就是说，去磁过程中的磁感应强度 B' 要比磁化过程中同一磁场强度 H 所产生的磁感应强度 B 大一些，而要达到磁感应强度 B，则需滞后一段时间，即等到磁场强度继续下降到 H' 时，磁感应强度才能降到 B。这种磁感应强度 B 的变化总是滞后于磁场强度 H 的变化的现象称为磁滞。由于磁滞的存在，当 H 到零时，B 并不回到零，而是保留有一定的 B_r，称为剩余磁感应强度，简称剩磁。如欲消去剩磁，就必须在相反方向上加一外磁场，并使磁场强度 H 在相反方向逐步增大。H 在反方向到达某值时恰好足以使 B 降到零，如图中 c 点所示。这时 H 的值 H_c 称为矫顽磁场强度，简称矫顽力。此后，当 H 继续在反方向增加时，则开始反方向磁化，其过程按曲线 cd 进行。当反方向磁化到 $H = -H_m$ 以后，H 的量值又行下降，则又将步入和前面相似的反向去磁过程、消磁过程和磁化过程，如曲线 dea_1 所示。

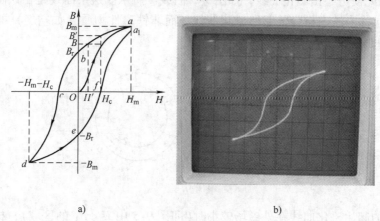

a)　　　　　　　　　　　　b)

图 9-6

如果继续进行反复交变磁化后，每一新的过程总是不会步入原来已经历的过程。但经过几个循环以后，磁化曲线实际上已接近于一个对称于原点的闭合曲线，如图 9-6b 所示。这种闭合曲线称为磁滞回线。

（2）基本磁化曲线　对于同一铁磁材料，取不同的 H_m 值的交变磁场强度进行反复磁化，将得到一系列磁滞回线，如图 9-7 所示。各磁滞回线顶点联成的曲线 Oa 称为基本磁化曲线，简称磁化曲线。用软磁材料制作的磁路，由于磁滞回线狭窄，近似与基本磁化曲线相重合，所以进行磁路计算时常用基本磁化曲线代替磁滞回线，以简化计算过程。

图 9-8 中给出了几种软磁材料的基本磁化曲线，供本书有关计算使用。

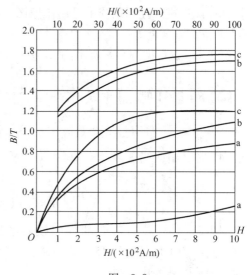

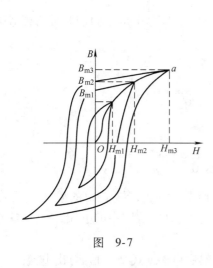

图 9-7

图 9-8

a—铸铁 b—铸钢 c—硅钢片

二、铁磁材料的磁性能

综上所述，铁磁材料具有如下一些磁性能：

1）高导磁性：铁磁材料的磁导率一般情况下远比非铁磁材料大，其 μ_r 可高达数百、数千、乃至数万之值。

2）剩磁性：铁磁材料经磁化后，若励磁电流降低为零，铁磁材料中仍能保留一定的剩磁。

3）磁饱和性：铁磁材料的磁感应强度有一饱和值 B_m。饱和磁感应强度 B_m 是一个重要的磁性指标，B_m 越高，需要的铁心就可以越小。

4）磁滞性：在交变磁化过程中，B 的变化滞后于 H 的变化，因而有磁滞损耗。可以证明，反复磁化一次的磁滞损耗与磁滞回线的面积成正比。

三、磁性材料的类型和用途

磁性材料按其磁滞回线形状不同，可以分成三种类型。

1. 软磁材料

具有较小的矫顽力，磁滞回线较窄，如图 9-9a 所示。一般用来作为制造电机、电器及变压器等的铁心。常用的有铸铁、硅钢、坡莫合金及铁氧体等。铁氧体在电子技术中应用很广泛，例如可做计算机的磁心、磁鼓及录音机的磁带、磁头等。

2. 永磁材料

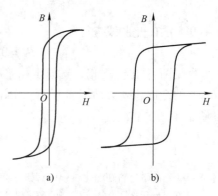

图 9-9

具有较大的矫顽力，磁滞回线较宽，一般用来制造永久磁铁。常用的有碳钢、钴钢及铁镍铝钴合金等。

3. 矩磁材料

具有较小的矫顽力和较大的剩磁，磁滞回线接近矩形，如图 9-9b 所示。这种材料稳定性好，在计算机和控制系统中可用作记忆元件、开关元件和逻辑元件。常用的有镁锰铁氧体及 1J51 型铁镍合金等。

例 9-2 试根据图 9-8 所示的 $B-H$ 曲线，计算铸钢在 B 为 0.8T 及 1.4T 时的相对磁导率 μ_r。

解 $B=0.8T$ 时，由曲线查得 $H=420A/m$

$$\mu_r = \frac{B}{B_0} = \frac{0.8}{4 \times 3.14 \times 10^{-7} \times 420} = 1517$$

$B=1.4T$ 时，由曲线查得 $H=2800A/m$，故

$$\mu_r = \frac{1.4}{4 \times 3.14 \times 10^{-7} \times 2800} = 398$$

例 9-3 一个具有闭合的均匀铁心的线圈，其匝数为 300，铁心中的磁感应强度为 0.9T，磁路的平均长度为 45cm，试求：（1）铁心材料为铸铁时线圈中的电流；（2）铁心材料为硅钢片时线圈中的电流。

解 先从图 9-8 中的磁化曲线查出磁场强度 H，然后再根据式（9-4）算出电流。

（1）$H_1 = 10000A/m$ $\quad I_1 = \frac{H_1 l}{N} = \frac{10000 \times 0.45}{300}A = 15A$

（2）$H_2 = 260A/m$ $\quad I_2 = \frac{H_2 l}{N} = \frac{260 \times 0.45}{300}A = 0.39A$

可见，由于所用铁心材料的不同，要得到同样的磁感应强度，则所需的励磁电流的大小相差就很悬殊。因此，**采用磁导率高的铁心材料，可使线圈的用铜量大为降低**。

例 9-4 如果在上题中，当线圈中通有同样大小的电流 0.39A，试求：（1）铁心材料为铸铁时的磁感应强度；（2）铁心材料为硅钢片时的磁感应强度。

解 由安培环路定律得

$$H_1 = H_2 = \frac{NI}{l} = \frac{300 \times 0.39}{0.45}A/m = 260A/m。$$

从图 9-8 的磁化曲线查得

$$B_1 = 0.07T \quad\quad B_2 = 0.9T$$

可见两者相差 13 倍，磁通也相差 13 倍。在这种情况下，如果要得到相同的磁通，那么铸铁心的截面积就必须增加 13 倍。因此，**采用磁导率高的铁心材料，可使铁心的用铁量大为降低**。

练习与思考

9-3-1 铁磁材料在磁化过程中有哪些特点？

9-3-2 为什么图 9-4 实验用的环形铁心必须制成环状，截面要小而且绕线要均匀和紧密？

9-3-3 图9-10为一铸钢制成的无分支磁路，已知磁路均匀横截面积 $S = 1\text{cm}^2$，磁路平均长度（中心线长）$l = 40\text{cm}$。欲在磁路中建立磁通 $\Phi = 0.8 \times 10^{-4}\text{Wb}$，线圈匝数 $N = 100$ 匝，求线圈中应通入多大电流？

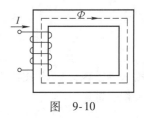

图 9-10

第四节 磁路与磁路定律

【导读】 磁路和电路有很多相似之处。计算电路时，要用到电路的欧姆定律和基尔霍夫定律；分析磁路时，则要用到磁路的欧姆定律和基尔霍夫定律。

一、磁路

铁磁性物质磁化时，由于其导磁能力强，所以磁场差不多约定在限定的铁心范围内，而周围弱磁性物质中的磁场则很弱。这种约定在限定铁心范围内的磁场叫做磁路。

图9-11中示出了几种电气设备的磁路。图a是一种单相变压器的磁路，图b是直流电机的磁路，图c是磁电系仪表的磁路，图d是电磁型继电器的磁路。这些磁路常由几种材料构成，而磁路内常有很短的空气隙（简称气隙）存在。

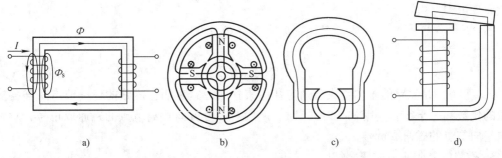

a)   b)   c)   d)

图 9-11

磁路中的磁通分为两部分，绝大部分是通过磁路（包括气隙）而闭合，如图9-11a中的 Φ 叫做主磁通；穿出铁心，经过磁路周围弱磁性物质而闭合的磁通，如图9-11a中的 Φ_s 叫漏磁通。在工程上，为了减少漏磁通，采取了很多措施，使漏磁通只占总磁通的很小一部分。因此，在磁路计算中，一般可将漏磁通略去不计。图9-11a、c、d是无分支磁路，图9-11b是有分支磁路。

二、磁路定律

磁路的基本定律包括欧姆定律和基尔霍夫定律，它们是分析计算磁路的基础。

1. 磁路的欧姆定律

如图9-12所示，设一段均匀磁路的截面积为 S，长为 l，材料的磁导率为 μ，磁通为 Φ。因为

$$H = \frac{B}{\mu} \qquad B = \frac{\Phi}{S}$$

所以该段磁路的磁压

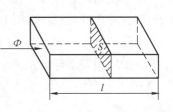

图 9-12

$$U_m = H \cdot l = \frac{B}{\mu} \cdot l = \frac{l}{\mu S} \cdot \Phi = R_m \cdot \Phi$$

式中

$$R_{\mathrm{m}} = \frac{l}{\mu S}$$

定义为该段磁路的磁阻（类似于电阻）。引用磁阻后，一段磁路的磁压等于其磁阻与磁通的乘积，即

$$U_{\mathrm{m}} = R_{\mathrm{m}} \Phi \qquad\qquad (9\text{-}5)$$

上式和电路的欧姆定律形式上相似，所以称为磁路的欧姆定律。

磁阻的 SI 制单位为 1/H。

虽然气隙的磁阻是常数，但铁磁性物质的磁阻不是常数，因此一般情况下不能应用磁路的欧姆定律对磁路进行定量计算（这和电路是不同的）。但在对磁路作定性分析时，常用到磁路的欧姆定律。

2. 磁路的基尔霍夫磁通定律

磁路没有分支的部分叫做磁路的支路。根据磁通连续性原理，不计漏磁通时，磁路支路的各个横截面的磁通都相等，并将该磁通叫做这个支路的磁通。

磁路中分支的地方叫做磁路的节点。对于磁路中的节点，例如图 9-13 中的 a 点，设它所在各支路的磁通在图中所选参考方向下各为 Φ_1、Φ_2、Φ_3，取闭合面如图所示，由磁通连续性原理可得

$$-\Phi_1 - \Phi_2 + \Phi_3 = 0$$

推而广之，有

$$\sum \Phi = 0 \qquad\qquad (9\text{-}6)$$

式（9-6）是磁路的基尔霍夫磁通定律的表达式，它表明：**磁路的任一节点所连各支路磁通的代数和等于零**。应用式（9-6）时，一般对参考方向背离节点的磁通取正号，对参考方向指向节点的磁通取负号。

3. 磁路的基尔霍夫磁压定律

磁路可以分为截面积相等、材料相同的若干段。例如图 9-13 的磁路可以分为平均长度为 l_1、l_2、$l_3{}'$、$l_3{}''$、l_4 的五段。在每一段中，由于各截面的磁通相等和截面积相等，所以中心线上各点的磁感应强度都相等；又由于材料一样，所以中心线上各点的磁场强度 H 也都相等。此外，铁心中的磁场方向与中心线是一致的，所以选择中心线的方向与磁场的方向一致时，每段磁路中心线的磁压 U_{m} 等于其磁场强度与长度的乘积，即 $U_{\mathrm{m}} = Hl$。

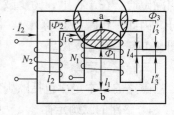

图 9-13

应用安培环路定律于图 9-13 右边由 l_1、$l_3{}'$、l_4、$l_3{}''$ 组成的回路，并选择顺时针方向为回路的环绕方向，可得

$$H_1 l_1 + H'_3 l'_3 + H_4 l_4 + H''_3 l''_3 = N_1 I_1$$

又如应用安培环路定律于图 9-13 左边由 l_1、l_2 组成的回路，仍选顺时针方向为回路的环绕方向，可得

$$-H_1 l_1 + H_2 l_2 = -N_1 I_1 + N_2 I_2$$

推而广之，有

$$\sum (Hl) = \sum (NI)$$

由于励磁电流是磁通的来源，和电源电动势产生电流相似，所以把线圈的 $F = NI$ 叫做磁通势，其单位为 A。这样，以上所得结果便为

$$\sum U_{\mathrm{m}} = \sum F \tag{9-7}$$

式（9-7）即是磁路的基尔霍夫磁压定律的表达式，它说明：**在磁路的任一回路中，各段磁压的代数和等于各磁通势的代数和**。应用式（9-7）时，要选一环绕方向，磁通的参考方向与环绕方向一致时，该段磁压取正号，反之取负号；励磁电流的参考方向与环绕方向符合右手螺旋关系时，该磁通势取正号，反之取负号。

例 9-5 有一环形铁心线圈，其内径为 10cm，外径为 15cm，铁心材料为铸钢。磁路中有一气隙，其长度等于 0.2cm。设线圈中通有 1A 的电流，如要得到 0.9T 的磁感应强度，试求线圈的匝数。

解 磁路的平均长度为

$$l = 3.14 \times \frac{10 + 15}{2} \mathrm{cm} = 39.2 \mathrm{cm}$$

从图 9-8 中所示的铸钢的磁化曲线查出，当 $B = 0.9\mathrm{T}$ 时，$H_1 = 550\mathrm{A/m}$，于是

$$H_1 l_1 = 550 \times (39.2 - 0.2) \times 10^{-2} \mathrm{A} = 214.5 \mathrm{A}$$

气隙中的磁场强度为

$$H_0 = \frac{B_0}{\mu_0} = \frac{0.9}{4 \times 3.14 \times 10^{-7}} \mathrm{A/m} = 7.2 \times 10^5 \mathrm{A/m}$$

于是

$$H_0 \delta_0 = 7.2 \times 10^5 \times 0.2 \times 10^{-2} \mathrm{A} = 1440 \mathrm{A}$$

总磁通势为

$$F = IN = H_1 l_1 + H_0 \delta_0 = (214.5 + 1440) \mathrm{A} = 1654.5 \mathrm{A}$$

线圈的匝数为

$$N = \frac{F}{I} = \frac{1654.5}{1} = 1654.5$$

本例中气隙长度仅占 0.51%，但磁通势的 87% 作用于气隙上。可见，当磁路中含有气隙时，由于其磁阻较大，磁通势差不多都用在气隙上。

练习与思考

9-4-1 能否像电路那样将磁路中磁阻"短路"或"开路"？为什么？

9-4-2 某磁路中气隙长 $l_0 = 1\mathrm{mm}$，截面积 $S = 30\mathrm{cm}^2$，试求它的磁阻。如气隙中的磁感应强度为 0.9T，试求其磁压 $U_{\mathrm{m}0}$。

9-4-3 图 9-14 所示磁路中，如各处磁感应强度均为 0.8T，试求各段的磁场强度。

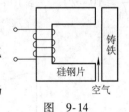

图 9-14

第五节 直流磁路的计算

【导读】 电磁铁应用广泛，由线圈、铁心及衔铁组成，如图 9-17 所示。给励磁线圈通入电流便产生磁场，铁心和衔铁都被磁化，衔铁受电磁力作用而被吸合。实验发现，直流电磁铁启动时吸力比较小，随着衔铁的逐渐吸合，吸力变大，这是为什么？

给铁心线圈通以直流励磁电流，铁心内的磁通将是恒定不变的。这种磁通不随时间变化而为恒定值的磁路称为直流磁路。本节介绍直流磁路的计算方法。

分析磁路，就是要分析磁路中 Φ 与 NI 的关系。磁路计算问题可以分为两类：一是已知 Φ 而要求 NI，称为正面问题；另一是已知 NI 而要求 Φ，称为反面问题。

一、无分支磁路的正面问题

由基尔霍夫磁通定律可知，无分支磁路中各处磁通是相同的。对于一般无分支磁路的正面问题，可按下列步骤进行计算：

1）按材料与截面的不同进行分段。

2）计算各段磁路的截面积 S_1、S_2、$\cdots$ 和长度 l_1、l_2、$\cdots$。

3）计算各段的磁感应强度：

$$B_1 = \frac{\Phi}{S_1}、\qquad B_2 = \frac{\Phi}{S_2}、\cdots$$

4）从各段材料的 $B-H$ 曲线上查出它们相应的磁场强度 H_1、H_2、$\cdots$。

5）求出各段磁路的磁压 $H_1 l_1$、$H_2 l_2$、$\cdots$。

6）根据基尔霍夫磁压定律求得所需的磁通势：

$$IN = H_1 l_1 + H_2 l_2 + \cdots$$

在计算铁心截面积时，按几何尺寸算得的面积称为视在面积 S'。如铁心是由电工钢片叠成的，因为钢片上涂有绝缘漆，铁心厚度中包含漆膜层厚度，铁心有效面积 S 将小于视在面积 S'。引用填充系数（也叫叠片系数）

$$K = 有效面积／视在面积 = S/S'$$

则有效面积

$$S = KS'$$

对厚度为 0.5mm 的硅钢片，可取 $K = 0.91 \sim 0.92$。对厚度为 0.35mm 的硅钢片，可取 $K = 0.85$。

至于气隙，由于存在着磁场向外扩张的"边缘效应"（如图 9-15 所示），使得气隙的有效截面积比铁心部分大些，即 $S_0 > S$。这里的 S_0 表示气隙的有效截面积，S 表示铁心的有效截面积。如果铁心截面为矩形，宽为 a，高为 b，气隙长为 l_0（如图 9-16 所示），在 $\frac{a}{l_0} \geqslant 10 \sim 20$、$\frac{b}{l_0} \geqslant 10 \sim 20$ 时，可忽略边缘效应，认为 $S_0 = S$。如需计及边缘效应，可按下式计算：

$$S_0 = (a + l_0)(b + l_0) \approx ab + (a + b)l_0$$

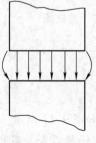

图 9-15

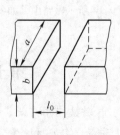

图 9-16

对于气隙中的磁场强度，可按下式求得：

$$H_0 = \frac{B_0}{\mu_0} = \frac{B_0}{4 \times 3.14 \times 10^{-7}} \approx 0.8 \times 10^6 B_0$$

式中，B_0 的单位为 T，H_0 的单位为 A/m。

例9-6 一个直流电磁铁的磁路如图9-17所示，长度单位是 mm（图中未注）。π 形铁心由硅钢片叠成，填充系数 $K = 0.92$，下部衔铁的材料为铸钢。要使气隙中的磁通为 3×10^{-3} Wb，试求所需的磁通势。如励磁线圈匝数 $N = 1000$，试求所需的励磁电流。

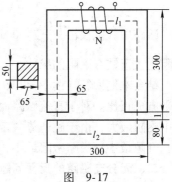

图 9-17

解 （1）从磁路的尺寸可知，磁路可分为铁心、气隙和衔铁三段。

（2）各段的长度为

$$l_1 = (300 - 65) \times 10^{-3}\,\mathrm{m} + 2\left(300 - \frac{65}{2}\right) \times 10^{-3}\,\mathrm{m} = 0.77\,\mathrm{m}$$

$$l_2 = (300 - 65) \times 10^{-3}\,\mathrm{m} + 2 \times 40 \times 10^{-3}\,\mathrm{m} = 0.315\,\mathrm{m}$$

$$l_3 = 2 \times 1 \times 10^{-3}\,\mathrm{m} = 2 \times 10^{-3}\,\mathrm{m}$$

铁心的有效截面积为

$$S_1 = K S_1' = 0.92 \times 65 \times 50 \times 10^{-6}\,\mathrm{m}^2 \approx 30 \times 10^{-4}\,\mathrm{m}^2$$

衔铁的截面积为

$$S_2 = 80 \times 50 \times 10^{-6}\,\mathrm{m}^2 = 40 \times 10^{-4}\,\mathrm{m}^2$$

气隙很小，忽略边缘效应，其有效面积为

$$S_0 = 65 \times 50 \times 10^{-6}\,\mathrm{m}^2 = 32.5 \times 10^{-4}\,\mathrm{m}^2$$

（3）每段的磁感应强度为

$$B_1 = \frac{\Phi}{S_1} = \frac{3 \times 10^{-3}}{30 \times 10^{-4}}\,\mathrm{T} = 1\,\mathrm{T}$$

$$B_2 = \frac{\Phi}{S_2} = \frac{3 \times 10^{-3}}{40 \times 10^{-4}}\,\mathrm{T} = 0.75\,\mathrm{T}$$

$$B_0 = \frac{\Phi}{S_0} = \frac{3 \times 10^{-3}}{32.5 \times 10^{-4}}\,\mathrm{T} = 0.92\,\mathrm{T}$$

（4）查图9-8 磁化曲线得磁场强度

$$H_1 = 340\,\mathrm{A/m}$$
$$H_2 = 360\,\mathrm{A/m}$$

算得

$$H_0 = 0.8 \times 10^6 B_0 = 0.8 \times 10^6 \times 0.92\,\mathrm{A/m} = 0.736 \times 10^6\,\mathrm{A/m}$$

（5）各段的磁压

$$U_{m1} = H_1 l_1 = 340 \times 0.77\,\mathrm{A} = 261.8\,\mathrm{A}$$

$$U_{m2} = H_2 l_2 = 360 \times 0.315\,\mathrm{A} = 113.4\,\mathrm{A}$$

$$U_{m3} = H_0 l_0 = 0.736 \times 10^6 \times 2 \times 10^{-3}\,\mathrm{A} = 1472\,\mathrm{A}$$

（6）所需的磁通势

$$F = U_{m1} + U_{m2} + U_{m3} = (261.8 + 113.4 + 1472)A = 1847A$$

N 为 1000 时，所需的电流

$$I = \frac{F}{N} = \frac{1847}{1000}A = 1.847A$$

磁路中气隙仅占 $\frac{0.002}{1.087} = 0.18\%$，但其磁压却占总磁压的 $\frac{1472}{1847} = 79.6\%$。这是由于气隙磁阻远大于铁心磁阻的缘故。

结合本例回答导读中提出的问题。首先，直流电磁铁的吸力与空气隙的磁感应强度 B 的平方成正比。对于直流磁路而言，当衔铁刚吸合时，衔铁和铁心之间的气隙最大，此时磁路中磁阻最大，由于磁通势一定，磁通和磁感应强度最小，吸力也就最小。当衔铁完全吸合后，气隙最小，磁路磁阻最小，磁通和磁感应强度最大，所以吸力也就最大。

二、无分支磁路的反面问题

磁路计算的反面问题一般用试探法求解。先设定磁通为某值 Φ'，按正面问题解法求出相应的磁通势 F'。所得的 F' 一般不会恰好就等于给定值，按其差额再设第二个 Φ''，并求出相应的 F''。如此一试再试，直到满足所需的精度为止。此外，还可按几次试探的 Φ 与 F 值，作出 $F\sim\Phi$ 曲线，由给定的磁通势从曲线上查得待求的磁通。

如有气隙，由于其磁压占总磁压的大部分（见例 9-6），为减少试探的次数，可先按全部磁通势都作用在空气隙上求出磁通的数值，然后取比它小的值来着手进行试算。

例 9-7 在例 9-6 中，如励磁线圈的磁通势 $F = 1600A$，试求气隙中的磁通。为简化计算，设气隙截面积 S_0 就等于铁心有效截面积 S_1，即 $S_0 \approx 30 \times 10^{-4}m^2$。

解 如气隙的磁压 $U_{m0} = H_0 l_0 = 1600A$，则磁通

$$\Phi = \frac{U_{m0} \times S_0}{l_0 \times 0.8 \times 10^6} = \frac{1600 \times 30 \times 10^{-4}}{2 \times 10^{-3} \times 0.8 \times 10^6}Wb = 3 \times 10^{-3}Wb$$

第一次取 $\Phi = 2.8 \times 10^{-3}Wb$ 试探，得

$$B_1 = B_0 = 0.9333T \qquad B_2 = 0.7T$$

$$H_1 = 290A/m \qquad H_2 = 300A/m \qquad H_0 = 7.466 \times 10^5 A/m$$

$$F = \sum(Hl) = 1811A$$

结果偏大。第二次取 $\Phi = 2.6 \times 10^{-3}Wb$ 试探，计算结果略大，见表 9-1。直至第四次取 $\Phi = 2.5 \times 10^{-3}Wb$，才得到相近的结果。故取解答为

$$\Phi = 2.5 \times 10^{-3}Wb$$

表 9-1

序号	$\Phi/$ ($\times 10^{-3}Wb$)	$B_1 = B_0/T$	B_2/T	$H_1/(A/m)$	$H_2/(A/m)$	$H_0/$ ($\times 10^5 A/m$)	F/A	与1600A 相比
1	2.8	0.9333	0.7	290	300	7.466	1811	偏 大
2	2.6	0.8667	0.65	250	270	6.933	1664	略 大
3	2.45	0.8167	0.6125	230	240	6.534	1560	略 小
4	2.5	0.833	0.625	240	250	6.664	1596	相 近

如果将试探结果绘成 $F\sim\Phi$ 曲线，如图 9-18 所示，则由已知的 F 可查得对应的 Φ。试探的次数越多，精度就越高。

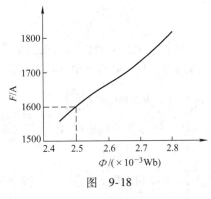

图 9-18

练习与思考

9-5-1 例9-6中，（1）如果要使气隙中的磁通增大一倍，是否应使磁通势增大一倍？（2）如果气隙缩短1/2，所需磁通势将如何改变？

9-5-2 两个铁心线圈，它们的铁心材料、匝数及磁路的平均长度都相同，但截面积 $S_2 > S_1$。试问线圈中通过相等的直流电流时，哪个铁心中的磁通及磁感应强度大？

9-5-3 均匀截面铸钢无分支恒定磁通磁路工作在非饱合区，试问：（1）磁路长度增加一倍；（2）截面积减小一半（仍工作在非饱合区）；（3）磁路长度缩小一半时；欲保持磁路磁通及线圈匝数不变，问线圈电流应如何变化？

9-5-4 恒定直流电压源供电的恒定磁通磁路，若铁心中增加了空气隙，则其线圈中电流与磁路中磁通将如何变化？

第六节　交流磁路的特点

交流磁路的基本问题仍然是建立磁通 Φ 与磁通势 Ni 之间的关系。但和直流磁路不同，由于存在着磁饱和、磁滞和涡流等现象，这些都将使电流波形发生畸变；另外，磁通还与外加电压有关。为此，必须首先研究交流磁路的特点。

一、磁通与电压的关系

【导读】 实验发现，交流电磁铁通电后，在刚刚开始吸合的过程中电流较大，一旦吸合后电流就会变小，为什么？如果气隙中有异物卡住，电磁铁长时间吸不上，会有什么后果？

交流磁路中的交变磁通 $\phi(t)$ 是由励磁线圈中的交变电流 $i(t)$ 产生的。但是，磁路中的交变磁通对励磁电路又有反作用，也就是说，励磁电路中将产生感应电压 $N\dfrac{\mathrm{d}\phi}{\mathrm{d}t}$。因此，励磁电路的电压平衡方程为

$$u(t) = ri + N\frac{\mathrm{d}\phi}{\mathrm{d}t}$$

式中的 r 是励磁线圈的电阻。在直流磁路中，磁通对励磁电路则没有这一反作用，励磁电流是由外加电压和线圈的电阻所决定的。

在大多数情况下，ri 要比 $N\dfrac{\mathrm{d}\phi}{\mathrm{d}t}$ 小得多，因而有

$$u \approx N \frac{\mathrm{d}\phi}{\mathrm{d}t}$$

也就是说，外加电源电压基本上为主磁通产生的感应电压所平衡。

在图 9-19 中，设磁路中的交变磁通为 $\phi(t) = \Phi_{\mathrm{m}} \sin \omega t$，则

$$u(t) = N \frac{\mathrm{d}}{\mathrm{d}t}(\Phi_{\mathrm{m}} \sin \omega t) = \omega N \Phi_{\mathrm{m}} \sin\left(\omega t + \frac{\pi}{2}\right)$$

可见，电压在相位上超前磁通 90°，并得到电压有效值与主磁通最大值之间的关系

$$U = \frac{\omega N \Phi_{\mathrm{m}}}{\sqrt{2}} = \frac{2\pi f N \Phi_{\mathrm{m}}}{\sqrt{2}} = 4.44 f N \Phi_{\mathrm{m}} = 4.44 f N B_{\mathrm{m}} S \qquad (9\text{-}8)$$

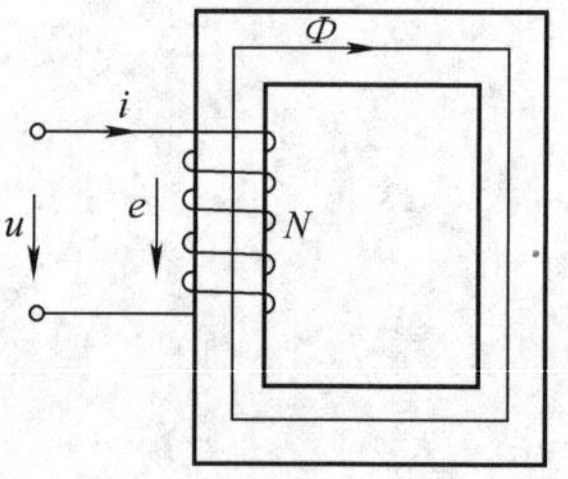

式中，B_{m} 用 T、S 用 m^2、U 用 V、f 用 Hz 为单位。式（9-8）是

图　9-19

常用的重要公式，它表明：不计励磁线圈的电阻和漏磁通时，交流磁路中的磁通直接为电源电压和频率所决定。当然，磁通仍是由电流产生的，要产生由式（9-8）所决定的磁通，需要多大的电流仍与磁路的材料、尺寸有关，这仍是一个磁路问题。

现在回答导读中提出的问题。交流电磁铁铁心线圈通入正弦交流电时，铁心中便产生交变磁通，在电压有效值不变时，铁心中磁通的最大值亦保持恒定不变，与磁路的情况（如铁心材料的磁导率、气隙大小等）无关。当衔铁刚吸合时，衔铁和铁心之间的气隙最大，磁路中磁阻最大，因而需要的磁通势最大，在线圈匝数不变的情况下，励磁电流也就最大。当衔铁完全吸合后，气隙最小，磁路磁阻最小，需要的磁通势最小，励磁电流也就最小。如果气隙中有异物卡住，由于存在一定气隙，磁路磁阻较大，线圈中的电流一直较大，将会导致过热把线圈烧坏。

二、铁心损失

【导读】　变压器工作一会儿后，铁心会发热；交流电磁铁的铁心由硅钢片叠成，而直流电磁铁的铁心是用整块软钢制成的，你能说出这是为什么？

在交变磁通的作用下，铁心中有能量损失。铁心损失是由涡流现象和磁滞现象引起的。铁心损失使铁心发热，应采取措施减小它。

1. 涡流损失

涡流是电磁感应现象的产物。铁心中的交变磁通，不仅在线圈两端会感应出电压，也会在铁心里面感应出电压。由于铁心也是导体，在这个感应电压的作用下就会引起电流，称为涡流。涡流遇到铁心的阻力，便产生了与电路中的 $I^2 R$ 同样性质的功率损失，使铁心发热。由于感应电压与交变磁通的频率以及磁通密度最大值有关（$U = 4.44 f N B_{\mathrm{m}} S$），而功率损失又与感应电压的平方成比例，因此涡流损失是与 f^2 及 B_{m}^2 成正比的。每单位体积铁心的涡流损失可表示为

$$P_{\mathrm{e}} = K_{\mathrm{e}} f^2 B_{\mathrm{m}}^2 \qquad (9\text{-}9)$$

K_{e} 是比例常数。

减小涡流损失的有效措施是不用实心、而用叠片式铁心。铁心用薄钢片叠成，片与片之间互相绝缘。由于每薄片截面上的磁通大为减少，感应电压大为下降，从而减少了涡流损失。

2. 磁滞损失

铁心在反复磁化过程中，由于铁磁物质的磁化和去磁是不可逆的，因此产生了磁滞现象。这一现象表明，磁畴在来回翻转的过程中是有阻力的，相应地就产生了类似于摩擦发热的能量损耗，这就是磁滞损失。这一损失是与最大磁通密度 B_m 和电流的频率 f 有关的。B_m 越大，说明转向的磁畴越多，损耗就越大，但不一定是简单的正比关系；频率越高，说明磁畴每秒翻转的次数越多，损耗也越大，是正比例关系。每单位体积铁心的磁滞损失可表示为

$$P_h = K_h f B_m^{\ n} \tag{9-10}$$

K_h 是比例常数，n 常取为 1.6（$B_m < 1T$ 时）或 2（$B_m > 1T$ 时）。

涡流损失与磁滞损失的总和称为铁心损失，简称铁损，用符号 P_a 表示

$$P_a = P_e + P_h \tag{9-11}$$

铁心既然要消耗能量，电源就要通过励磁电流来补偿这部分能量损失。因此，励磁电流绝不可能与磁通 Φ 同相。这是因为 Φ 滞后 u 90°角，如果 i 与 Φ 同相，那就是 i 与 u 相位正交，功率因数就等于零，不可能提供功率。

三、励磁电流

1. 磁饱和的影响

略去磁滞与涡流的影响时，铁心材料的 $B-H$ 曲线即为基本磁化曲线。由于 H 与 i 成正比，B 与 Φ 成正比，所以 $\Phi-i$ 曲线与 $B-H$ 曲线相似。当外加电压为正弦波时，磁通也一定是正弦波。根据 $\Phi-i$ 曲线可以逐点绘出建立主磁通所需的励磁电流 $i_M(t)$，其波形如图 9-20 所示。由于 $\Phi-i$ 曲线的非线性，i_M 已不是正弦波，而是尖顶波，但其基波一定与磁通 Φ 同相位，因而滞后外加电压 u 90°（如同一个电感元件），故 i_M 不提供功率，仅为产生主磁通所需。

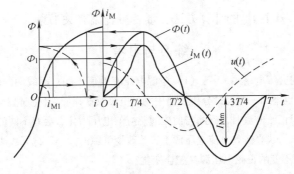

图 9-20

2. 铁损的影响

磁滞与涡流的存在，使铁心中有能量的损耗，即出现铁损 P_a。这时，$\Phi-i$ 曲线应为回线，如图 9-21 所示。同样用逐点描绘的方法可求得线圈电流 i 的波形，如图 9-21 所示（只画出上半波）。应该注意，电流 i 与无铁损时建立同样磁通 Φ 所需的电流 i_M 有差异：磁化过程中 $i > i_M$，即所需电流增大了；去磁过程中 $i < i_M$，即所需电流减小了。我们把无铁损时的电流 i_M 看成是有铁损时电流 i 的一个分量，其任务是建立主磁通 Φ，称为磁化电流；而把 i 与 i_M 之差看成是 i 的第二个分量 i_a，它近似为正弦波，且与外加电压 u 同相，是提供铁损 P_a 的，称为铁损电流。

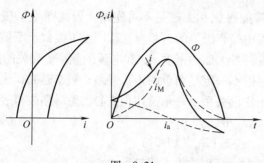

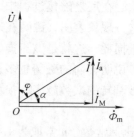

图 9-21   图 9-22

总之，有铁损时产生主磁通 Φ 的励磁电流 i 是由磁化电流 i_M 和铁损电流 i_a 组成的，这是一个非正弦周期电流。要计算产生一定磁通所需的励磁电流，必须先算出它的这两个分量。如果用等效正弦量代替励磁电流，则可以简化计算。等效的条件是：**等效正弦量应与它所代替的非正弦量具有相同的频率与相同的有效值，且应保证平均功率不变**。将励磁电流用等效正弦量代替后，可以作出计及铁损影响时铁心线圈的相量图，如图 9-22 所示。其中，电流的无功分量为磁化电流 $\dot{I}_M$，有功分量为铁损电流 $\dot{I}_a$，且

$$\dot{I} = \dot{I}_M + \dot{I}_a \tag{9-12}$$

一般情况下 I_M 比 I_a 大得多，I 与 I_M 接近相等。

铁损电流的有效值可按下式计算：

$$I_a = \frac{P_a}{U}$$

至于磁化电流的有效值 I_M 的计算方法，读者可查阅有关书籍。

练习与思考

9-6-1　含铁心线圈的交流电路中，若：（1）电源电压有效值不变，而线圈的匝数增加一倍；（2）电源电压值增加一倍，频率也增加一倍；试分析磁路中励磁电流及铁损应如何变化？

9-6-2　铁心线圈通以正弦电流时，磁通与由磁通感应的电压为什么会有不同的波形？试绘图说明。

9-6-3　把一个有气隙的铁心接到直流电压源上，若改变气隙的大小，试问线圈电流及铁心磁通怎样变化？接到电压（有效值）不变的正弦电压源又怎样变化？

9-6-4　铁心线圈接到正弦电压源上，只考虑磁饱和影响，（1）如改变气隙的大小，电流波形是否相同？（2）如改变电压的有效值，电流的波形是否相同？

第七节　铁心线圈的电路模型

【导读】　在交流铁心线圈中，既有电路问题，也有电和磁之间的相互关系，如果能够设法将交流铁心中电和磁的相互关系用电路模型来表示，就可以使分析和计算大为简化。

一、直流模型

在直流稳态下，线圈中没有感应电压产生，铁心内也没有磁滞损失和涡流损失，即磁路对电路没有影响，所以电压和电流的关系很简单，即 $I = \dfrac{U}{r}$。其中 U 为线圈两端的直流电

压，r 为线圈的电阻。在直流稳态电路里，铁心线圈仅相当于一个电阻而已。

二、交流模型

对于交流，因为有感应电压产生，有磁滞现象和涡流现象等，磁路对电路的影响很大，所以铁心线圈的电压与电流关系比较复杂。通过对交流磁路特点的分析，我们知道

$$i = i_a + i_M$$

由此便可建立交流铁心线圈的电路模型。

1. 不考虑线圈电阻及漏磁通的电路模型

当不考虑线圈电阻及漏磁通时，其电路模型如图 9-23a 所示。其中，G_0 是对应于铁损的电导，其电流

$$\dot{I}_a = G_0 \dot{U}$$

图 9-23

为励磁电流 $\dot{I}$ 的有功分量；B_0 是对应于磁化电流的感纳，其电流即磁化电流

$$\dot{I}_M = -jB_0 \dot{U}$$

为 $\dot{I}$ 的无功分量。G_0、B_0 分别叫做励磁电导与励磁电纳，而励磁电流为

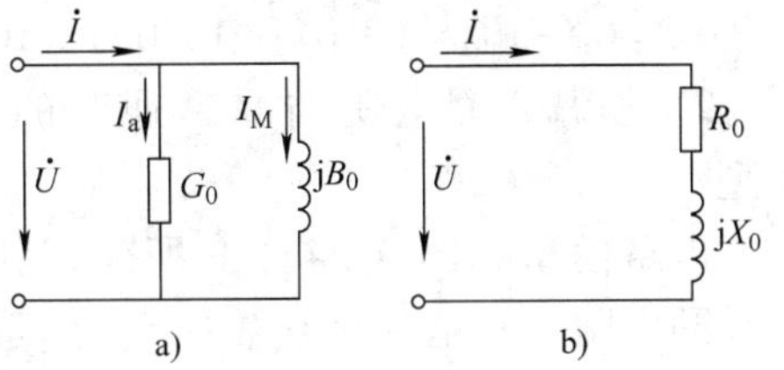

$$\dot{I} = \dot{I}_a + \dot{I}_M = (G_0 - jB_0)\dot{U} = Y_0 \dot{U}$$

其中

$$Y_0 = G_0 - jB_0$$

称为励磁复导纳。G_0、B_0 与 U 的关系分别为

$$G_0 = \frac{I_a}{U}$$

$$B_0 = \frac{I_M}{U}$$

并联的 G_0、B_0 又可等效变换为串联的 R_0、X_0，于是又可用图 9-23b 所示电阻、电感串联组合作为交流等效电路，并有

$$Z_0 = R_0 + jX_0 = \frac{1}{Y_0} = \frac{1}{G_0 - jB_0}$$

其中，R_0、X_0、Z_0 分别叫做励磁电阻、励磁电抗和励磁复阻抗。

需要指出的是，由于铁磁材料 $B-H$ 曲线的非线性使得其磁导率随磁场而变化，因而铁心线圈的等效电感是非线性的，G_0、B_0、R_0、X_0 这些参数在不同的线圈电压下有不同的值。

例 9-8 将一个匝数为 $N = 100$ 的铁心线圈接到电压 $U_S = 220V$ 的工频正弦电压源上，测得线圈电流 $I = 4A$，功率 $P = 100W$。不计线圈电阻及漏磁通，试求铁心线圈：（1）主磁通的最大值 Φ_m；（2）铁损电流 I_a 和磁化电流 I_M；（3）并联电路模型的 Y_0。

解 （1）由式（9-8）得

$$\Phi_m = \frac{U}{4.44fN} = \frac{220}{4.44 \times 50 \times 100}Wb = 9.91 \times 10^{-3}Wb$$

（2）

$$I_a = \frac{P_a}{U} = \frac{100}{220}A = 0.455A$$

$$I_M = \sqrt{I^2 - I_a^2} = \sqrt{4^2 - 0.455^2}\,A = \sqrt{15.793}\,A = 3.974A$$

(3)

$$G_0 = \frac{I_a}{U} = \frac{0.455}{220}S = 2.07 \times 10^{-3}S$$

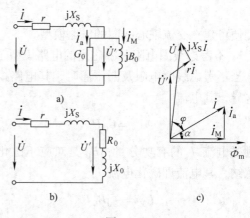

$$B_0 = \frac{I_M}{U} = \frac{3.974}{220}S = 18.06 \times 10^{-3}S$$

$$Y_0 = G_0 - jB_0 = (2.07 - j18.06) \times 10^{-3}S$$

2. 考虑线圈电阻与漏磁通时的电路模型

电路模型如图 9-24a、b 所示，其中 r 为线圈电阻，它是一个常数；X_S 是反映漏磁通的电抗，这也是一个常数。应当注意的是，图中 $\dot{U}$ 为外加的电源电压，而 $\dot{U}'$ 才是主磁通 Φ 的感应电压，且

图　9-24

$$\dot{U} = (r + jX_S)\,\dot{I} + \dot{U}'$$

图 9-24c 为电压与电流的相量图。

练习与思考

9-7-1　一个交流铁心线圈的额定电压 $U_n = 220V$，（1）如将电压增加 10%，其电流是否也增加 10%？（2）如把它接到 380V 的正弦电压源，后果如何？（3）如把它接到 220V 的直流电压源，后果如何？

9-7-2　一个铁心线圈的电阻为 1.75Ω，漏磁通可忽略不计。将它接到电压为 120V 的正弦电源时，测得电流是 2A，功率为 70W，试求它的铁损和磁化电流。

习　　题

9-1　图 9-25 所示磁路截面积为 $16 \times 10^{-4}m^2$ 且处处相等，中心线长度为 0.5m，铁心材料为硅钢片，线圈匝数为 500，电流为 300mA。试求：（1）磁路的磁通；（2）如保持磁通不变，改用铸钢片作铁心，所需磁通势为多少？

9-2　图 9-26 所示磁路的铁心材料为硅钢片，欲使气隙中的磁感应强度 $B_0 = 0.8T$，试求所需的磁通势（不考虑填充系数）。

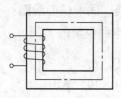

图　9-25

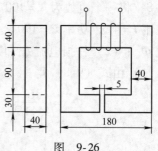

图　9-26

9-3　图 9-27 所示磁路的材料为硅钢片，气隙 δ_{01}、δ_{02}、δ_{03} 的长度均为 1mm。取填充系数 $K=0.91$，励磁线圈的匝数为 1000，欲使中间柱内的磁通为 1×10^{-3}Wb，试求所需的励磁电流。

9-4　图 9-28 所示磁路的铁心材料为硅钢片，线圈 1 的匝数 $N_1=600$，线圈 2 的匝数 $N_2=200$，铁心厚度为 40mm，图中尺寸的单位为 mm。试求：（1）电流 $I_1=3$A、$I_2=0$ 时磁路的磁通；（2）$I_1=I_2=3$A，且两个线圈磁通势方向一致时的磁通；（3）$I_1=I_2=3$A，但两个线圈的磁通势方向相反时的磁通。

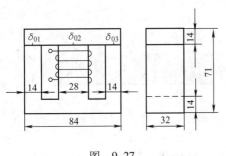
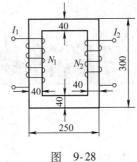

图　9-27　　　　　　　　　　　图　9-28

9-5　一个铁心线圈接到 $U_S=100$V 的工频正弦电压源时，铁心中磁通最大值 $\Phi_m=2.25\times10^{-3}$Wb，试求该线圈的匝数。如将该线圈接到 $U_S=150$V 的工频正弦电压源，要保持 Φ_m 不变，试问线圈匝数应改为多少？

9-6　（1）一个铁心线圈所接正弦电压源的有效值不变，频率由 f 增至 $2f$，试问磁滞损耗和涡流损耗如何改变？（2）如正弦电压源的频率不变，有效值由 U 减为 $U/2$，试问磁滞损耗及涡流损耗如何改变？

9-7　一个匝数为 400 的铁心线圈接到电压为 50V 的工频正弦电压源时，其电流为 10A，功率为 100W。已知线圈的电阻为 0.5Ω，漏抗为 1Ω。试求：（1）励磁复导纳 Y_0；（2）主磁通产生的感应电压 U'；（3）主磁通的最大值；（4）铁损及磁化电流。

附录

部分习题答案

第一章

1-3　500A

1-4　6V；0.1Ω；1A

1-5　（1）0.5mA；5V；15V

　　　（2）0；0；20V

　　　（3）2mA；20V；0

1-6　a）－16V；b）4V；c）20V

1-7　a）2V；$\frac{4}{3}$W　b）2V；4W

1-8　a）10V；1A；

　　　b）40V；1A

　　　c）40V；1A

1-10　a）6A；　　　b）10A

1-11　10A；3A；7A

1-12　4V；7V

1-13　2V；1.5A；$\frac{4}{3}$Ω；10Ω；11V

1-14　5V；5mA

1-15　60Ω

第二章

2-1　（9.02～18.82）V

2-2　6V；－6V；0

2-3　23.75kΩ；75kΩ；400kΩ

2-4　60Ω；120Ω

2-5　50Ω；0.2A；0.8A

2-6　11400Ω；540Ω；60Ω

2-7　（1）1V；（2）$-\frac{1}{3}$A

2-8　（1）2A；（2）8Ω；（3）$-\frac{1}{3}$A

2-9　300V；0；100V；200W

2-10　2Ω；4Ω；4Ω

2-11　120Ω；80Ω

2-12　（1）300Ω；（2）300Ω

2-15　－2V

2-16　12Ω；0；0.5A；0.5A

2-17　（1）5A；3.33A；2.5A；1.667A；0；0；
　　　66.7V；100V；133.3V；200V；0；222W；
　　　250W；222W；0；（2）250W

2-18　12Ω；4.8V

第三章

3-1　－2A；0.5A；1.5A

3-2　－3A；2A；1A

3-3　9.38A；8.75A；28.13A

3-6　15V；10V

3-7　$I_2 = 4$A

3-8　1A；0.2A

3-9　－0.5A；1A；－0.5A

3-11　0.1667A

3-12　4A

3-13　1.47A

3-14　14.1A　6.49A

3-15　2.333A

3-16　0.5mA；8.85V

3-17　0.1A

3-18　0.56A

3-19　－1A

3-20　0.33A

3-21　－1.19A

3-22 5A

3-23 −2A；2A；4A

3-24 1.5mA；6V

第四章

4-1 (1) 12mA；1ms；1000Hz；6280rad/s；0.628rad

(2) $12\sin(6280t+36°)$ mA

4-2 125Hz

4-3 400V；314rad/s；50Hz

4-6 46.1∠−12.5°；68.3∠1.55°；

1.67∠65°；0.873∠−66.4°；

1746∠166.8°

4-8 $\dot{U}=80\sqrt{2}∠45°$V

4-10 $0<t<2$s；4V；

$2<t<8$s；$-\dfrac{4}{3}$V

4-11 $4-e^{-10t}$A

4-12 $I_2=2$A；$W_C=0.08$J

4-13 1.5 度；0.17A；0.375 度

4-15 $t=\dfrac{T}{6}$：12.25A；155V

$t=\dfrac{T}{4}$：$10\sqrt{2}$A；0

$t=\dfrac{T}{2}$：0；$-220\sqrt{2}$V

4-16 140mA（交流）；22A（直流）

4-17 (2) 4.04∠−120°A

4-18 $t=\dfrac{T}{6}$：$110\sqrt{6}$V；$2.2\sqrt{2}$A

$t=\dfrac{T}{4}$：$220\sqrt{2}$V；0

$t=\dfrac{T}{2}$：0；$-4.4\sqrt{2}$A

4-19 31.9Ω；0.319Ω；6.9A；690A；

1.52kvar；152kvar

4-20 (2) 79.6∠−150°V

4-21 2.48mH

4-22 $\omega=1.25\times10^6$rad/s；5kΩ

4-23 150Ω；150Ω

4-24 (1) 100Ω；(2) 2μF；(3) 0.1H

4-26 $1.12\sqrt{2}\sin(10^6t+26.6°)$V

4-27 $1.12\sqrt{2}\sin(10^3t-26.6°)$mA

4-28 20μF

4-29 (1) j5Ω；(2) 容性；

(3) 阻性；(4) 感性

4-30 (1) (15−j26)Ω；

(2) 10∠−30°A；

(3) 20∠0°A；

(4) 49∠−120°V

第五章

5-1 a) −j10Ω；b) (1.5+j0.5A)Ω

5-2 a) $\dot{U}_{ab}=50∠−60°$V；

b) $\dot{U}_{bc}=60−j20$V；

c) $\dot{U}_{ab}=25+j25$V

5-3 a) $\dot{I}_2=1.41∠45°$A；

b) $\dot{I}_1=14.1∠45°$A；

c) $\dot{I}_1=40∠−60°$A

5-4 a) $\dot{I}=2∠−37°$A；

b) $\dot{I}_2=(1+j)$A

5-5 $44\sqrt{2}\sin(314t−53.1°)$A；$22\sqrt{2}\sin(314t−36.9°)$A；$65.3\sqrt{2}\sin(314t−47.7°)$A

5-6 $\sqrt{5}∠63.4°$V

5-7 $\omega=\dfrac{1}{RC}$；$\dfrac{1}{3}$；0

5-10 $3\sqrt{2}$A；3A

5-11 (1) 5A；(2) 7A；(3) 1A

5-12 $I=10$A，$X_C=15$Ω，$R_2=X_L=7.5$Ω

5-13 $10\sqrt{2}$A；$10\sqrt{2}$Ω；$10\sqrt{2}$Ω；$5\sqrt{2}$Ω

5-14 $U=220$V；$I_1=15.6$A；$I_2=11$A；$I=11$A；$R=10$Ω；$L=0.0318$H；$C=159$μF

5-15 6Ω

5-16 0.179A

5-17 1kΩ；53μF

5-18 2.5−j5Ω

5-19 $Z_X=100$Ω 或 $Z_X=50−j86.6$Ω

5-21 $\dot I_1 = 5.3\angle -98°\text{A}$

5-22 $\dot U_1 = 4 - \text{j}2\text{V}$

5-23 $75\sqrt 2\angle 45°\text{mA}$

5-24 $\omega = \dfrac{1}{\sqrt 6 RC}$

5-25 $\dot I_A = 4 - \text{j}4\text{A}$；$\dot I_B = -8 - \text{j}4\text{A}$；

$\dot I_C = 4 + \text{j}8\text{A}$

5-27 200W；235.5V·A；0.85

5-28 3750W；3750W；2700W

5-29 (1) $3 + \text{j}4\text{k}\Omega$

5-30 (1) 0.707

5-31 $I_1 = I_2 = 11\text{A}$；$I = 11\sqrt 3\text{A}$；$P = 3630\text{W}$

5-33 0.921

5-34 $\cos\varphi = 0.5$；$C = 102\mu\text{F}$

5-35 (1) 58.6Ω；(2) 114Ω

5-37 499Hz；25.1；0.2A；10V；251V；251V

5-38 115.7Ω；0.1H

5-39 1100kHz；214.7kΩ

5-40 12A

5-42 $6.28\sqrt 2\cos 314t\text{V}$

5-44 $u_{ab} = -16\text{e}^{-4t}\text{V}$

5-45 10^3rad/s；$2.22\times 10^3\text{rad/s}$

第六章

6-1 (1) $\dot U_B = 127\angle -30°\text{V}$；

$\dot U_C = 127\angle -150°\text{V}$

6-2 (1) $\dot I_B + \dot I_C = 10\angle 120°\text{A}$

6-3 380V；220V；0；440V

6-5 3600V；3600V

6-7 $\dot I_A = 22\angle -83°\text{A}$

6-8 (2) 22A（有效值）

6-9 (1) 21.1A（有效值）；(2) 36.5A

6-10 2.89A；5A；2.89A

6-12 7.78A

6-13 (1) $U_p = 220\text{V}$；$I_A = 20\text{A}$；

$I_B = I_C = 10\text{A}$；$I_N = 10\text{A}$

(2) $U'_A = 165\text{V}$；$U'_B = U'_C = 251\text{V}$

6-14 (1) $I_A = 30\text{A}$；$I_B = I_C = 17.3\text{A}$；

$U'_A = 0$；$U'_B = U'_C = 380\text{V}$

6-15 (1) $I_N = 16.1\text{A}$

6-16 (1) 161V；$U'_A = 380\text{V}$

6-17 (1) $I_1 = 1\text{A}$；$I_2 = I_3 = 0.5\text{A}$；

(2) $I_A = 1.73\text{A}$；$I_B = 1\text{A}$

6-18 11.56A；20A

6-19 0.27A；0.27A；0.54A

第七章

7-5 (1) $0.3I_m$；(2) $0.02I_m$

7-6 $0.16 + 0.082\sin(314t - 89.8°)\text{A}$

7-7 22.4V

7-8 27.6V；3.93A；92.8W

7-9 70.7V；4A

7-10 48Ω；38.8μF

7-11 $U_{C1} = 14.1\text{V}$；$U_{C2} = 2\text{V}$；$U_{C3}\approx 0$

第八章

8-1 (1) a) $i_1(0_+) = 0$，

$i_2(0_+) = 1.25\text{A}$，

$i_C(0_+) = -1.25\text{A}$，

$u_{R1}(0_+) = 0$，

$u_{R2}(0_+) = u_C(0_+) = 100\text{V}$；

b) $i_1(0_+) = i_C(0_+) = 5\text{A}$，

$i_2(0_+) = 0$，$u_{R1}(0_+) = 100\text{V}$，

$u_{R2}(0_+) = u_C(0_+) = 0$；

c) $i_1(0_+) = i_2(0_+) = 1\text{A}$，

$i_L(0_+) = 0$，$u_{R1}(0_+) = 20\text{V}$，

$u_L(0_+) = u_{R2}(0_+) = 80\text{V}$；

d) $i_L(0_+) = i_C(0_+) = 10\text{A}$，

$i_R(0_+) = 0$，

$u_R(0_+) = u_C(0_+) = 0$，

$u_L(0_+) = 100\text{V}$；

(2) a) $i_1(\infty) = i_2(\infty) = 1\text{A}$，

$i_C(\infty) = 0$，$u_{R1}(\infty) = 20\text{V}$，

$u_C(\infty) = u_{R2}(\infty) = 80\text{V}$；

b) $i_1(\infty) = i_2(\infty) = 1\text{A}$，

$i_C(\infty) = 0$，

$u_{R1}(\infty) = 20\text{V}$，

$u_C(\infty) = u_{R2}(\infty) = 80\text{V}$；

c) $i_1(\infty) = 3.46\text{A}$,

$i_2(\infty) = 0.38\text{A}$,

$i_L(\infty) = 3.08\text{A}$,

$u_{R1}(\infty) = 69.2\text{V}$

$u_{R2}(\infty) = u_R(\infty) = 30.8\text{V}$,

$u_L(\infty) = 0$;

d) $i_L(\infty) = i_R(\infty) = 10\text{A}$,

$i_C(\infty) = 0$,

$u_C(\infty) = u_R(\infty) = 100\text{V}$,

$u_L(\infty) = 0$

8-2　$u_C = 4\text{V}$, $i_C = i_1 = 1\text{A}$, $i_2 = 0$

8-3　$i_1 = 2.25\text{A}$, $i_2 = 1.5\text{A}$, $i_L = 0.75\text{A}$, $u_L = 3\text{V}$

8-4　$C = 1\mu\text{F}$

8-5　(1) $\tau = 0.5\text{s}$

(2) $i = 8\text{e}^{-2t}\text{mA}$, $u_C = 40(1 - \text{e}^{-2t})\text{V}$,

$u_R = 40\text{e}^{-2t}\text{V}$;

(3) 0.294mA

8-6　0.05s

8-7　$u_C = 20(1 - \text{e}^{-25t})\text{V}$

8-8　$u_C = 60\text{e}^{-100t}\text{V}$, $i_1 = 12\text{e}^{-100t}\text{mA}$

8-9　$u_C = 18 + 36\text{e}^{-250t}\text{V}$

8-10　$u_S = 2 - \dfrac{4}{3}\text{e}^{-\frac{10^3}{6}t}\text{V}$

8-11　(1) $u_C = 1.5 - 0.5\text{e}^{-2.3\times10^6t}\text{V}$,

(2) $\varphi_B = 3 - 0.14\text{e}^{-2.3\times10^6t}\text{V}$, $\varphi_A = 1.5$

$+ 0.36\text{e}^{-2.3\times10^6t}\text{V}$

8-12　$u_R = 12.1\text{e}^{-10(t-0.1)}\text{V}$

8-13　$u_C = -5 + 15\text{e}^{-t}\text{V}$

8-14　3.68V, 9.98V

8-15　$i = \dfrac{2}{3}\text{e}^{-2t}\text{A}$, $u_L = -\dfrac{8}{3}\text{e}^{-2t}\text{V}$

8-16　$i_1 = 2 - \text{e}^{-2t}\text{A}$, $i_2 = 3 - 2\text{e}^{-2t}\text{A}$,

$i_L = 5 - 3\text{e}^{-2t}\text{A}$

8-17　$R = 5\Omega$

8-18　$R_f = 30\Omega$

8-19　$i = 0.2\text{e}^{-50\times10^3t}\text{A}$,

$u_{C1} = 30 - 10\text{e}^{-50\times10^3t}\text{V}$,

$u_{C2} = 30 - 20\text{e}^{-50\times10^3t}\text{V}$

8-20　(1) $i = 10(1 - \text{e}^{-t})\text{A}$, $t = 5\text{s}$

(2) $i = 12.5(1 - \text{e}^{-t})\text{A}$, $t = 1.6\text{s}$

8-21　16ms

第九章

9-1　(1)$15.2\times10^{-4}\text{Wb}$; (2) 315A

9-2　3325A

9-3　2.16A

9-4　(1)$22.08\times10^{-4}\text{Wb}$;

(2) $19.84\times10^{-4}\text{Wb}$

9-7　(3)$4.427\times10^{-4}\text{Wb}$;

(4) 9.919A

参 考 文 献

[1] 邱关源. 电路 [M]. 北京：人民教育出版社，1982.

[2] 哈尔滨船舶工程学院电工教研室. 电工基础 [M]. 北京：国防工业出版社，1979.

[3] 秦曾煌. 电工学 [M]. 北京：高等教育出版社，1998.

[4] 李翰荪. 电路分析基础 [M]. 北京：高等教育出版社，1991.

[5] 俞大光. 电路及磁路 [M]. 北京：高等教育出版社，1986.

[6] 张洪让. 电工基础 [M]. 北京：高等教育出版社，1997.

[7] 谭恩鼎. 电工基础 [M]. 北京：高等教育出版社，1997.

[8] 席时达. 电工技术 [M]. 北京：高等教育出版社，2000.

[9] 姚仲兴，姚维. 电路分析原理 [M]. 北京：机械工业出版社，2005.

[10] 燕庆明. 电路分析教程 [M]. 2 版. 北京：高等教育出版社，2007.

[11] 君兰工作室. 电工基础——从理论到实践 [M]. 北京：科学出版社，2009.

[12] 王建，刘金玉，刘伟. 电工（初中级）国家职业资格证书取证问答 [M]. 北京：机械工业出版社，2009.

[13] 胡斌，刘超，胡松. 电子工程师必备——元器件应用宝典 [M]. 北京：人民邮电出版社，2011.

[14] 刘晔. 电工技术（电工学Ⅰ）[M]. 北京：电子工业出版社，2010.

[15] 元增民. 模拟电子技术 [M]. 北京：中国电力出版社，2009.

[16] 王艳红，蒋学华，戴纯春. 电路分析 [M]. 北京：北京大学出版社，2008.

[17] 史仪凯. 电工技术：电工学Ⅰ [M]. 2 版. 北京：科学出版社，2008.

[18] 徐新艳，李厥瑾，孟建明. 电工电子技术 [M]. 北京：电子工业出版社，2011.

[19] 唐庆玉. 电工技术与电子技术 [M]. 北京：清华大学出版社，2007.

[20] 方厚辉，谢胜署. 电工技术（电工学I）[M]. 北京：北京邮电大学出版社，2010.

[21] 罗映红，陶彩霞. 电工技术（高等学校分层教学 A）[M]. 北京：中国电力出版社，2011.

[22] 张莉，张绪光. 电工技术 [M]. 北京：北京大学出版社，2011.

[23] 罗勇. 电工电子技术 [M]. 武汉：武汉理工大学出版社，2008.

[24] 靳孝峰. 模拟电子技术 [M]. 北京：北京航空航天大学出版社，2009.